Innovationsstrategien und internationale Wettbewerbsfähigkeit im Bereich der Windenergie

Malte Klein

Innovationsstrategien und internationale Wettbewerbsfähigkeit im Bereich der Windenergie

Malte Klein
Stuttgart, Deutschland

Dissertation Universität Hohenheim, 2018

Originaltitel: Globale Innovation und industrielle Restrukturierung in erneuerbaren Energien: Fallbeispiele zu Windkraft und Bioenergie

D 100

ISBN 978-3-658-22287-1   ISBN 978-3-658-22288-8   (eBook)
https://doi.org/10.1007/978-3-658-22288-8

Die Deutsche Nationalbibliothek verzeichnet diese Publikation in der Deutschen National-bibliografie; detaillierte bibliografische Daten sind im Internet über http://dnb.d-nb.de abrufbar.

Gedruckt auf säurefreiem und chlorfrei gebleichtem Papier

Springer Gabler ist ein Imprint der eingetragenen Gesellschaft Springer Fachmedien Wiesbaden GmbH und ist ein Teil von Springer Nature
Die Anschrift der Gesellschaft ist: Abraham-Lincoln-Str. 46, 65189 Wiesbaden, Germany

Danksagung

Die Möglichkeit zur Promotion verdanke ich Prof. Alexander Gerybadze, der mein Doktorvater ist und an dessen Lehrstuhl ich arbeiten durfte. Die Zusammenarbeit mit und Betreuung durch ihn habe ich immer als sehr konstruktiv, lehrreich und fördernd empfunden. So durfte ich beispielsweise an einem Gutachten der Expertenkommission für Forschung und Innovation mitarbeiten und dieses in Berlin Frau Merkel und Frau Wanka übergeben, war auf Schumpeter Konferenzen in Jena und Montreal sowie auf einer Summer School in Manchester. Hervorheben möchte ich den Forschungsaufenthalt in Brasilien, durch den ich mich als Wissenschaftler und Person weiterentwickeln konnte. Ein weiterer großer Dank gilt meinem Zweitgutachter Prof. Andreas Pyka, dessen Meinung als ausgewiesener Experte zur evolutorischen Ökonomik ich sehr schätze und der mir sehr hilfreiche Literaturempfehlungen gegeben hat. Ebenfalls bedanke ich mich herzlich bei Prof. Katja Schimmelpfeng, die den Prüfungsvorsitz übernommen hat.

Die Zeit am Lehrstuhl werde ich nie vergessen und habe sie oft gemisst. Dies hängt eng mit den Kollegen zusammen. An dieser Stelle möchte ich mich bei Carmen Arieta, Simone Wiesenauer, Daniel Sommer, Andreas Sauer und Hendrik Schaffland bedanken. Mit Andreas Sauer habe ich einen intensiven Austausch zu Innovationssystemen gepflegt. Ohne die gemeinsamen Workshops, das Working Paper sowie den Konferenzbeitrag bei der Schumpeter Konferenz in Montreal hätte ich nicht in dem Maße die Literatur zu Innovationssystemen erfasst. Ein besonderer Dank gilt Hendrik Schaffland, mit dem ich lange das Büro geteilt habe und gemeinsam die Lehre am Lehrstuhl gestaltet habe. Der offene und loyale Austausch zu Themen der Dissertation und weit darüber hinaus hat mir immer geholfen. Danke dafür! Neben den direkten Lehrstuhlkollegen war insbesondere der Austausch zum persönlichen Promotionsprozess mit Alexander Kressner sowie Christopher Haager sehr bereichernd.

V

Der bereits angesprochene Forschungsaufenthalt in Brasilien wäre ohne die finanzielle Förderung durch BECY sowie den Rudi-Häussler Förderpreis nicht möglich gewesen. Großen Anteil an der Forschungsreise hatten Gabi Erhardt von BECY sowie Prof. Helaine Carrer von der ESALQ. In Brasilien hatte ich die Gelegenheit mich mit außergewöhnlichen Menschen unterhalten zu dürfen, hierzu zählen Prof. Han von der University of Michigan, Bento Koike, Paulo Cerqueira (beide Tecsis), sowie Jaime Fingerut von CTC. Die Menschen, die ich auf der Reise getroffen habe, haben sie zu einem unvergesslichen Erlebnis gemacht.

Die wichtigsten Personen zur Fertigstellung der Dissertation sind jedoch meine Familie. Ohne die moralische Unterstützung meiner Eltern wäre ich oftmals an den frustrierenden Momenten der Promotion gescheitert. Meine Eltern und meine Schwester Wiebke haben in keinem Moment an mir gezweifelt und mir so gezeigt, dass ich es schaffen kann. Danke.

Inhaltsübersicht

Abkürzungsverzeichnis XI

Abbildungsverzeichnis XV

Boxverzeichnis XVII

Tabellenverzeichnis... XIX

Executive Summary XXIII

1. Einleitung 1

2. Theoretische Grundlage: Technologische Innovationssysteme 11

3. Technologie-Analyse... 25

4. Die Marktposition führender Länder... 65

5. Industrieentwicklung und Diffusion... 89

6. Erfolgsfaktoren abgeleitet und generalisiert aus der
   Untersuchung der Windindustrie... 211

7. Schlussbetrachtung 223

Literaturverzeichnis.. 231

Inhaltsverzeichnis

Abkürzungsverzeichnis XI

Abbildungsverzeichnis XV

Boxverzeichnis XVII

Tabellenverzeichnis... XIX

Executive Summary XXIII

1. Einleitung 1

   1.1   Einführung in die Thematik 1

   1.2   Konkretisierung der Arbeit 3

   1.3   Methodik und Vorgehensweise..................................... 6

   1.4   Aufbau der Arbeit 9

2. Theoretische Grundlage: Technologische Innovationssysteme 11

   2.1   Das technologische Innovationssystem......................... 12

   2.2   Kritische Betrachtung... 19

3. Technologie-Analyse... 25

   3.1   Die Evolution einer Technologie und einer Industrie 26

   3.2   Zeitliche Entwicklung der Patentanmeldungen auf Landesebene . 30

   3.3   Technologieführer der Windindustrie auf Unternehmensebene und die wichtigsten Patente der Industrie 40

   3.4   Technologische Dekomposition einer Windkraftanlage 46

   3.5   Die Evolution der Technologie anhand von Patentzitationen 51

   3.6   Erkenntnisse und Handlungsempfehlungen aus der Technologieanalyse 56

4. Die Marktposition führender Länder **65**

4.1 Globale Märkte für Windkraft 65

4.2 Kategorisierung führender Länder der Windkraftinudstrie anhand von Handelsdaten 70

4.3 Exportstrukturen der Windindustrie 74

4.4 Exportziele der wichtigsten Exportländer 77

4.5 Zusammenfassung der Ergebnisse 86

5. Industrieentwicklung und Diffusion **89**

5.1 Das technologische Innovationssystem für Windkraft von Dänemark 90

5.2 Das technologische Innovationssystem für Windkraft von Deutschland 116

5.3 Das technologische Innovationssystem für Windkraft von den USA 148

5.4 Das technologische Innovationssystem für Windkraft von China 169

5.5 Das technologische Innovationssystem für Windkraft von Brasilien 191

6. Erfolgsfaktoren abgeleitet und generalisiert aus der Untersuchung der Windindustrie **211**

6.1 Erfolgsfaktoren der formativen Phase 211

6.2 Erfolgsfaktoren der Wachstumsphase 215

6.3 Erfolgsfaktoren der Reifephase 218

7. Schlussbetrachtung **223**

7.1 Empfehlungen für die Weiterentwicklung des technologischen Innovationssystems 223

7.2 Limitierungen und weiterer Forschungsbedarf 228

Literaturverzeichnis **231**

Abkürzungsverzeichnis

AG	Aktiengesellschaft
AWEA	American Wind Energy Association
BECY	Strategisches Netzwerk Bioökonomie
BNDES	Banco National do Desenvolvimento
Bspw.	Beispielsweise
BVMW	Unternehmerverband Deutschland e.v.
BWE	Bundesverband WindEnergie e.v.
Bzw.	Beziehungsweise
CAGR	Compound Annual Growth Rate
CASS	Centre for Advanced Studies in the Social Sciences
CCO	Chief Commercial Officer
CEO	Chief Executive Officer
CfK	Kohlenstofffaserverstärkte Kunststoffe
CO2	Kohlenstoffdioxid
COO	Chief Operations Officer
CREIA	Chinese Renewable Energy Industries Association
CWEA	Chinese Wind Energy Association
DEBRA	Deutsch Brasilianisch
DEF	Danske Elvarkers Forening
DENA	Deutsche Energie-Agentur
DFVLR	Deutsche Forschungs- und Versuchsanstalt für Luft und Raumfahrt e.V.
DIY	Do it Yourself
DKK	Dänische Krone
DM	Deutsche Mark
DOE	U.S. Department of Energy
DtA	Deutsche Ausgleichsbank
EEG	Erneuerbare Energien Gesetz

EFI	Expertenkommission für Forschung und Innovation
EPO	European Patent Office
ESALQ	Escola Superior de Agricultura "Luiz de Queiroz"
ETS	Emissions Trading Scheme
EU	Europäische Union
F&E	Forschung und Innovation
GE	General Electric
GfK	Glasfaserverstärkte Kunststoffe
GM	General Motors
GmbH	Gesellschaft mit beschränkter Haftung
GROWIAN	Großwindanlage
GWEC	Global Wind Energy Council
HS	Harmonized System
HSW	Husumer Schiffswerften
IEA	International Energy Agency
IKT	Informations- und Kommunikationstechnologie
IT	Information Technology
kw	Kilowatt
kWh	Kilowattstunde
l.	Liter
Mio.	Millionen
MOST	Ministry of Science and Technology
Mrd.	Milliarden
MW	Megawatt
MWh	Megawattstunde
NASA	National Aeronautics and Space Administration
NRDC	National Development and Reform Commission
NIMBY	Not In My Backyard
NIS	Nationales Innovationssystem
NREL	National Renewable Energy Laboratory

NSF	National Science Foundation
OECD	Organisation for Economic Co-operation and Development
OEM	Original Equipment Manufacturer
OVE	Organisation für erneuerbare Energien
PCT	Patent Cooperation Treaty
Pf.	Pfennig
PPP	Purchasing Power Parity
PTC	Production Tax Credits
PURPA	Public Utility Regulatory Policies Act
R$	Brasilianischer Real
R&D	Research and Development
RANN	Research Applied to National Needs
RD&D	Research, Development and Demonstration
REL	Renewable Energy Law
RIS	Regionales Innovationssystem
RMB	Renminbi
RPS	Renewable Portfolio Standard
SDPC	State Development and Planning Commission
SIS	Sektorales Innovationssystem
SITC	Standard International Trade Classification
SPC	State Planning Commission
StrEG	Stromeinspeisegesetz
t.	Tonnen
TIS	Technologisches Innovationssystem
Tsd.	Tausend
TW	Terawatt
UBA	Umweltbundesamt
US	United States (of America)
USPTO	United States Patent and Trademark Office
VDMA	Verband Deutscher Maschinen- und Anlagenbau

VEETC	Volumetric Ethanol Excise Tax Credit
Vgl.	Vergleiche
WIPO	World Intellectual Property Organization
WKA	Windkraftanlage
z.B.	Zum Beispiel

Abbildungsverzeichnis

Abb. 1-1:   Darstellung der Kernfragestellung der Arbeit 5

Abb. 2-1:   Projektentwurf für die Analyse eines technologischen
            Innovationssystems 15

Abb. 3-1:   Die S-Kurve des technologischen Lebenszyklus 28

Abb. 3-2:   Entwicklung der kumulierten Anmeldungen von EPO Patenten
            für Windkraft 32

Abb. 3-3:   Erfindernationen von Patenten der Windkraftindustrie zwischen
            1980 und 2012 39

Abb. 3-5:   Technologische Dekomposition der Technologie für Windkraft –
            Status der Einordnung: 2015 50

Abb. 3-6:   Zusammenhang zwischen der Transformation einer Industrie
            und technologischen Pfadabhängigkeiten auf Basis von
            Patentzitationen - idealisierte Darstellung 61

Abb. 4-1:   Strukturveränderung der Exporte der Windkraftindustrie
            zwischen 2002 und 2015 76

Abb. 5-1:   Das technologische Innovationssystem für Windkraft in
            Dänemark in der formativen Phase 93

Abb. 5-2:   Das deutsche TIS für Windenergie in der formativen Phase 120

Abb. 5-3:   Leistungsmerkmale von Windanlagen in Deutschland
            während der Wachstumshase von Windenergie 124

Abb. 5-4:   Marktanteil verschiedener Turbinenkategorien in Deutschland
            zwischen 1990 und 2005 127

Abb. 5-5:   Marktanteile von deutschen und ausländischen
            Turbinenherstellern im deutschen TIS während der
            Wachstumsphase 129

Abb. 5-6:   Unternehmenskonsolidierung während der Wachstumsphase
            der Windindustrie 134

Abb. 5-7:   Das deutsche TIS in der Wachstumsphase 138

Abb. 5-8:   Wertschöpfungskette für Windkraftanlagen 145

Abb. 5-9:   Projektkosten für Windkraftanlagen in den USA zwischen 1983
            und 1998 156

Abb. 5-10: Auswirkung des PTC auf die Marktentwicklung zwischen 1999
            und 2015 161

Abb. 5-11: Projektkosten für Windkraftanlagen in den USA zwischen
            1999 und 2015 164

Abb. 5-12: Mechanismus des chinesischen Konzessionsmodells 176

Abb. 5-13: Entwicklung der Leistungsfähigkeit chinesischer Anbieter für
            Turbinen 184

Abb. 5-14: Entwicklung der Marktanteile von ausländischen und
            heimischen Unternehmen in China zwischen 2004 und 2010 ... 186

Abb. 5-15: Das technologische Innovationssystem von Brasilien für
            Windkraft in der Entstehungsphase 197

Abb. 5-16: Geographische Verteilung der Wertschöpfungskette für
            Windkraftanlagen in Brasilien 202

Abb. 5-17: Interne und externe Faktoren bei der strategischen
            Ausrichtung von Tecsis 206

Abb. 5-18: Neue Produktionsstrategie von Tecsis 207

Abb. 5-19: Effekte der Automatisierung bei der Produktion von
            Rotorblättern am Beispiel von Tecsis und Vestas 208

Abb. 5-20: Das TIS für Windkraft in Brasilien in der Wachstumsphase 209

Abb. 6-1:   Konsolidierungsaktivitäten in der Windindustrie zwischen
            2009 und 2017 219

Boxverzeichnis

Box 1: Was ist ein System? Was ist eine Innovation?...................12

Box 2: Erläuterung von installierter Kapazität............................69

Box 3: Der spanische Markt für Windenergie.............................81

Box 4: Anlagen mit vs. Anlagen ohne Getriebe.......................126

Boxverzeichnis

Tabellenverzeichnis

Tab. 1-1:   Kumulierte installierte Kapazität für die Top 10 Länder im Jahr 2016 8

Tab. 2-1:   Funktionen eines technologischen Innovationssystems 17

Tab. 3-1:   Anmeldernationen von Patenten der Windkraftindustrie zwischen 1980 und 2012 34

Tab. 3-2:   Anteil dänischer Erfinder bei deutschen Anmeldern von Patenten der Windenergie zwischen 1999 und 2013 40

Tab. 3-3:   Top 20 Patentanmelder der Windkraftindustrie 42

Tab. 3-4:   Auswertung der Top 50 zitierten Patente der Windkraftindustrie .. 45

Tab. 3-5:   Evolution der Technologie für Windkraft 1981 bis 1995 auf Basis von Patentzitationen 53

Tab. 3-6:   Evolution der Technologie für Windkraft 1996 bis 2010 auf Basis von Patentzitationen 55

Tab. 4-1:   Podiumsplätze der Märkte für Windkraft zwischen 1980 und 2015 66

Tab. 4-2:   Kumulierte Kapazitäten (MW) von Windenergie für die führenden Länder zwischen 1980 und 2015 67

Tab. 4-3:   Struktur der Exporte und Importe der Windindustrie im Jahr 2015 (Top 25) 71

Tab. 4-4:   Exportziele der deutschen Windkraftindustrie in den Jahren 2010 und 2015 78

Tab. 4-5:   Exportziele der spanischen Windkraftindustrie in den Jahren 2010 und 2015 80

Tab. 4-6:   Exportziele der amerikanischen Windkraftindustrie in den Jahren 2010 und 2015 82

Tab. 4-7:   Exportziele der chinesischen Windkraftindustrie in den Jahren 2010 und 2015 84

Tab. 4-8: Exportziele der dänischen Windindustrie in den Jahren 2010 und 2015 86

Tab. 5-1: Entwicklung der dänischen Windindustrie und deren Exportanteil sowie Beschäftigte zwischen 1980 und 1988 96

Tab. 5-2: Entwicklung der installierten Kapazität (MW) in Dänemark zwischen 1980 und 1990 97

Tab. 5-3: Einfluss auf die Suchrichtung und die Marktentstehung in Dänemark in der Wachstumsphase..............................99

Tab. 5-4: Entwicklung der installierten Kapazität (MW) in Dänemark zwischen 1990 und 2002 101

Tab. 5-5: Entwicklung des Anteils von Windkraft an der Energiematrix und die Energieerzeugung in Dänemark zwischen 1980 und 2002 102

Tab. 5-6: Investitionen in RD&D in Dänemark zwischen 1991 und 2000 . 104

Tab. 5-7: Marktentwicklung (Onshore) in Dänemark zwischen 2000 und 2015 106

Tab. 5-8: Marktentwicklung (Offshore) in Dänemark zwischen 2000 und 2015 106

Tab. 5-9: Entwicklung des Anteils von Windkraft an der Energiematrix und die Energieerzeugung in Dänemark zwischen 2000 und 2015 107

Tab. 5-10: Investitionen in RD&D in Dänemark zwischen 2001 und 2014 108

Tab. 5-11: Marktanteile der führenden Turbinenhersteller auf Basis der neuinstallierten Leistung im jeweiligen Jahr 113

Tab. 5-12: Die wichtigsten Akteure im TIS für Windkraft in Dänemark 115

Tab. 5-13: Ausbau der Windkraft in Deutschland zwischen 1982 und 1989..119

Tab. 5-14: Marktentwicklung der Windkraft in Deutschland zwischen 1990 und 2005 120

Tab. 5-15: Finanzielle Förderung im deutschen TIS für Windkraft während
der Wachstumsphase 122

Tab. 5-16: Anzahl der Beschäftigten der deutschen Windindustrie
während der Wachstumsphase 132

Tab. 5-17: Einspeisetarif unter dem EEG (in €Cents pro kWh) zwischen
2000 und 2010 136

Tab. 5-18: Entwicklung der installierten Kapazität (onshore) in
Deutschland zwischen 2005 und 2016 139

Tab. 5-19: Entwicklung der installierten Kapazität (offshore) in
Deutschland zwischen 2005 und 2016 140

Tab. 5-20: Investitionen in RD&D für Windkraft in Deutschland zwischen
2006 und 2014 143

Tab. 5-21: Tier-Struktur der Windindustrie in Deutschland 146

Tab. 5-22: Anzahl der Beschäftigten in der deutschen Windindustrie in
der Reifephase 146

Tab. 5-23: Die wichtigsten Akteure im TIS für Windkraft in Deutschland 148

Tab. 5-24: Marktentwicklung in den USA zwischen 1990 und 1998 151

Tab. 5-25: Eigenschaften von in den USA installierten Turbinen (1980er). 153

Tab. 5-26: Investitionen in RD&D für Windkraft in den USA zwischen
1986 und 2000 155

Tab. 5-27: Entwicklung der installierten Kapazität (MW) von Windenergie
in den USA zwischen 2000 und 2015 160

Tab. 5-28: Investitionen in RD&D für Windenergie in den USA zwischen
2001 und 2014 163

Tab. 5-29: Aufteilung der Marktanteile (MW) der jährlichen neu-
installierten Kapazität in den USA 165

Tab. 5-30: Die wichtigsten Akteure im TIS für Windkraft in den USA 167

Tab. 5-31: Wissensentwicklung von chinesischen Unternehmen bis 2003 174

Tab. 5-32: Investitionen der chinesischen Regierung in Windkraft
zwischen 2011 und 2015 179

Tab. 5-33:   Installierte Kapazität für Windkraft in China 2005-2015 179

Tab. 5-34:   Locational shift der globalen Märkte für Windkraft,
             Anteile (%) an der weltweit installierten Kapazität 180

Tab. 5-35:   Wissensentwicklung von chinesischen Unternehmen 2004 bis
             heute 181

Tab. 5-36:   Marktanteile an der neu-installierten Kapazität in China im
             Jahr 2015 187

Tab. 5-37:   Die wichtigsten Akteure im TIS für Windkraft von China 189

Tab. 5-38:   Installierte Kapazität der Windkraftindustrie in Brasilien
             zwischen 2005 und 2008 195

Tab. 5-39:   Installierte Kapazität der Windkraftindustrie in Brasilien
             zwischen 2005 und 2015 198

Tab. 5-40:   Investitionen in die brasilianische Windindustrie 199

Tab. 5-41:   Entwicklung des Unternehmens Tecsis 201

Tab. 5-42:   Installierte Kapazität pro OEM in Brasilien im Jahr 2015 203

Tab. 5-43:   Handelspartner für den Import von Gütern der brasilianischen
             Windindustrie 204

Tab. 6-1:   Zeitliche Einteilung der untersuchten Länder in die Phasen des
             technologischen Innovationssystems für Windkraft 211

Tab. 9-1:   Übersicht über die Auswirkung von Forschung und Wissenschaft,
             Industrie und Politik sowie Politik und Gesellschaft auf die
             Funktionen des technologischen Innovationssystems 225

Executive Summary

Die grundlegenden technischen Erfindungen für erneuerbare Energien wie Photovoltaik, Windkraft oder Bioenergie liegen teilweise über 100 Jahre zurück. Obwohl bereits in den 1970er Jahren, vor allem beeinflusst durch die globale Ölkrise, erste Bemühungen gestartet wurden neue Formen der Energiegewinnung zu verbreiten, erfahren die erneuerbaren Energien erst in den letzten Jahren massiven globalen Zuwachs. Die größten Volkswirtschaften und dessen Regierungen investieren großen Summen in den Ausbau von erneuerbaren Energien und leiten damit einen technologischen Paradigmenwechsel ein, der eine Abkehr von CO_2 intensiven oder nuklearen Energieformen bedeutet. Beleg hierfür ist der Klimavertrag von Paris aus dem Jahr 2015, in dem sich 200 Staaten auf eine Nachfolgeregelung des Kyoto-Protokolls geeinigt haben. Weltweit ist ein Wettlauf um die Vormachtstellung im Markt der erneuerbaren Energien und den damit einhergehenden zugrundeliegenden Industrien entfacht, der sich verschiebende Wettbewerbskonstellationen und Führungswechsel zur Folge hat (in der Literatur wird auch von „Catch-Up" oder „Leapfrogging" gesprochen). Das übergeordnete Ziel der vorliegenden Dissertation ist es, eine Übersicht über die Diffusion von der Technologie zur Erzeugung von Windkraft zu schaffen und dabei die wesentlichen Erfolgsfaktoren für Länder und Unternehmen zu identifizieren. Es sollen Technologieführer bestimmt und mögliche Strukturverschiebungen im Markt aufgezeigt werden. Für die Beantwortung der Kernfrage dieser Dissertation wird eine systemische Perspektive eingenommen, bei der angenommen wird, dass weder Firmen noch Innovationen individuell betrachtet einen Strukturwandel erklären können und somit institutionelle Faktoren zur Erklärung hinzugezogen werden müssen. Insbesondere wird eine Betrachtungsweise des technologischen Innovationssytems eingenommen, der einen funktionalen Ansatz zur Bewertung eines Systems darstellt. Das technologische Innovationssystem ermöglicht eine Strukturierung der Beurteilung durch die Funktionen „Entwicklung von Wissen", „Einfluss auf die Suchrichtung", „Unternehmerisches Experimentieren", „Marktentstehung", „Legitimität", „Mobilisierung von Ressourcen" und „Entwicklung von positiven externen Effekten". Die Einteilung der Untersuchung in Funktionen reduziert die hohe Komplexität, wie sie bei der Diffusion von erneuerbaren Energien vorliegt. Gleichzeitig bietet der Ansatz eine explizite Analyse einer evolutorischen Betrachtung eines Systems.

Als primäre Datengrundlage dienen über 30 teilstrukturierte Interviews, die unter anderem im Rahmen eines Forschungsaufenthaltes in Brasilien zur Analyse der nationalen Windindustrie geführt wurden. Ein weiterer wesentlicher Bestandteil der Daten stellen Patentanmeldungen und eine quantitative Auswertung derer dar. Insgesamt wurden ca. 7.000 Patente, die bei dem European Patent Office angemeldet wurden, analysiert und ausgewertet. Zudem wurden Handelsdaten der United Nations Datenbank produktspezifisch innerhalb der Analyse verwertet.

Ergebnisse aus der Analyse der Windkraft

Aus technologischer Sicht befindet sich die Windindustrie in dem Übergang zwischen der Wachstums- und Reifephase, folglich können weitere Verbesserungen nur durch sehr hohen Aufwand erzielt werden. Auf Basis von Patentanmeldungen hat sich gezeigt, dass vor allem Deutschland eine führende Rolle einnimmt. Die USA, Dänemark und Japan überzeugen ebenfalls als Anmeldenation von Patenten, die für die Windindustrie relevant sind. Als Erfinderstandort ist die Rolle Dänemarks hervorzuheben. Auf Unternehmensebene sind hinsichtlich der Patentanmeldungen und -qualität Original Equipment Manufacturer wie General Electric, Siemens AG, Vestas Wind Systems A/S oder die Enercon

GmbH führend. Bei den Zulieferern in der Wertschöpfungskette der Windindustrie kann Unternehmen aus dem klassischen Maschinenbau eine hohe Bedeutung beigemessen werden. Auffällig ist die starke Technologieposition von Herstellern für Lager, welche in Getriebe eingesetzt werden, oder den Herstellern von Rotorblättern (vornehmlich das Unternehmen LM Wind Power aus Dänemark). Die Erkenntnisse werden durch eine technologische Dekomposition, basierend auf qualitativen Interviews, bestätigt. In der Entwicklung und Skalierung der Produktion liegt aktuell das größte Potenzial für eine Differenzierung und sollte von der Industrie besonders intensiv verfolgt werden. Die Integration moderner Werkstoffe wie glasfaserverstärkten (GfK) oder kohlestofffaserverstärkten (CfK) Kunststoffen nimmt eine zentrale Stellung ein.

Die Untersuchung der Evolution der Windtechnologie auf Basis von Patentzitationen bestätigt die Erkenntnisse, dass die Windindustrie starken Bezug zum Maschinenbau hat. Bei der Unterteilung zwischen Intra-Netzwerk und Extra-Netzwerk-Zitationen wird gezeigt, dass der Anteil der Intra-Netzwerk-Zitationen im Zeitverlauf größer wird, während die Extra-Netzwerk-Zitationen von Patenten dominiert werden, die dem Maschinenbau zugeordnet werden können. Aus der Untersuchung der Verteilung des Patentnetzwerkes wird die Hypothese aufgestellt, dass ein Zusammenhang zwischen der Transformation einer Industrie und der technologischen Pfadabhängigkeiten besteht. Es wird vermutet, dass das Opportunitätsfenster für Leapfrogging bzw. Catch-Up offen steht, insofern die Transformation von Schumpeter Mark 1 zu Schumpeter Mark 2 noch nicht abgeschlossen ist. Die Verteilung der Patentzitationen auf das Intra- und Extra-Netzwerk können hier als zeitlicher Indikator dienen. In der Windindustrie lagen opportune Gegebenheiten bis Mitte der 1990er vor, gleichzeitig hat China 1996 begonnen, eine gezielte Industriepolitik zur Initialisierung einer nationalen Windindustrie zu implementieren.

Abb.   Zusammenhang zwischen der Transformation einer Industrie und technologischen Pfadabhängigkeiten auf Basis von Patentzitationen - idealisierte Darstellung

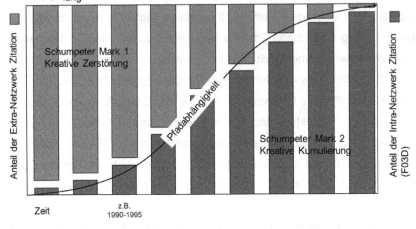

Quelle: Eigene Darstellung

Tatsächlich legt die Auswertung der Markt- und Handelsdaten für die Windindustrie eine solche Veränderung der Wettbewerbskonstellation nahe. Hinsichtlich installierter Kapazität dominieren seit 1980 vier Länder den Weltmarkt: Die USA, Dänemark, Deutschland und China. Die USA und Dänemark waren in den 1980ern Vorreiter, wurden dann um das Jahr 2000 von Deutschland als größter Markt für Windkraft abgelöst. Zwischen 2005 und 2010 erlebte China einen massiven Ausbau installierter Kapazität für Windenergie und stellt seitdem weltweit den größten Markt, mit einer installierten Kapazität von knapp 170.000 MW. Die USA und Deutschland liegen nach den aktuellsten Statistiken auf den Rängen zwei und drei mit einer installierten Kapazität von ca. 82.000 MW bzw. 50.000 MW. Neben den reinen Marktdaten in Form von installierter Kapazität dienen Handelsdaten als Indikator für die Wettbewerbsfähigkeit einer Industrie. Die Handelsdaten für die Windindustrie suggerieren ebenfalls eine Strukturverschiebung. In der Exportstatistik für Güter der Windindustrie nimmt Dänemark eine führende Rolle ein, hat jedoch im untersuchten Zeitraum zwischen 2002 und 2015 am weltweiten Anteil eingebüßt. Deutschland konnte in den Export-daten zu Dänemark aufschließen und bildet aktuell eine Doppelspitze mit dem dänischen Pionierland. Zu den Gewinnern in dem Untersuchungszeitraum gehören Spanien und China, die USA hingegen verliert den Anschluss an die Spitze. Japan, Frankreich und Großbritannien verlieren zwischen 2002 und 2015 hinsichtlich der Anteile an den Exporten an Bedeutung.

Die Handelsbilanzen der führenden Länder in dem Zeitraum zwischen 2002 und 2015 legen vier verschiedene Kategorien in der Windindustrie nahe. Kategorie 1 (Deutschland, China, Spanien) umfasst Länder mit überdurchschnittlichem Exportwachstum und deutlich positiver Handelsbilanz. Kategorie 2 (USA, Indien, Portugal) hat ebenfalls ein überdurchschnittliches Exportwachstum, aber eine knapp positive Handelsbilanz. Länder der Kategorie 2 sind folglich von Importen abhängig. Kategorie 3 (Niederlande, Mexiko, Polen) hat ebenfalls ein überdurchschnittliches Exportwachstum aber eine negative Handelsbilanz. Kategorie 4 (Italien, Großbritannien, Brasilien) umfasst Länder mit einem unterdurchschnittlichen Exportwachstum, die zudem eine negative Handelsbilanz vorweisen. Ausreißer in der Analyse sind Dänemark und Japan (beide unterdurchschnittliches Exportwachstum, sehr positive Handelsbilanz). Bemerkenswert sind zudem die unterschiedlichen Exportstrategien. Pionierländer wie Deutschland, Dänemark und die USA exportieren vorwiegend in etablierte Märkte wie Europa und Nordamerika. Spanien hat zudem eine Vormachtstellung bei den Exporten nach Südamerika. China hingegen verfolgt eine Exportstrategie, die konträr zu den anderen führenden Ländern steht. Die chinesische Windindustrie exportiert gezielt in Peripherieländer, zum Teil nach Afrika. Weitere Exportländer sind vorwiegend asiatisch, die großen Märkte in Europa oder den USA werden weniger bedient. Weiterhin hat die chinesische Windindustrie ein sehr breit gestreutes Portfolio, anders als Deutschland, Dänemark oder Spanien, die sich auf wenige Exportdestinationen konzentrieren.

Die erklärenden Faktoren für den Erfolg einzelner Länder und deren Innovationssysteme wurden in einer detaillierten Analyse anhand von fünf Fallbeispielen aufgezeigt: Dänemark, Deutschland, USA, China und Brasilien. Um eine strukturierte Herangehensweise sicherzustellen, wurden die Diffusion der Windkraft und die Bildung dazugehöriger Industrien anhand von drei Phasen untersucht: Der formativen Phase, der Wachstumsphase, sowie der Reifephase.

In der formativen Phase war der wesentliche Anreiz für die Initialisierung der Entwicklung eines Innovationssystems bei den Early-Movern wie Dänemark, Deutschland und den USA die globale Ölkrise und ein wachsendes Umweltbewusstsein in der Bevölkerung. Das dänische Innovationssytem unterscheidet sich im Vergleich zu Deutschland und den USA insofern, dass die Regierung verhältnismäßig wenig Einfluss genommen hat und die wesentlichen Entwicklungen aus der Gesellschaft heraus beeinflusst wurden. Für die Early-Mover können in der formativen Phase die folgenden Erfolgsfaktoren identifiziert werden. **Soziale Akzeptanz:** Die soziale Akzeptanz, oder auch Legitimität, bildet die Basis für die Entwicklungen und nimmt gleichzeitig Einfluss auf politische Entscheidungen. Besonders in Dänemark war diese besonders ausgeprägt. **Bildung einer Interessengemeinschaft:** Die Interessengemeinschaft kann verschiedene Ausprägungen haben, Beispiele sind Verbände, Lobbys, aber auch Kooperativen. **Frühe Etablierung eines dominanten Designs:** Auch hier kann der dänische Fall als Paradebeispiel herangezogen werden. Das dänische Design früher Windkraftanlagen der 1980er war durch robustes, einfaches aber durchgängiges Design in Form von drei Rotorblättern, die in den Wind ausgerichtet waren, und einem Getriebe ausgezeichnet. Standards in einer jungen Industrie sind wichtig, um schnell spezialisierte Unternehmen zu bilden, eine Zuliefererkette zu etablieren und schließlich Kosten zu senken. **Finanzielle Förderung der Regierung:** Entscheidend in allen Ländern war die angebots- sowie nachfrageseitige Förderung der Regierung. In den USA hat eine starke nachfrageseitige Förderung zu einem Windboom in den 1980ern geführt, der mit Reduzierung der Förderung zum Stillstand kam. Für Late-Mover wie China und Brasilien unterscheiden sich die Faktoren in der formativen Phase durch die folgenden Punkte. **Lernen von etablierten Unternehmen:** Für Late-Mover besteht bereits ein dominantes Design, dies gilt es schnellstmöglich umzusetzen und *absorptive capacities* zu entwickeln. Voraussetzung hierfür ist eine **hohe heimische Marktattraktivität**: Die untersuchten Länder Brasilien und China haben extrem großes Potenzial für den Ausbau von Windkraft. Unternehmen aus den Early-Mover Ländern sind bereits in einem Stadium der Entwicklung, in dem sie neue Märkte erschließen können und reagieren entsprechend positiv auf Marktanreize. Nachfrageseitige Förderungen sind für Late-Mover in der formativen Phase erfolgskritisch.

In der Wachstumsphase können für die Early-Mover Deutschland, Dänemark und USA folgende Erfolgsfaktoren identifiziert werden. **Erweiterung der finanziellen Förderung und klare Zielsetzung:** Starkes Marktwachstum ist in den untersuchten Ländern von einer intensivierten nachfrageseitigen Förderung ausgegangen. Dabei haben kleine Hilfestellungen wie die klare Ausweisung von Standorten für den Ausbau von Windparks stark positiv beeinflusst. Weiter hat sich als besonders erfolgskritisch ein klar formulierter Ausbauplan bewiesen. **Skalierung der Produktion:** Für Unternehmen ist ein wesentlicher Erfolgsfaktor die Skalierung der Produktion. Um mit dem Marktwachstum Schritt halten zu können, muss die Produktion automatisiert und weitere Standards in der Industrie eingeführt werden. **Liberalisierung des Strommarktes:** Traditionelle Marktmechanismen und Vormachtstellungen von staatlichen Energieversorgern müssen aufgebrochen werden, um Wettbewerb im Strommarkt zu erzeugen. **Sich selbst-verstärkender Zyklus:** Eine positive Dynamik im Innovationssystem muss von der Politik in Gang gebracht werden. Wichtig ist, dass der Zyklus nicht auf einem Baustein beruht, der bei Wegfall die Dynamik einbrechen lässt.
In der Reifephase stehen nach aktuellem Status lediglich die beiden untersuchten Innovationssysteme von Dänemark und Deutschland. Für beide Länder ist

es erfolgskritisch, den **technologischen Paradigmenwechsel** hin zu Offshore-Windkraft zu vollziehen. Es hat sich gezeigt, dass der Ausbau von Windkraft an Land eine natürliche Grenze des Wachstums erreicht hat. Weiterer Erfolgsfaktor ist die **Integration der erzeugten Energie in das Stromnetz**: die traditionellen Energiesysteme stoßen an ihre Grenzen, so dass eine Einbindung neuer Lösungen, wie internationale Kapazitätsmechanismen, Speicheraufbau oder Smart Grids, benötigt wird.

Schlussbetrachtung

Für die Wissenschaft können ebenfalls zahlreiche Vorschläge für Weiterentwicklungen formuliert werden. Das technologische Innovationssystem und dessen Funktionen können weiter strukturiert werden, indem die Funktionen den Säulen „Forschung und Wissenschaft", „Industrie und Wirtschaft" und „Politik und Gesellschaft" zugeordnet werden. Weiter werden für die einzelnen Phasen des Innovationssystems Indikatoren formuliert. Die formative Phase zeichnet sich beispielsweise durch ein durchschnittliches Wachstum von ca. 15-20% aus, wobei oftmals ein Hype durchlaufen wird. Viele technische Lösungen konkurrieren in der Regel um ein dominantes Design. Die Wachstumsphase hingegen ist geprägt durch ein CAGR >20%, typisch ist ebenfalls der Aufbau von Überkapazitäten und vermehrten Unternehmenseintritten auf dem Markt. Ein dominantes Design hat sich durchgesetzt. In der Reifephase treten typischerweise multinationale Unternehmen dem Markt bei, das Marktwachstum flacht etwas ab, bleibt aber >5% aber <10%. Weiterer Indikator für die Reifephase wird in einem technologischen Paradigmenwechsel gesehen. Durch die Formulierung eines solchen Kriterienkataloges kann die Forschungsgemeinde effizienter Untersuchungen technologischer Innnovationssysteme vornehmen und hat gleichzeitig eine verbesserte Basis für den Vergleich der Funktionalität von Systemen.

1 Einleitung

1.1 Einführung in die Thematik

Der Motor der Weltwirtschaft wurde Jahrzehnte von fossilen Brennstoffen angetrieben, die für insgesamt über 65% der globalen Treibhausgasemissionen zuständig sind. Von diesen Emissionen ist Kohle für 45%, Öl für 35% und Erdgas für 20% verantwortlich. Die Weltgemeinde wurde erstmals in den 1970ern auf die starke Abhängigkeit von fossilen Brennstoffen aufmerksam, als eine globale Ölkrise zu einer Vervielfachung des Ölpreises führte und die konventionellen Energiequellen beinahe unerschwinglich wurden. Während der 1980er und 1990er nahm die Gesellschaft erstmals die Auswirkung von fossilen Brennstoffen auf die Umwelt wahr, als saurer Regen Wälder zerstörte und steigende Ozonwerte beobachtet wurden. Die potentiellen Gefahren der Alternative „Atomkraft" wurden in den Reaktorkatastrophen von Tschernobyl und Fukushima ersichtlich. Ein Weg, Emissionen zu reduzieren und somit zum einen die Abhängigkeit von fossilen Brennstoffen zu mindern und zum anderen die Auswirkungen auf die Umwelt einzudämmen, ist es, Kohlenstoffdioxid (CO_2) aus der Luft zu filtern und zu speichern. Dies könnte beispielsweise durch eine Ausbreitung des weltweiten Waldbestands erfolgen, kann jedoch allein nicht den Anstieg der Emissionen ausgleichen. Die zweite Option die Treibhausgasemissionen zu reduzieren ist es den Verbrauch von fossilen Brennstoffen zu reduzieren (Covert et al. 2016). Ein entscheidender Schritt in diese Richtung wurde durch das Pariser Klimaabkommen von 2015 getan, was eine Klimaschutz-Vereinbarung und Nachfolger des Kyoto-Protokolls darstellt. Die Abkehr von CO_2 intensiven Energieformen wurde somit eingeleitet.

© Springer Fachmedien Wiesbaden GmbH, ein Teil von Springer Nature 2018
M. Klein, *Innovationsstrategien und internationale Wettbewerbsfähigkeit im Bereich der Windenergie*, https://doi.org/10.1007/978-3-658-22288-8_1

Für eine solche Transformation des Motors der Weltwirtschaft ist ein technologischer Paradigmenwechsel notwendig; das gesamte Energiesystem muss umgewandelt werden. Die Möglichkeiten hierfür sind vielfältig und umfassen die verschiedenen Formen von erneuerbaren Energien. Im Gegensatz zu fossilen Energieträgern beruhen erneuerbare Energien auf nicht-endlichen Energieträgern wie Wind, Sonne, Wasser, Biomasse oder Geothermie. Die grundlegende Idee hinter erneuerbaren Energien ist nicht neu und sollte nicht einzig im Zusammenhang mit der Endlichkeit von fossilen Energieformen und deren Auswirkungen auf die Umwelt gesehen werden. Die grundlegenden Erfindungen für die Erzeugung von erneuerbaren Energien liegen teilweise über 100 Jahre zurück, und dennoch generieren erneuerbaren Energien lediglich 7% der weltweiten Elektrizität. Aktuell lässt sich jedoch beobachten, dass erneuerbaren Energien schneller wachsen als jede andere Energieform. Damit einhergehend sinken die Kosten und lassen sie in Teilen wettbewerbsfähig zu konventionellen Energieformen wie Öl werden. Im Hintergrund dieser Entwicklung sind große Investitionen notwendig, oftmals angestoßen durch Regierungen. Warum werden die „alten Ideen" also ausgerechnet in der heutigen Zeit verbreitet? Was waren die Initialzündungen für die kommerzielle Verbreitung, wie weit ist die weltweite Diffusion vorangeschritten und was sind hierfür die Erfolgsfaktoren? Wer sind die entscheidenden Akteure und welches die erfolgreichsten Länder? Das breite Themenfeld der erneuerbaren Energien kann aus vielfältigen Perspektiven betrachtet werden und wurde in den letzten Jahren bereits intensiv untersucht. Unzählige Daten wurden erhoben, Publikationen verfasst und Maßnahmen formuliert.

Das übergeordnete Ziel dieser Arbeit ist es, eine Übersicht über die Diffusion von der Technologie zur Erzeugung von Windkraft zu erstellen und dabei die wesentlichen Erfolgsfaktoren zu identifizieren. Die Verbreitung von erneuerbaren Energien nimmt in den letzten Jahren rasant zu, so dass weltweit ein Wettlauf um den Ausbau stattfindet. Seit Adam Smith liegt es im Interesse von Öko-nomen, Unterschiede in der Geschwindigkeit und dem Erfolg von Nationalöko-nomien zu dokumentieren und zu analysieren. Die vorliegende Dissertation po-sitioniert sich in dem Forschungsfeld der evolutorischen Ökonomie und des In-novationsmanagements und nimmt somit eine Schnittstellenposition zwischen volkswirtschaftlicher und betriebswirtschaftlicher Betrachtung ein.

1.2 Konkretisierung der Arbeit

In der Tradition des deutschen Ökonom Friedrich List (1844) haben Forscher um den Engländer Christopher Freeman begonnen, „Nationale Innovationssys-teme" zu untersuchen und dabei insbesondere den schnellen Erfolg der japani-schen Wirtschaft betrachtet. Die japanische Industrie hat es innerhalb kurzer Zeit geschafft die wirtschaftliche Lücke zu den führenden Ländern Westeuropas und den USA zu schließen und teilweise sogar zu überholen (engl.: „Catch-Up") (Freeman 1987). Weitere vielbeachtete Beispiele für einen solchen Catch-Up werden oftmals mit der südkoreanischen Entwicklung in Zusammenhang ge-bracht (Freeman 1995; Lee und Lim 2001). Der wesentliche Erfolgsfaktor für den industriellen und wirtschaftlichen Entwicklungsprozess wurde in For-schungs- und Entwicklungsaktivitäten sowie technischen Innovationen gesehen und so ebenfalls Bezug zu den Konzepten des deutschen Ökonom Joseph Schumpeter (1912) genommen. Es wird dabei angenommen, dass ein Catch-Up von einem funktionierenden Innovationssystem begleitet wird (Lee und Ma-lerba forthcoming).

Bis heute beschäftigt ein solcher Catch-Up Prozess die Forschungsgemeinde, was anhand der Publikationen von beispielsweise Lee und Lim (2001), Corro-cher et al. (2007), Binz et al. (2012) oder Lee und Malerba (forthcoming) ver-deutlicht wird.

Der Catch-Up Prozess wird dabei wie folgt verstanden:

"However, more recently, it has frequently been observed that in the catching-up process, the latecomer does not simply follow the path of technological development of the advanced countries. They perhaps skip some stages or even create their own individual path, which is different from the forerunners. This observation is consistent with the emerging literature on leapfrogging." (Lee und Lim 2001, S. 460)

Die Abgrenzung zwischen reinem Catch-Up und Leapfrogging ist in der Definition dabei entscheidend. Bei einem Catch-Up folgt also der aufholende Akteur/ das aufholende Land, dem bereits vorgezeichneten Pfad. Bei Leapfrogging werden in diesem Prozess ein oder mehrere Schritte übersprungen. Das allgemein anerkannte Verständnis von Catch-Up oder auch Leapfrogging impliziert ebenfalls, dass der Aufholende den Führenden erst einholt und dann ebenfalls überholt (Lee und Lim 2001; Chen und Li-Hua 2011). Eine solche enge Eingrenzung ist für den Zweck dieser Dissertation zu limitierend, da bei den untersuchten Industrien, vor allem der Windindustrie, von einem Aufholen bzw. Überholen die Indikatoren nicht für ein solches Ergebnis sprechen. Die Idee des Catch-Up soll dennoch als Grundgedanke für die Kernfragestellung der Arbeit dienen, nur im erweiterten Sinne.

Abgeleitet aus den vorherigen Überlegungen zu den sich verschiebenden Wettbewerbskonstellationen von Volkswirtschaften und den dazugehörigen Unternehmen beschäftigt sich die vorliegende Dissertation mit Kernfragestellung, wie sie in der folgenden Abbildung dargestellt ist. Um eine systematische Bearbeitung und Beantwortung der Frage sicherzustellen, wurden drei unterstützende Fragen formuliert. Die drei Unterfragen werden idealerweise bei der Beantwortung der Kernfrage berücksichtigt.

Abb. 1-1:   Darstellung der Kernfragestellung der Arbeit

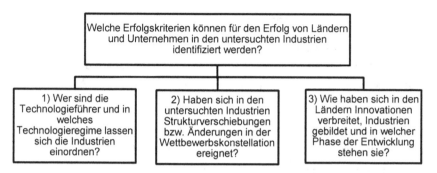

Welche Erfolgskriterien können für den Erfolg von Ländern und Unternehmen in den untersuchten Industrien identifiziert werden?

1) Wer sind die Technologieführer und in welches Technologieregime lassen sich die Industrien einordnen?	2) Haben sich in den untersuchten Industrien Strukturverschiebungen bzw. Änderungen in der Wettbewerbskonstellation ereignet?	3) Wie haben sich in den Ländern Innovationen verbreitet, Industrien gebildet und in welcher Phase der Entwicklung stehen sie?

Quelle: Eigene Darstellung

Unterfrage 1 beschäftigt sich demnach vor allem auf Technologieebene mit dem Untersuchungsgegenstand. Unterfrage 2 betrachtet die Thematik aus der Perspektive von Marktdaten wie Produktions- oder Handelsvolumina. Unterfrage 3 widmet sich der Diffusion der Technologie in den Ländermärkten und identifiziert wesentliche Treiber.

Neben Erkenntnisgewinnen hinsichtlich der Technologieführerschaft von Ländern und Unternehmen in den Industrien, einhergehenden Strukturveränderungen und einer detaillierten Erläuterung der Diffusion der untersuchten Innovationen, werden für die Wissenschaft relevante Aspekte beleuchtet. Die Herangehensweise bei der Untersuchung eines technologischen Innovationssystems wird verfeinert, die Phasen der Entwicklung werden erweitert, sowie Charakteristika für die einzelnen Phasen aufgestellt. Zukünftige Untersuchungen in diesem Feld sind folglich in der Lage, zielgerichteter die zugrundeliegende Fragestellung zu beantworten und ertragreichere Handlungsempfehlungen zu formulieren.

1.3 Methodik und Vorgehensweise

1.3.1 Der Untersuchungsgegenstand

Der Untersuchungsgegenstand dieser Dissertation ist die Technologie zur Erzeugung von Windkraft sowie deren Diffusion. Was genau soll in diesem breiten Feld untersucht werden? Warum liegt der Fokus auf Windkraft?

Ein Teilaspekt der Antworten liegt in der grundlegenden Einbettung der Dissertation in die wirtschaftswissenschaftliche Forschung. Die Arbeit wird in der Schnittstelle zwischen Innovationsmanagement und Innovationsökonomik positioniert, so dass, anders als in der Neoklassik, wo Produktionsfunktionen die Realität abbilden sollen, die reale Welt einen entscheidenden Einfluss auf die Wahl des Untersuchungsgegenstands hat. Im Sinne dieser Entscheidung wurden die Fälle gewählt, die vor dem Hintergrund eines möglichen weltweiten technologischen Paradigmenwechsels weg von CO2 intensiven, hin zu klimaverträglichen Energieformen einen wertvollen Beitrag zur Theoriebildung in der Innovationssystemsforschung dienen können. Ein solches Argument gilt gleichermaßen für jede Form innerhalb des „Erneuerbaren-Energien-Portfolios", sei es Bio-, Solar-, Windenergie oder auch Wasserkraft (man denke beispielsweise an Wellenkraft). Warum also Windkraft?

Warum Windkraft?

Eine moderne Windkraftanlage ist eine hochkomplexe Entwicklung des Maschinenbaus, die aus über 8.000 verschiedenen Teilen besteht. Mittlerweile stehen auf der Welt deutlich über 300.000 dieser Stromerzeuger, die zusammen eine Kapazität von über 400.000 MW haben. Eine einzige Anlage kann bis zu 5.500 EU Haushalte versorgen, in Dänemark liegt der Anteil der Windkraft an der nationalen Energiematrix bei über 40%. In Spanien werden über 10 Mio. Haushalte mit Strom aus Windkraft versorgt (IEA 2016c, 2016b, 2016a).

Windenergie gilt seit langem für viele Experten als die Form erneuerbarer Energie, die als Erste ohne jegliche staatliche Subventionen auskommt (GWEC 2017; IEA 2016b). Tatsächlich wurde im April 2017 in Deutschland eine Ausschreibung für einen offshore Windpark ohne jegliche Subventionen vergeben (FAZ 2017). Im Hauptfokus der Arbeit steht die onshore Windenergie, dass heißt also Windkraftanlage die an Land errichtet werden im Gegensatz zu Anlagen die auf Wasser (offshore) entstehen. Vor allem mit fortschreitender zeitlicher Entwicklung der Technologie und deren Diffusion wird eine Ergänzung von offshore Windkraft jedoch unumgänglich, wie im Verlaufe dieser Arbeiter gezeigt wird. Ein weiterer Grund für den Fokus auf die Windenergie ist die gute Position Deutschlands in der weltweiten Industrie. Anders als in der Solarenergie, in der Deutschland die führende Position, wie hinlänglich bekannt ist, an chinesische Anbieter abgegeben hat, sind deutsche Anbieter in der Windenergie weiterhin führend. Es ist also insbesondere aus deutscher Perspektive interessant zu untersuchen, ob der Verlust einer führenden Position auch in der deutschen Windindustrie zu befürchten ist. Diese Motivation ist bereits in der Hauptfragestellung der Dissertation, wie beschrieben, eingeflossen. Eine weitere Entscheidung hinsichtlich des Untersuchungsrahmens betrifft die räumliche Limitierung, also eine Auswahl von Ländern in denen die Diffusion von Windenergie erforscht werden soll. Die Entscheidung hierbei wurde auf Grundlage der historisch wichtigsten Länder für Windenergie gefallen, also welche Länder haben in den letzten Jahrzenten die Nutzung von Windenergie dominiert. Wie in der Analyse durch Daten unterlegt wird, sind weltweit in den letzten 40 bis 50 Jahren insbesondere vier Länder für die Entwicklung und Verbreitung von Windenergie verantwortlich: Dänemark, Deutschland, die USA und China.

Ende des Jahres 2016 war China das Land mit der größten installierten Kapazität Windenergie mit insgesamt über 168.000 MW, die USA haben etwas über

80.000 MW, Deutschland folgt auf dem dritten Rang mit ca. 50.000 MW installierter Kapazität. Die Top 10 Länder, gemessen an installierter Kapazität im Jahr 2016, zeigt die folgende Tabelle.

Tab. 1-1: Kumulierte installierte Kapazität für die Top 10 Länder im Jahr 2016

Land	MW
China	168.690
USA	82.184
Deutschland	50.018
Indien	28.700
Spanien	23.074
Großbritannien	14.543
Frankreich	12.066
Kanada	11.900
Brasilien	10.740
Italien	9.257
Rest der Welt	75.577
Welt	486.749

Quelle: Eigene Darstelllung in Anlehnung an GWEC (2017)

1.3.2 Die Datengrundlage

Selbst erhobene beziehungsweise abgerufene Daten umfassen vor allem Interviews, Patentdaten und Handelsdaten. Sekundäre Datenquellen wie Fachzeitschriften und andere Literatur sollen an diese Stelle nicht diskutiert werden.

Interviews

Im Rahmen der Dissertation wurden insgesamt über 30 Interviews geführt, die in die Arbeit eingeflossen sind. Ein Großteil der Interviews wurde während eines Forschungsaufenthalts in Brasilien zu den Themen Ethanol und Windkraft durchgeführt. Die Reise wurde von dem „Strategischen Netzwerk Bioökonomie" (BECY) der Universität Hohenheim sowie dem Rudi Häussler-Förderpreis finanziert. Alle Gespräche wurden mit Hilfe eines teil-strukturierten Leitfadens geführt, wenn möglich persönlich vor Ort. Die Dokumentation der Interviews kann im Anhang gefunden werden.

Patentdaten

Ein weiterer wichtiger Bestandteil der Datenabfrage umfasst Patentdaten. Über die *OECD REGPAT* und *OECD Citations* Datenbank wurden insgesamt ca. 7.000 Patente[1] abgerufen und ausgewertet. Der Fokus der Patentanalyse lag auf Patenten des Europäischen Patentamtes, also EPO Anmeldungen. Die Auswertung wurde mit Hilfe des WIPO (World Intellectual Property Organization) Green Inventory auf die relevanten Patentklassifikationen für Windkraft, respektive Bioenergie, eingegrenzt. Eine detaillierte Beschreibung der einzelnen Abfragen ist im Anhang zu finden.

Handelsdaten

Für die Strukturanalysen wurden Handelsdaten, bereitgestellt durch die United Nations, abgerufen. Der Zugriff auf die Daten erfolgte über die Website UNComtrade[2], lizenziert durch die Universität Hohenheim. Die Eingrenzung der Produkte bzw. Handelscodes entlang des *Harmonized Systems* (HS), die die jeweilige Industrie wiedergeben sollen, erfolgte in Anlehnung an UBA (2013). Internationale Außenhandelsstatistiken werden sowohl nach HS als auch nach SITC kategorisiert. Im Rahmen dieser Analyse wurden sechsstellige HS Codes gewählt, da diese höheren Detailgrad zulassen. Analog zu den Patentabfragen ist ebenfalls zu den Handelsdaten eine detaillierte Beschreibung im Anhang zu finden.

1.4 Aufbau der Arbeit

Kapitel 2 dient als theoretische Grundlage und bereitet die Literatur zu Innovationssystemen auf, insbesondere zu technologischen Innovationssystemen. Der

---

[1] Aufschlüsselung: 5666 Patente der Windkraft, 1250 zitierte Patente der Windkraft.
[2] www.https://comtrade.un.org/db/default.aspx

Analyserahmen der technologischen Innovationssysteme findet im weiteren Verlauf der Arbeit Anwendung, vor allem in Kapitel 1 Industrieentwicklung und Diffusion. Kapitel 3 untersucht die Technologie zur Erzeugung von Windkraft und analysiert dabei Patentanmeldungen und wertet Interviews aus. Der Fokus des Kapitels liegt auf der Bewertung einzelner Komponenten einer Windkraftanlage und zeigt in welchem technologischen Paradigma sind die Technologie befindet.

Kapitel 4 bestimmt die Wettbewerbsposition führender Länder auf Basis von Handelsdaten und zeigt mögliche Strukturveränderungen anhand von Markt- sowie Handelsdaten auf. Es werden vier Länder als Treiber der Diffusion von Windkraft identifiziert, die in Kapitel 5 im Detail analysiert werden.

Kapitel 5 untersucht die Verbreitung von Windenergie in den vier führenden Ländern Dänemark, Deutschland, USA und China sowie Brasilien als aufstrebenden Markt. In diesem Kapitel kommt das technologische Innovationssystem zur Anwendung. Die Analyse orientiert sich an der Einteilung in verschiedene Phasen der Entwicklung, sowie der Wirkungsweise von verschiedenen Funktionen auf das Innovationssystem.

Kapitel 6 stellt ein Fazit der Arbeit dar und formuliert generalisierte Ergebnisse und Handlungsempfehlungen aus den Analysen der Kapitel 3 bis 5 zur Windkraft.

Kapitel 7 nimmt eine Schlussbetrachtung vor und leitet Empfehlungen für die Weiterentwicklung des technologischen Innovationssystems ab, formuliert Limitationen sowie weiteren Forschungsbedarf.

2 Theoretische Grundlage: Technologische Innovations-systeme

Erneuerbare Energien sind in ein bereits etabliertes (Energie-)system eingebet-tet und die Durchsetzung und Verbreitung daher von vielen Faktoren, darunter Strompreisentwicklung, CO_2-Emissionshandel, Speicherkapazitäten, Netzinfra-struktur, Industrieentwicklung, Käuferverhalten oder der politischen Ausrichtung abhängig. Die Komplexität, die ein Verständnis des Diffusionsprozesses bein-haltet, ist entsprechend hoch. Die Einflüsse auf den Erfolg einer solchen Tech-nologie sind vielfältig und die Identifikation derer setzt eine strukturierte Heran-gehensweise voraus. Die bestehende Literatur zur Diffusion von Innovationen bietet vielseitige Ansätze. Ein etabliertes Konzept zur Erforschung der Entste-hung von neuen Technologien durch eine komplexe Interaktion zwischen Akt-euren stellen Innovationssysteme dar (Binz et al. forthcoming; Bergek et al. 2008a)[3]. Die Innovationssystemsliteratur umfasst vor allem vier Ansätze, das nationale Innovationssystem (NIS), regionale Innovationssystem (RIS), sekt-orale Innovationssystem (SIS) und technologische Innovationssystem (TIS) (Klein und Sauer 2016). Eine detaillierte Diskussion über die Unterschiede der verschiedenen Ausprägungen der Innovationssysteme kann in Klein und Sauer (2016) gefunden werden. Im Rahmen der Dissertation wurde das technologi-sche Innovationssystem genutzt, da es als Alleinstellungsmerkmal expliziten Bezug zu einer evolutorischen Transformation eines Systems nimmt. Zudem hilft die Einteilung in Funktionen, die auf das System wirken, die Komplexität der Beantwortung der zugrundeliegenden Fragestellung zu reduzieren.

---

[3] Das folgende Kapitel basiert in weiten Teilen auf einer Forschungskooperation des Autors dieser Dissertation mit Andreas Sauer, Fraunhofer ISI. Die Ergebnisse der Kooperation wurden beispielsweise in Klein und Sauer (2016) oder auf der Schumpeter Konferenz in Montreal (2016) veröffentlicht bzw. vorgestellt.

© Springer Fachmedien Wiesbaden GmbH, ein Teil von Springer Nature 2018
M. Klein, *Innovationsstrategien und internationale Wettbewerbsfähigkeit im Bereich der Windenergie*, https://doi.org/10.1007/978-3-658-22288-8_2

2.1 Das technologische Innovationssystem

Dem technologischen Innovationssystem (genauso wie den drei anderen Ansätzen), liegt ein Grundverständnis zu den Begriffen System und Innovation zugrunde, welches in der folgenden Box kurz definiert werden soll.

Box 1: Was ist ein System? Was ist eine Innovation?

System

Websters Collegiate Dictionary zufolge ist ein System „a set or arrangement of things related or connected as to form a unity or organic whole".

Im Kontext der Innovationssysteme beschreiben Carlsson et al. (2002) ein System als in Wechselbeziehung stehender Komponenten, die zur Erreichung eines gemeinsames Zieles arbeiten. Dabei besteht ein System aus drei Blöcken: Komponenten, Beziehungen und Eigenschaften. Dabei sind die Komponenten die operativen Teile eines Systems, Beziehungen sind die Verbindungen zwischen den Komponenten, und die Eigenschaften sind können sowohl den Komponenten als auch den Beziehungen zugeordnet werden.

Innovation

„Es werden damit technische, organisatorische, soziale und andere Neuerungen bezeichnet, für die eine Umsetzung oder Implementierung bereits gelungen ist oder zumindest versucht wird. Der „schöne Gedanke" allein reicht nicht. In einem Marktsystem bedeutet Innovation die Entwicklung und Vermarktung neuer Produkte und Dienstleistungen oder aber den internen Einsatz solcher Neuerungen (Prozessinnovation). Innerhalb von öffentlichen Einrichtungen bedeutet Innovation die Einführung neuer Verfahren, Abläufe und Vorgehensweisen. Innovationen können nachhaltige Wettbewerbsvorteile für die innovativen Unternehmen schaffen."

Quelle: Carlsson et al. (2002) (für den Begriff „System") und Expertenkommission Forschung und Innovation (EFI) (2011, S. 75) (für den Begriff „Innovation")

Ursprung des technologischen Innovationssystems

Die ersten Gedanken zu einem technologischen Innovationssystem wurden von Carlsson and Stankiewicz (1991) veröffentlicht. Die Publikation war das Ergebnis eines Forschungsprogramms unter der Leitung von Bo Carlsson über Schwedens Technologiesystem und dessen zukünftiges Entwicklungspotenzial. Der Grundgedanke des Konzepts war, dass ökonomisches Wachstum von Ländern eine Funktion von technologischen Systemen ist, in dem verschiedene ökomische Agenten teilnehmen. Dabei können die Grenzen des technologischen Systems mit denen der nationalen Grenzen übereinstimmen, oder aber abhängig von dem techno-industriellen Gebiet sein. Das Konzept der technologischen Innovationssysteme wurde erst in den frühen 2000ern wieder aufgegriffen und von Forschern um Hekkert et al. (2007), Johnson (2001) oder Rickne (2000) weiterentwickelt. Eine vielbeachtete Publikation über die Herangehensweise zur Untersuchung von TIS wurde von Bergek et al. (2008a) verfasst. Kernfragestellung der Untersuchung eines TIS ist oftmals die Evolution einer jungen Technologie und dem dazugehörigen System, welches sich in den Anfangsstadien der Entwicklung befindet. Ziel ist es Blockierungsmechanismen zu identifizieren und daraus politische Handlungsempfehlungen zu formulieren (Markard et al. 2015).

Anwendung des technologischen Innovationssystems

Das TIS hat schnell Anwendung gefunden und wurde in vielen Fallstudien verwendet. Die Meistzitierten sind dabei folgende: Hekkert et al. (2007) (270 Zitationen), Bergek et al. (2008b) (52 Zitate), Foxon et al. (2010) (51 Zitate), Hekkert und Negro (2009) (51 Zitate) und Markard und Truffer (2008) (28 Zitate). Die Ergebnisse basieren auf der durchgeführten systematischen Literaturanalyse, methodisch beschrieben im Eingang dieses Kapitels. Als räumliche Grenze eines TIS wird ein globaler Charakter mit starkem internationalen Fokus von Bergek et al. (2008a) empfohlen. In dem konzeptionellen Papier von Bergek et al. wird weiter ausgeführt, dass der Untersuchungsgegenstand in der Regel eine spezifische Technologie ist, wobei der Fokus auf einem bestimmten Wissensfeld (zum Beispiel on-shore Windkraft) liegen sollte, oder auf einem Bereich von einem Wissensfeld (zum Beispiel Bioenergie).

Die oben genannten Fallstudien für ein TIS verwenden eine regionale, nationale oder supranationale (also einen komparativen Vergleich von mehreren Ländern) räumliche Grenze. Hinsichtlich des Untersuchungsgegenstandes fällt auf, dass sich alle Fallstudien auf nachhaltige/ erneuerbare Technologien beziehen (Hekkert et al. 2007; Bergek et al. 2008a; Foxon et al. 2010; Hekkert und Negro 2009; Markard et al. 2009).

In der Praxis umfasst die Analyse eines TIS mehrere aufeinanderfolgende Schritte, welche in der folgenden Graphik dargestellt werden.

Die Abbildung zeigt den stilisierten Ablauf der Analyse eines TIS. Anfangs in es entscheidend, adäquate Grenzen des Systems zu ziehen, also beispielsweise das TIS für (onshore) Windkraft in Deutschland, oder das TIS für Ethanol in Brasilien. Darauf werden die wesentlichen Komponenten identifiziert, die mit Veränderung der Grenzen variieren (Unternehmen in der onshore-Windkraft sind nicht zwangsläufig relevant bei der Analyse der offshore-Windkraft; gleiches gilt für institutionelle Rahmenbedingungen). Der Kern einer TIS-Analyse stellt die Diskussion zu den Funktionen dar (im weiteren Verlauf dieses Kapitels wird auf die Details der einzelnen Funktionen eingegangen). Ebenso wichtig ist die Einteilung der Evolution des TIS in die verschiedenen Phasen – abhängig hiervon können die Funktionen analysiert werden. Es ist wichtig anzumerken, dass nicht jede Funktion in jeder Phase des TIS relevant sein muss. Im Anschluss an die Analyse der Funktionen erfolgt die Bestimmung der Funktionalität des TIS zu jeweiligen Zeitpunkt der Evolution entlang der Phasen. Durch diese Einteilung ist ein komparativer Vergleich zwischen Ländern zu einem ähnlichen Zeitpunkt der Entwicklung möglich. So ist beispielsweise nicht zwangs-läufig der Vergleich des chinesischen TIS für Windkraft mit dem von Deutsch-land in dem Jahr 2010 entscheidend und aufschlussreich, sondern der Vergleich der Funktionalität in der Phase des Wachstums. Hierbei kann der tatsächliche Zeitpunkt (bspw. 2010) deutlich voneinander abweichen. Im weiteren Verlauf der Analyse werden aus der Funktionalitätsbewertung Blockierungsmechanis-men (bzw. erfolgreiche Lösungswegen, „Best Practice") identifiziert und ent-sprechende Handlungsempfehlungen formuliert.

Abb. 2-1: Projektentwurf für die Analyse eines technologischen Innovationssystems

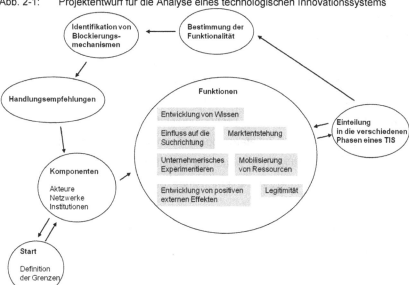

Quelle: Eigene Darstellung und Adaption in Anlehnung an Bergek et al. (2008a)

Komponenten eines technologischen Innovationssystems

Carlsson und Stankiewicz (1991, S. 93) definieren ein TIS wie folgt:

„A technological system is defined as a dynamic network of agents inter-acting in a specific economic/industrial area under a particular institutional infrastructure and involved in the generation, diffusion, and utilization of technology. Technological systems are defined in terms of know-ledge/competence flows rather than flows of ordinary goods and services.

15

In the presence of an entrepreneur and sufficient critical mass, such networks can be transformed into development blocks, i.e. synergistic clusters of firms and technologies which give rise to new business opportunities."

Aus dieser Definition geht bereits hervor, was Bergek et al. (2008a) explizit als strukturelle Komponente eines TIS anführt: 1) Akteure, 2) Netzwerke und 3) Institutionen.

Ad 1) Akteure sind Unternehmen entlang der Wertschöpfungskette, aber auch Universitäten, Forschungseinrichtungen, Venture Kapitalgeber oder aber auch Standardsetzungskonsortien.

Ad 2) Netzwerke, welche sowohl formell als auch informell sein können. Relevante Netzwerke können unterschiedliche Zwecke haben, beispielsweise Netzwerke zur Standardsetzung, Technologieplattformen, public-private-partnerships, oder aber auch Zuliefergruppen. Formelle Netzwerke sind entsprechend leichter zu identifizieren, wobei die Identifikation von informellen Netzwerken insbesondere Interviews mit Industrieexperten voraussetzt.

Ad 3) Institutionen umfassen die Kultur, Normen, Regeln, Gesetze oder Routinen in einem TIS.

Funktionen eines technologischen Innovationssystems
Das einflussreiche Paper von Bergek et al. (2008a) identifiziert sieben Funktionen, welche auf ein TIS wirken. Folgende Tabelle gibt eine Übersicht über die vorgestellten Funktionen eines TIS.

Tab. 2-1:   Funktionen eines technologischen Innovationssystems

Funktion	Beschreibung
Entwicklung von Wissen	Vielfalt und Tiefe der bestehenden Wissensbasis eines TIS; Verbreitung und Rekombination von Wissen; steht im Kern der Analyse eines TIS; *mögliche Indikatoren*: Bibliometrics, Patente, Lernkurven, Anzahl an Forschungsprojekten, etc.
Einfluss auf die Suchrichtung	Anreize oder andere Mechanismen für Organisationen einem TIS beizutreten; weitere Faktoren die das Verhalten von Akteuren und Netzwerken beeinflussen, zum Beispiel hinsichtlich der Auswahl einer Technologie, Markteintritt, Anwendung, etc.; *mögliche Indikatoren*: Wachstumserwartungen, regulatorische Richtlinien, Steuer(anreize)
Unternehmerisches Experimentieren	(Neue) Unternehmen testen neue Lösungen, Anwendungsmöglichkeiten oder andere technische Möglichkeiten und unterbinden so die Stagnation des TIS; *mögliche Indikatoren*: Anzahl Unternehmenseintritte; Vielfalt der genutzten Technologie; verschiedene Anwendungsmöglichkeiten
Marktentstehung	Die Marktentstehung durchläuft in der Regel verschiedene Phasen, von einem sehr kleinen Markt, über starkes Wachstum bis hin zu einem reifen Massenmarkt; *mögliche Indikatoren*: Nachfrageprofil, Marktgröße/ verkaufte Einheiten, Marktwachstum, Unternehmensstrategie, die Rolle von Standards
Legitimität	Legitimität beschreibt die soziale Akzeptanz und Übereinstimmung der institutionellen Werte einer neuen Technologie; die neue Technologie sollte eine hohe Legitimität haben, um so ausreichend Ressourcen zu mobilisieren, Nachfrage zu kreieren und politischen Rückhalt zu formen[4]
Mobilisierung von Ressourcen	Mit der Evolution eines TIS ist es notwendig verschiedene Ressourcen zu mobilisieren, wie Humankapital, Finanzkapital, komplementäre Assets, Servicenetzwerke; *mögliche Indikatoren*: bereitgestelltes Kapital, Seed und Venture Kapital, Universitätsabschlüsse mit einer bestimmten Fachrichtung
Entwicklung von positiven externen Effekten	Positive externe Effekte sind wichtig für die Entstehung und das Wachstum eines TIS und können sowohl monetär als auch nicht-monetärer Natur sein; der Eintritt von neuen Unternehmen ist wichtig; ebenso hat diese Funktion oftmals direkten Einfluss auf die Schichtung und die Marktentstehung; *mögliche Indikatoren*: gepoolte Arbeitsmärkte; Bildung einer ausgeprägten Zulieferkette; Informationsfluss und Wissensspill-overn.

Quelle: Eigene Darstellung in Anlehnung an Bergek et al. (2008a)

---

[4]   Die Forschungsgruppe um Bergek betont mehrfach die hohe Bedeutung der Legitimität einer Technologie für den Erfolg eines TIS (zum Beispiel Bergek et al. 2008b), bleibt bei der Ausführung zur Analyse jedoch relativ vage.

Die starke Ausprägung von Funktionen ist charakteristisch für das TIS. Auch aus diesem Grund referenzieren einige Autoren auf den *funktionellen Ansatz* (als Synonym für das TIS), zum Beispiel Markard et al. (2012).

Evolution und Transformation eines technologischen Innovationssystems
Anhand der zuvor vorgestellten sieben Funktionen eines TIS ist es möglich das System auf Funktionalität zu bewerten, also nicht nur zu untersuchen *wie* das System funktioniert, sondern *wie gut* es funktioniert. Die Bewertung des Systems steht im Zentrum der Analyse und es gibt zwei Möglichkeiten für die Evaluierung. Neben einem (komparativen) Vergleich von zwei oder mehreren Systemen besteht die Empfehlung, die jeweilige Phase des TIS zu bewerten[5]. Die Einteilung der Evolution des TIS und die dazugehörige Bewertung der Funktionalität stehen entsprechend im Zentrum der Analyse eines TIS. Der Phasengedanke basiert auf der Literatur zum Produkt- bzw. Industrielebenszyklus, zu dem es bereits ausführliche Abhandlungen und Vorschläge für die Einteilung in verschiedene Phasen gibt. Afuah und Utterback (1997) unterteilen in vier Phasen[6], Klepper (1997) in drei Phasen[7], Kemp et al. (1998) in zwei Phasen[8].

Bergek et al. (2008a)[9] nehmen diesen Gedanken auf und wenden ihn auf das technologische Innovationssystem an. Sie unterscheiden jedoch nur zwischen zwei Phasen: 1) Marktgestaltung und 2) Wachstum. Sie gründen Ihren Vorschlag auf Fallstudien zu erneuerbaren Energien (Bergek und Jacobsson 2003; Jacobsson und Bergek 2004) und charakterisieren die beiden Phasen wie folgt.

---

[5] Es ist wichtig anzumerken, dass es keine „Entweder-Oder-Entscheidung" ist. Im Idealfall wird der komparative Vergleich mit der Bewertung der Phasen kombiniert.
[6] Sie nennen die Phasen „fluid, transitional, specific, discontinuity".
[7] 1) Initial, exploratory oder embryonic stage, 2) intermediate oder growth stage, und 3) mature stage.
[8] „early" und „development" Phase.
[9] Bereits Carlsson et al. (2002), weiterer Gründungsvater des TIS, erwähnen eine „fluid Phase" mit Bezug zu Utterback (1994), welcher wiederum die Phasen in „fluid, transitional und specific" einteilt.

Ad 1) Marktgestaltung

Die Phase der Marktgestaltung dauert selten weniger als ein Jahrzehnt und ist geprägt von hoher Unsicherheit hinsichtlich Technologie, Markt und Anwendung. Das Preis-Leistungs-Verhältnis ist oftmals noch nicht wettbewerbsfähig, ebenso ist die Technologie noch nicht weit verbreitet. Das tatsächliche Potenzial ist erst marginal ausgeschöpft. Dementsprechend bleiben weite Teile der Nachfrage unartikuliert. Positive externe Effekte und andere positive Dynamiken haben sich noch nicht gebildet. Dahingegen gibt es rege unternehmerische Aktivitäten, charakterisiert von vielen Unternehmenseintritten auf den Markt und entlang der Wertschöpfungskette. Das TIS ist zudem geprägt von einer wachsenden Legitimität, welches eventuell zu institutionellem Wandel führt. Der junge Markt benötigt ggf. Protektionismus, um sogenannte „Brückenmärkte[10]" zu erzeugen. In diesen Brückenmärkten können Produkte und Produktion skaliert werden, um so Volumen zu erzeugen und schließlich in die nächste Phase der Evolution des TIS zu treten.

Ad 2) Wachstum

In der Phase des Wachstums expandiert das System und wird zu einem Massenmarkt. Skalierbare Technologie setzt sich durch, die Mobilisierung von Ressourcen wird wichtig um das Wachstum finanzieren zu können. Unternehmerisches Experimentieren sollte weiterhin existieren.

2.2 Kritische Betrachtung

Das technologische Innovationssystem wird in der Dissertation als Analyserahmen genutzt um die vorgestellt Kernfragestellung zu beantworten. Die Entscheidung für das TIS ist aus mehreren Gründen gefallen. Bei der Erforschung der Diffusion von Innovationen und möglichen Strukturveränderung ist eine syste-

---

[10] Die Zuordnung der Brückemärkte in die beiden Phasen variiert, je nach Publikation von Bergek.

mische Perspektive zwingend notwendig. Weder Firmen noch Innovationen individuell betrachtet können einen Strukturwandel erklären, es muss ebenfalls der institutionelle Rahmen sowie weitere System-relevante Komponenten in die Untersuchung hinzugezogen werden. In der Literatur zur Innovationsforschung ist man somit schnell bei Innovationssystemen angelangt, da diese Konzepte die Anforderungen an den Analyserahmen erfüllen und für die Anwendung prädestiniert sind. Die Kernfragestellung impliziert eine evolutorische Betrachtungsweise, also die zeitliche Entwicklung bzw. Evolution verschiedener Systeme und einhergehende Verschiebungen in der Wettbewerbskonstellation. Die vorgestellten Alternationen der Innovationssysteme bieten, bis auf das TIS, keine explizite Fokussierung und Einbettung der Transformation des Systems in die Konzeption des Ansatzes. Das sektorale Innovationssystem deutet eine solche mögliche Betrachtungsweise an, bleibt in den Ausführungen jedoch vage. Lediglich das technologische Innovationssystem bietet eine klare Struktur und Vorschläge für die Untersuchung von verschiedenen Phasen der Entwicklung des Innovationssystems. Insofern ist die Anwendung des TIS die logische Konsequenz und für die weitere Analyse in der zugrundeliegenden Dissertation notwendig.

Das TIS hilft bei der Aufarbeitung der Evolution einer (jungen) Industrie, insbesondere durch die systematische Analyse der Funktionen und die Einteilung in die beiden Phasen Marktgestaltung und Wachstum. Die bestehende Literatur zum TIS endet jedoch an dieser Stelle hinsichtlich des Phasengedankens. Wie bereits aufgeführt hat die Literatur zum Industrie- und Produktlebenszyklus bereits aufgezeigt, dass weitere Phasen sinnvoll sind. Da die konzeptuelle Veröffentlichung von Bergek et al. (2008a) auf Fallstudien zu erneuerbaren Energien beruht, welche Anfang der 2000er durchgeführt wurden, ist die Formulierung von zwei Phasen nur nachvollziehbar. Anfang der 2000er haben sich die untersuchten Industrien (z.B. Wind, Solar), in der Wachstumsphase befunden und haben noch keinen weiteren Grad der Reife erreicht. Mit der weiteren Entwicklung der Industrien und der erneuten Bestimmung der Funktionalität der TIS ist es jedoch notwendig, weitere Phase in das Modell aufzunehmen. Als Hypothese wird also folgende Fortsetzung des Phasenmodells formuliert:

Hypothese

Die aktuelle Unterteilung des Phasenmodells des TIS in die Phase Marktgestaltung und Wachstum ist nicht ausreichend. Eine Erweiterung in weitere Phasen ist notwendig, um die Funktionalität der Systeme zu bestimmen.

Vorgeschlagen wird eine Erweiterung um wenigstens eine weitere Phase[11]: 3) Reife. Im Laufe der Dissertation wird anhand von Fallstudien die Hypothese überprüft. Weiter bleibt unklar, anhand welcher Indikatoren die Phasen voneinander abzugrenzen sind. Es sollte eine klarere Empfehlung geben, wann sich eine Industrie beispielsweise in der Marktgestaltungsphase befindet und wann in der Wachstumsphase. Darüber hinaus sollten klare Indikatoren für die verschiedenen Phasen formuliert werden. Bisher wird lediglich empfohlen, sich an der Marktentwicklung zu orientieren und anhand derer in die verschiedenen Phasen zu unterteilen. Konkretere Vorschläge, beispielsweise hinsichtlich Wachstums, wären sinnvoll. Ebenfalls denkbar wäre der Grad der Internationalisierung, der Eintritt von Multinationalen Konzernen oder Ähnliches. Ziel dieser Dissertation ist es, eine schärfere Abgrenzung für die Phasen zu identifizieren und zu propagieren.

Einen weiteren Kritikpunkt[12] sehe ich bei der mangelnden Fokussierung des TIS auf die Rolle des Unternehmens. Auch wenn Carlsson und Stankiewicz (1991)

---

[11]   Die Erweiterung des Phasenmodells des TIS wurde auf der Schumpeter Konferenz in Montreal (2016) vorgestellt und ist in Forschungskooperation mit Andreas Sauer (Fraunhofer ISI) entstanden.
[12]   Markard et al. (2015) arbeiten eine Reihe weiterer Kritikpunkte an dem TIS auf.

die Basis für das TIS legen und eine systemische Perspektive auf technologische Änderung nehmen13, so referenzieren sie doch klar auf die wichtige Rolle des Unternehmers im schumpeterischen Sinne.

Der Unternehmer und seine Strategie, welche für den Unternehmenserfolg entscheidend ist, rücken im Verlauf der Weiterentwicklung des Ansatzes von Carlsson und Stankiewicz (1991) immer weiter aus dem Fokus. Die vielbeachtete Veröffentlichung von Bergek et al. (2008a), die eine weitreichende Anwendung des TIS zur Folge hatte und als Leitfaden für die Analyse gesehen werden kann, erwähnt die Unternehmensstrategie nur noch als einen beispielhaften Indikator einer Funktion (Marktentstehung) des Innovationssystems. Dabei ist doch das übergeordnete Ziel des TIS, deren Funktionalität zu evaluieren und etwaige Blockierungsmechanismen zu identifizieren. Die Funktionalität eines TIS hängt jedoch direkt mit dem wirtschaftlichen Zustand der Unternehmen, also den Akteuren im TIS, zusammen. Ein TIS ohne wirtschaftlich erfolgreiche Unternehmen, die im Wettbewerb zu einander stehen und mehr oder weniger profitable sind, ist kein funktionierendes TIS per se. Zumal es die Unternehmen sind, welche die Innovationen generieren und somit die Weiterentwicklung des TIS garantieren.

Das Problem des TIS-Ansatzes ist, dass es lediglich als Ziel hat politische Empfehlungen auszusprechen. Ökonomischer Wandel sollte, aus liberaler Wirtschaftsperspektive, unabhängig sein von politischen Rahmenbedingungen. Nun wird TIS vornehmlich bei neuen bzw. erneuerbaren Energien angewendet, die vor allem in der Entwicklungsphase stark von politischen Förderungen abhängig sind. Das Ziel sollte jedoch sein diese neuen Technologien unabhängig

---

[13] Eine systemische Perspektive impliziert, dass individuell gesehen, weder Firmen noch Innovationen ökonomische Änderung erklären können.

von den oftmals wechselnden institutionellen Rahmenbedingungen zu etablie-

ren. Hierzu gehört deutlich die unternehmerische Positionierung, die Generie-

rung von Innovation durch den Unternehmer, innerhalb des TIS.

3 Technologie-Analyse

Die Windkraft stellt den zentralen Untersuchungsgegenstand der vorliegenden Dissertation dar. Um ein vertieftes Verständnis der zugrundeliegenden Technologie zu bekommen, wird diese im Detail analysiert. Das Vorgehen orientiert sich dabei an der folgenden Kernfrage.

„Wer sind die Technologieführer und in welches Technologieregime lässt sich die Industrie einordnen?"

Um diese Frage beantworten zu können, wird eine Vielzahl an weiteren Unterfragen aufgestellt:

Wie ist eine Windkraftanlage aufgebaut und was ist der aktuelle technologische Status Quo? Welches sind strategisch wichtige Komponenten? In welcher Phase der Technologieentwicklung befinden sich die Komponenten

Welche Unternehmen sind Technologieführer?

Wie hat sich die Zahl der Patentanmeldungen seit 1978 entwickelt?

Welches sind die Länder mit den meisten Patentanmeldungen? Welche Länder können zuletzt aufholen? Welches sind die Länder mit den meisten Erfindern?
Wie verändert sich das Verhältnis zwischen Extra- und Intranetzwerk Zitationen und an welche anderen Technologiebereiche werden bei Patenten der Windkraft am häufigsten zitiert?

© Springer Fachmedien Wiesbaden GmbH, ein Teil von Springer Nature 2018
M. Klein, *Innovationsstrategien und internationale Wettbewerbsfähigkeit im Bereich der Windenergie*, https://doi.org/10.1007/978-3-658-22288-8_3

Ein Technologieregime kann dabei die Ausprägungen Schumpeter Mark 1 (kreative Zerstörung) und Schumpeter Mark 2 (kreative Kumulierung) haben und werden durch die Ausprägungen (hoch, niedrig) der drei Dimensionen Technologische Möglichkeiten, Appropriierung und Kumulierung auf Unternehmensebene definiert (Breschi et al. 2000; Malerba und Orsenigo 1995; Lee und Lim 2001). Industrien entwickeln sich und deren technologischen Charakteristika ändern sich, abhängig von dem Stadium des Lebenszyklus der Technologie (Lee und Lim 2001). Grundlegend soll also gezeigt werden, in welchem Technologieregime und in welchem Stadium des Lebenszyklus sich die Windkraft befindet. Daraus können Schlussfolgerungen gezogen werden, welche Unternehmen und Länder führend sind sowie welche Komponenten für Unternehmen und weitere Verbreitung der Technologie entscheidend sind.

Die gewählte Methodik für die Beantwortung der Forschungsfragen besteht sowohl aus einem qualitativen als auch einem quantitativen Forschungsdesign. Patentdaten dienen als Indikator für die Technologieentwicklung, die Identifikation führender Unternehmen und strategisch wichtiger Komponenten, und für die Einordnung in das Technologieregime anhand der Verteilung der Zitationen. Die Zitationen dienen als Indikator, welche Technologiebereiche für die Evolution und Entwicklung in welchem Stadium entscheidend waren. Als Datengrundlage dienen Patentanmeldungen der Patentklasse F03D am Europäischen Patentamt (EPO) und folgt damit der Eingrenzung der IPCs auf F03D des WIPO Green Inventory. Qualitativ wurden insgesamt sieben Interviews geführt, deren Dokumentation im Anhang zu dieser Arbeit zu finden ist.

3.1 Die Evolution einer Technologie und einer Industrie

Die Evolution einer Technologie und einer Industrie korrelieren oftmals stark und lassen sich gemeinsam analysieren. Ziel ist es den Verlauf der Entwicklung der Technologie für Windkraft und der dazugehörigen Industrie nachzuzeichnen, um so Rückschlüsse auf die Struktur, Herausforderungen und strategisch wichtigen Akteure und Komponenten ziehen zu können. Bei der genaueren Betrachtung einer Technologie fällt oftmals auf, dass es sich um eine Zusammensetzung bereits bestehender Komponenten handelt. Entsprechend argumentiert Arthur (2009), dass neue Technologien durch eine Kombination bereits bestehender Technologien entstehen. Im weiteren Verlauf soll also die Technologie für Windkraft in die verschiedenen Bestandteile zerlegt werden und entsprechend detailliert analysiert werden.

Die technologische S-Kurve ist ein anerkanntes Konzept, um die Entwicklung und Leistungsfähigkeit einer Technologie und einer Industrie zu bewerten (Ernst 1997a; Dubarić et al. 2011; Christensen 1992a; Chen et al. 2011; Pilkington et al. 2002; OECD 2011; Christensen 1992b; Gerybadze 2004a; Christensen 1992a; Ernst 1997b). Es stellt die Leistungsfähigkeit im zeitlichen Ablauf dar und kann beispielsweise mit Leistungskennzahlen oder Patent-anmeldungen gemessen werden. Die S-Kurve wird typischerweise in vier verschiedene Phasen unterteilt, wie in der folgenden Abbildung zu sehen ist. Es werden dabei zwei verschiedene Dimensionen ersichtlich: Die Evolution der Industrie ist oberhalb der S-Kurve abgetragen und in die vier Phasen Entstehung, Wachstum, Reife und Abschöpfung unterteilt.

Die Entstehungsphase ist gekennzeichnet durch verhältnismäßig langsamen Wachstum der technologischen Leistungsfähigkeit und gleichzeitig hohem F&E Aufwand. In der Wachstumsphase hingegen ist der technologische Grenzfortschritt positiv, wohingegen er sich in der Reifephase negativ gestaltet. In der vierten Phase, der Abschöpfung, können nur kleine technologische Leistungssteigerungen mit sehr hohem F&E Aufwand erzielt werden.

Mithilfe dieser Unterteilung können strategische Entscheidungen für die technologische Weiterentwicklung getroffen werden. So ist es beispielsweise ratsam in der Reifephase keine weiteren Investitionen in die "alte" Technologie zu tätigen, da die Verbesserungen lediglich marginal sind. Es wird insgesamt deutlich, dass bei zunehmender Leistungsfähigkeit höhere F&E Investitionen für eine Verbesserung notwendig sind. Die Investition in eine neue Technologie bietet ab einem gewissen Zeitpunkt größeres Entwicklungs-potenzial.

Abb. 3-1:   Die S-Kurve des technologischen Lebenszyklus

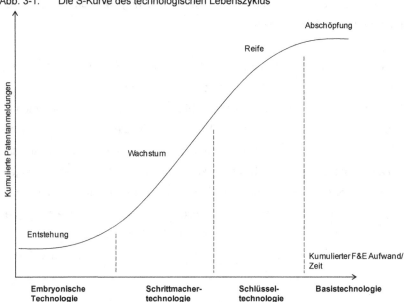

Quelle: Eigene Darstellung in Anlehnung an Ernst (1997b) und Gerybadze (2004b)[14]

Die zweite Dimension betrifft die Evolution der Technologie und ist auf der horizontalen Achse abgetragen. Es wird in die verschiedenen Phasen der Technologieevolution unterteilt. Dabei wird zwischen einer embryonischen

---

[14] Ernst gehört in direktem Zusammenhang mit der technologischen S-Kurve zu den am meisten zitierten Veröffentlichungen. Dieses Thema haben bereits früher zahlreiche weitere Autoren bearbeitet, darunter Utterback und Abernathy (1975), Dosi (1982), Klepper (1997) oder Sommerlatte und Deschamps (1986).

Technologie, Schrittmacher-, Schlüssel-, sowie einer Basistechnologie differenziert.

Bei dem Zusammenhang zwischen der Technologie- und Industrieentwicklung gilt grundsätzlich, dass eine Technologie besonders häufig in dem entsprechendem Reifestadium der Industrie vorkommt. Also eine embryonische Technologie ist vor allem in einer Industrie in der Entstehungsphase zu finden, Schlüsseltechnologien haben eine besonders hohe Häufigkeit in reifen Industrien.

Die *embryonische Technologie* befindet sich in der frühen Phase der Forschung und besitzt noch keine Verbreitung innerhalb der Industrie. Für eine technologische Verbesserung sind hohe F&E Aufwendungen notwendig; je nach F&E Intensität der Industrie kann die Umwandlung in die Schrittmachertechnologie relativ schnell vonstattengehen.

Schrittmachertechnologien werden von wenigen Firmen angewendet, ein dominantes Design hat sich noch nicht etabliert. Sie befinden sich in einer jüngeren Reifephase als Schlüsseltechnologien und bieten daher ein hohes Wertschöpfungspotential, was mit höherem Risiko einhergeht.

Sobald die Technologie von mehreren führenden Wettbewerbern eingesetzt wird und sich Standards etabliert haben, entwickelt sie sich zu einer *Schlüsseltechnologie*, dass heißt beide Dimensionen sind hoch ausgeprägt. Da sie weiterhin einen hohen Einfluss auf die Wettbewerbsfähigkeit hat, haben Unternehmen ohne Zugang zu dieser Technologie einen deutlichen Nachteil.

Sobald die Technologie den hohen Einfluss auf den Wettbewerb verliert entwickelt sie sich zu einer *Basistechnologie*. Basistechnologien werden in der Regel von allen Wettbewerbern ausreichend beherrscht, so dass es wenig

Differenzierungspotenzial gibt. Sie können von einer neuen, aufstrebenden Technologie substituiert werden (Ernst 1997b; Gerybadze 2004b).

Hinsichtlich strategischer Entscheidungen empfiehlt es sich vor allem in Schrittmachertechnologien zu investieren. Die Identifikation solcher Technologien ist ebenso entscheidend wie schwierig und soll in diesem Kapitel am Beispiel der Windtechnologie veranschaulicht werden.

Die Analyse der technologischen S-Kurve weist Schwierigkeiten in der geeigneten Datenauswahl auf. Vor allem eine exakte ex-ante Klassifikation der Technologie in die verschiedenen Phasen ist eine Herausforderung. Eine Einordnung ex-post ist genauer, hilft hingegen nicht bei strategischen Investmententscheidungen. Ein weiterer Nachteil des Konzeptes liegt in der Annahme, dass sowohl Zeit als auch F&E Aufwand automatisch zu gesteigerter technologischer Leistungsfähigkeit führen (Rassenfosse und de la Potterie, Bruno van Pottelsberghe 2009). Insbesondere führt der Faktor Zeit nicht zwangsläufig zu einer erfolgreichen Weiterentwicklung, doch auch F&E Investitionen sind kein Garant für gesteigerte Leistung. Andererseits können Technologien den Lebenszyklus schneller als erwartet durchlaufen. Zur exakten Analyse wird im Rahmen dieser Dissertation sowohl ein qualitativer als auch ein quantitativer Ansatz gewählt, um eine möglichst genaue Einschätzung vornehmen zu können.

3.2 Zeitliche Entwicklung der Patentanmeldungen auf Landesebene

Ein weiterer Indikator für die Entwicklung einer Technologie und einer Industrie sind Patente und deren Anmeldungen. Patente lassen eine Analyse auf Makro- und Mikroebene zu. Sie erlauben nationale Anmelder und Erfinder zu identifizieren und geben darüber hinaus Auskunft auf Unternehmen, deren Kompetenzen sowie strategisch besonders wichtige Komponenten einer Windkraftanlage. Mittel der Patentanalyse sollen die Ergebnisse aus der vorherigen Untersuchung weiter validiert werden und aus einer weiteren Perspektive betrachtet werden.

Die Patentdaten stammen aus der *OECD Regpat* und der *OECD Citations* Datenbank und wurden mit Hilfe von Microsoft Access abgerufen. Die Analyse der Patente wurde auf EPO-Patente eingeschränkt (also Patente, die beim Europäischen Patentamt angemeldet wurden), um internationale Vergleichbarkeit zu gewährleisten. Da die technologischen Pioniere aus Europa, insbesondere Dänemark und Deutschland, stammen und auch hier lange die bedeutendsten Märkte weltweit waren, stellen europäische Patent-anmeldungen ein reliables Datensample dar. Es wurde die Nationalität der Anmelder, die Nationalität der Erfinder und das Prioritätsdatum berücksichtigt, da dieses zeitlich am nächsten an der Erfindung liegt und es somit nicht zu einem Time-lag kommt.

Für „einfache" Patentabfrage ist die OECD Regpat Datenbank ausreichend, da hier alle relevanten Informationen wie Anmelder, Erfinder, die jeweiligen Standorte, IPC- Klassen, verschiedene Anmeldedaten (Priorität, Anmeldung, Veröffentlichung) verfügbar sind. Die Verbindung der OECD Regpat Datenbank mit der OECD Citations Datenbank wird notwendig, wenn Aussagen zu der Patentqualität (gemessen an den durchschnittlich erhaltenen Zitationen), oder den getätigten Zitationen getroffen werden sollen. Die OECD Citations Datenbank enthält jedoch lediglich die Informationen zu den Zitationen auf Patentnummern-Basis – um dann wiederum den dazugehörigen Anmelder bzw. Erfinder abzufragen ist die Verbindung mit der OECD Regpat Datenbank, die diese Informationen enthält. Da sowohl die OECD Regpat als auch die OECD Citations Datenbank relationale Datenbanken sind und denselben Primärschlüssel enthalten, ist eine Verknüpfung über den Primärschlüssel möglich.

Bei der Eingrenzung der Patentabfragen auf die jeweilige Technologie bzw. Industrie habe ich mich an dem WIPO Green Inventory[15] orientiert (WIPO= World Intellectual Property Organisation). Für Windkraft sieht das Green Inventory eine IPC (International Patent Classification) von F03D vor. Bei der Abfrage der Patente wurde immer mit „F03D*" gearbeitet, um alle relevanten Patente einzuschließen.

Analyse der kumulierten Anmeldungen nach Jahren
Der Verlauf der Graphik zeigt die kumulierten Anmeldungen von Patenten für Windkraft (F03D) seit 1978 bis 2013[16]. Insgesamt wurden ca. 5.600 Patente beim Europäischen Patentamt angemeldet. Aus der S-Kurve lässt sich ableiten, dass die Phase der Entstehung sehr lange dauert, ungefähr seit den 1980er bis Mitte der 1990er.

Abb. 3-2: Zeitliche Entwicklung der kumulierten Anmeldungen von EPO Patenten für Windkraft

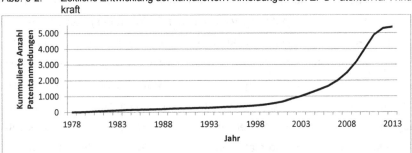

Quelle: Eigene Darstellung auf Basis von OECD REGPAT und WIPO Green Inventory

Eine trennscharfe Unterteilung ist anhand von Patentdaten nicht möglich. Ab Mitte der 1990er nahmen die Anmeldungen für EPO Patente deutlich zu, sodass vor allem ab 2003 von der Phase des Wachstums gesprochen werden kann. Die Wachstumsphase dauerte bis ca. 2009/ 2010 an und wechselte dann in die

---

[15] http://www.wipo.int/classifications/ipc/en/est/
[16] Eine Datenabfrage über 2013 heraus ist führt zu invaliden Ergebnissen, da die Patentanmeldungen noch nicht veröffentlicht sind.

Reifephase. Im Jahr 2013 fällt die Kurve der kumulierten Patentanmeldungen deutlich ab. Es kann jedoch nicht mit Gewissheit gefolgert werden, dass nun die Abschöpfungsphase beginnt, da es bei der Veröffentlichung von Patentanmeldungen zu einer zeitlichen Verzögerung von ca. 18 Monaten kommt.

Insgesamt lässt sich festhalten, dass die kumulierten Patentanmeldungen ein weiterer Indikator dafür sind, dass sich die Windindustrie in einem Umbruch von Wachstum- in die Reifephase befindet. Die Industrie steht also vor der Herausforderung weitere Wachstumspotenziale zu identifizieren und konituierlich zu wachsen.

3.2.1 Analyse der Anmeldernationen

Für die Analyse der Anmeldernationen wurden die Patentanmeldungen in zeitliche Abschnitte unterteilt. Somit sind strukturelle Veränderungen zu beobachten und der Aufstieg bzw. Abstieg einzelner Länder zu verfolgen. Für die Zuordnung der Nationalität ist der Sitz des Anmelders entscheidend. Partielle Zählungen wurden nicht berücksichtigt. Die Länder in der ersten Spalte der Tabelle sind geordnet nach dem Zeitabschnitt von 2010 bis 2012.

Tab. 3-1:   Anmeldernationen von Patenten der Windkraftindustrie zwischen 1980 und 2012

Land	1980-1984 Absolut	1980-1984 Anteil (%)	1985-1989 Absolut	1985-1989 Anteil (%)	1990-1994 Absolut	1990-1994 Anteil (%)	1995-1999 Absolut	1995-1999 Anteil (%)	2000-2004 Absolut	2000-2004 Anteil (%)	2005-2009 Absolut	2005-2009 Anteil (%)	2010-2012 Absolut	2010-2012 Anteil (%)
Deutschland	33	23,6	23	27,1	18	18,4	95	39,3	328	37,2	556	22,3	589	35,2
USA	17	12,1	12	14,1	21	21,4	22	9,1	107	12,1	550	22,0	251	15,0
Dänemark	7	5,0	1	1,2	9	9,2	31	12,8	93	10,5	377	15,1	220	13,1
Japan	0	0,0	0	0,0	4	4,1	14	5,8	74	8,4	158	6,3	150	9,0
Spanien	3	2,1	1	1,2	1	1,0	8	3,3	33	3,7	158	6,3	140	8,4
China	1	0,7	1	1,2	2	2,0	1	0,4	6	0,7	58	2,3	42	2,5
Frankreich	19	13,6	8	9,4	2	2,0	10	4,1	20	2,3	49	2,0	39	2,3
Großbritannien	12	8,6	10	11,8	5	5,1	7	2,9	26	2,9	81	3,2	32	1,9
Niederlande	9	6,4	6	7,1	3	3,1	8	3,3	25	2,8	46	1,8	28	1,7
Italien	5	3,6	3	3,5	3	3,1	6	2,5	22	2,5	59	2,4	24	1,4
Schweiz	5	3,6	4	4,7	4	4,1	1	0,4	17	1,9	29	1,2	23	1,4
Finnland	1	0,7	1	1,2	4	4,1	2	0,8	5	0,6	19	0,8	19	1,1
Schweden	11	7,9	3	3,5	2	2,0	8	3,3	24	2,7	40	1,6	19	1,1
Kanada	2	1,4	0	0,0	0	0,0	2	0,8	15	1,7	30	1,2	14	0,8
Belgien	10	7,1	1	1,2	1	1,0	1	0,4	19	2,2	22	0,9	12	0,7
Rest der Welt	5	3,6	11	12,9	19	19,4	26	10,7	68	7,7	264	10,6	72	4,3
Gesamt	140	100	85	100	98	100	242	100	882	100	2496	100	1674	100

Quelle: Eigene Darstellung auf Basis von OECD REGPAT und WIPO Green Inventory

34

In dem ersten Zeitintervall (1980-1984), innerhalb der Entstehungsphase der Windindustrie, waren deutsche Anmelder mit 33 Patentanmeldungen führend vor Frankreich (19), den USA (17) und Großbritannien (12). Überraschend auf dem achten Rang lag Dänemark mit lediglich sieben Anmeldungen[17]. Insgesamt wurden 140 Patente angemeldet.

Im weiteren Zeitablauf (1985-1989) war insgesamt eine rückläufige Anmeldezahl mit 85 Patenten zu verzeichnen. Deutschland konnte seine führende Rolle mit 23 Anmeldungen beibehalten, gefolgt von den USA (12), Großbritannien (10) und Frankreich (8). Dänemark, welches eigentlich in der Literatur als Pionier wahrgenommen wird, konnte in diesem Zeitraum lediglich eine einzige Patentanmeldung bei dem europäischen Patentamt verbuchen.

Zwischen 1990 und 1994 wurden insgesamt 98 Patente angemeldet, im Vergleich zum vorherigen Intervall stieg die Gesamtzahl also wieder. Die USA konnten mit 21 Anmeldungen Deutschland (18) knapp überholen. Dänemark kann sich nun mit etwas Abstand, mit neun Patentanmeldungen, den dritten Platz sichern.

Zwischen 1995 und 1999 wurde die Anzahl der Patentanmeldungen mit einer Anzahl von 242 deutlich gesteigert, was den Anfang der Wachstumsphase einläutet und die Entstehungsphase beendet. Deutschland konnte die führende Rolle innerhalb der Anmeldernationen mit insgesamt 95 An-meldungen wieder erobern, gefolgt nun von Dänemark (31) und den USA (22).

---

[17] Die Pioniere der Windkraft in Deutschland waren beispielsweise Forscher um den Stutt-garter Professor Ulrich Hütter, welcher die Erkenntnisse aus dem Bereich Flugzeugbau auf die Produktion und Auslegung von Rotorblättern angewendet hat. Das Unternehmen MAN wendete im prestigeträchtigen GROWIAN Projekt den Maschinenbau auf die Pro-duktion von Windkraftanlagen an.

Die nationalen Förderungen, beispielhaft sei an dieser Stelle das Stromeinspeisegesetz in Deutschland genannt,lassen sich in den gesteigerten Patentierungsaktivitäten der jeweiligen nationalen Industrien erkennen. Die Patente, welche aus F&E Aktivitäten und Investionen resultieren, lassen auf ein gesteigertes Vertrauen in weiteres Wachstum in den Industrien schließen.

In dem folgenden Zeitabschnitt (2000-2004) wurden insgesamt 882 Patente angemeldet, womit dieser Zeitabschnitt weiterhin der Wachstumsphase zugeordnet werden kann. Deutschland meldet mit insgesamt 328 Patenten mehr als dreimal so viele Patent an wie die zweitplatzierte Nation (USA, 107 Anmeldungen). Auf dem dritten Platz folgt Dänemark mit 93 Anmeldungen. Bemerkenswert ist die starke Entwicklung der Patentierungsaktivitäten japanischer Anmelder, die sich von 14 auf 74 Patentanmeldungen im Vergleich zum vorherigen Intervall gesteigert haben. Darüber hinaus ist der Beginn chinesischer Patentierungsaktivitäten in den Jahren 2000 bis 2004 mit insgesamt sechs Anmeldungen äußerst beachtenswert.

Das Zeitintervall 2005 bis 2009 ist ein weiteres Intervall der Wachstumsphase mit insgesamt 2496 Patentanmeldungen. Bei diesen intensiven Patentierungs-aktivitäten kann durchaus von einem „Boom" gesprochen werden, bei dem Deutschland mit 556 Anmeldungen weiterhin die führende Rolle einnimmt, dicht gefolgt jedoch von den USA (550). Dänische Anmelder konnten 377 Anmeldungen verzeichnen. Bemerkenswert ist der starke Anstieg spanischer Anmeldungen (158), die damit auf japanischem Niveau liegen. Chinesische Patentierungsaktivitäten werden weiter ausgebaut. Die intensive Patentierung am Ende der Wachstumsphase spricht für einen stärker werdenden Wettbewerb, indem Unternehmen versuchen eigene Schutzräume zu schaffen und somit profitabler als Wettbewerber zu bleiben.

Der Zeitabschnitt 2010 bis 2012 ist im Vergleich zu den vorherigen Intervallen etwas schwieriger zu interpretieren, da es sich nur um drei anstatt fünf Jahre handelt. Zwischen 2005 und 2009 wurden pro Jahr ungefähr 500 Patente insgesamt angemeldet, dieser Trend setzt sich weiter fort, da in den drei Jahren ca. 530 Patente pro Jahr angemeldet wurden (insgesamt 1674). Die große Zahl an Patentanmeldungen spricht für einen intensiven Wettbewerb, in dem sich Unternehmen durch Schutz geistigen Eigentums einen Wett-bewerbsvorteil sichern möchten. Deutschland hat mit 589 Anmeldungen weiterhin die größte Anzahl an Eintragungen zu verzeichnen. Darauf folgt nun wieder mit großem Abstand die USA (251) und Dänemark (220). Chinesische Anmeldungen sind leicht zurück gegangen.

Dieser Teil gibt Einblicke, ob es sich in der technologischen Führungsposition innerhalb der Länder zu deutlichen Verschiebunge kam. Seit 1990 bis heute kam es innerhalb der Top 3 Anmeldernationen zu kleineren Positions-verschiebungen, Deutschland kann sich insgesamt sehr lange an der Spitze halten. Andere Länder wie insbesondere Frankreich haben in der Anfangszeit der Untersuchung eine starke Rolle gespielt, in den letzten Untersuchungs-zeiträumen wurde diese eingebüßt. Hingegen haben Japan, Spanien und China stark aufgeholt und haben in den Patentanmeldungen eine größere Gewichtung.

Es kann festgehalten werden, dass in der Spitze der Technologieführerschaft für die Windkraftindustrie es zu wenig bis gar keinen Strukturverschiebungen gekommen ist. Deutschland, Dänemark und die USA spielen hier die führende Rolle und konnten diese über einen sehr langen Zeitraum etablieren. Auf den weiteren Rängen 4 bis 10 kam es hingegen zu deutlichen Änderungen in der relativen Bedeutung. Frankreich, Großbritannien, Niederlande und Schweden können hier als Verlierer, Japan, Spanien und China als Gewinner bezeichnet werden können.

3.2.2 Analyse der Erfindernationen

Bei der vorangegangen Analyse der Anmeldernationen ist das entscheidende Kriterium der Sitz des Anmelders, welche in der Regel Unternehmen sind. Beispielsweise würde das Unternehmen General Electric in der Statistik als US-amerikanisches Unternehmen gewertet, auch wenn die Anmeldung von einem Erfinder mit Sitz in Deutschland getätigt wurde. In der folgenden Analyse werden die Nationalitäten der eingetragenen Erfinder ausgewertet.

Betrachtet man den Zeitraum von 1980 bis 1984, so zeigt sich, dass weiterhin deutsche Anmeldungen führend sind. Es folgen fränzösische und amerikanische Erfinder. Im Vergleich zu den Anmeldernationen kommt es vor allem hinsichtlich der Bedeutung dänischer Patentanmeldungen zu einem signifikanten Unterschied: Betrachtet man den jüngeren Zeitraum ab dem Jahre 2000, so nehmen bei den Anmeldernationen die USA den zweiten Platz ein, während bei den Erfindernationen Dänemark den zweiten Platz hinter Deutschland belegt. Dies spricht für den Innovationsstandort Dänemark bei der Entwicklung von Technologien für die Windkraft. Deutschland ist jedoch weiterhin das wichtigste Land für Patentanmeldungen; auch als Erfinderstandort.

Abb. 3-3:   Erfindernationen von Patenten der Windkraftindustrie zwischen 1980 und 2012[18]

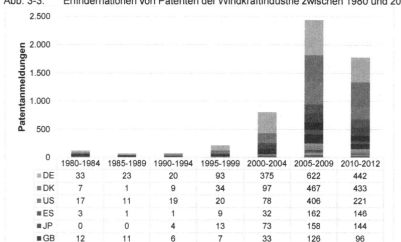

	1980-1984	1985-1989	1990-1994	1995-1999	2000-2004	2005-2009	2010-2012
▪ DE	33	23	20	93	375	622	442
▪ DK	7	1	9	34	97	467	433
▪ US	17	11	19	20	78	406	221
▪ ES	3	1	1	9	32	162	146
▪ JP	0	0	4	13	73	158	144
▪ GB	12	11	6	7	33	126	96
▪ CN	1	1	2	1	6	84	57
▪ NL	9	7	3	10	36	99	46
▪ FR	19	9	2	11	19	60	42
▪ IN	0	0	0	1	1	43	41
▪ IT	5	3	3	7	26	78	36
▪ SE	11	3	2	9	14	45	21
▪ SG	0	0	0	0	1	45	19
▪ CH	5	2	2	2	13	25	18
▪ FI	1	1	4	2	5	19	18

Quelle: Eigene Darstellung auf Basis von OECD REGPAT und WIPO Green Inventory

Interessant ist eine Verlagerung deutscher Anmelder in den Erfinderstandort Dänemark, welche man insbesondere ab 2006 beobachten kann. Bei der Auswertung dänischer Erfinder mit deutschen Anmeldern steigt die Zahl der Patentanmeldungen mit dieser Konstellation deutlich an.

Der starke und sprunghafte Anstieg von dänischen Erfindern bei deutschen Anmeldern auf 17% im Jahr 2006 kann duch die Übernahmen von dem dänischen Turbinenhersteller Bonus durch Siemens im Jahr 2004 erklärt werden. Der Anteil dänischer Erfinder steigt weiter an und erreicht im Jahr 2013

---

[18]   Die Länderkürzel am linken Rand der Tabelle sind geordnet nach dem Zeitabschnitt 2010-2012.

einen Höchstwert von 59%, was bedeutet das bei jedem zweiten Patent eines deutschen Anmelders mindestens ein dänischer Erfinder beteiligt war. Dies spricht nochmals deutlich für die große Bedeutung Dänemarks als Innovationsstandort der Windkraftindustrie.

Tab. 3-2: Anteil dänischer Erfinder bei deutschen Anmeldern von Patenten der Windenergie zwischen 1999 und 2013

Jahr	Patente mit dänischen Erfindern und deutschen Anmeldern	Patente mit deutschen Anmeldern	Anteil
1999	3	35	9%
2000	1	53	2%
2001	2	82	2%
2002	1	42	2%
2003	0	76	0%
2004	2	66	3%
2005	0	32	0%
2006	13	75	17%
2007	29	119	24%
2008	38	148	26%
2009	40	171	23%
2010	84	253	33%
2011	116	307	38%
2012	92	255	36%
2013	63	107	59%

Quelle: Eigene Berechnungen auf Basis von OECD REGPAT und WIPO Green Inventory

3.3 Technologieführer der Windindustrie auf Unternehmensebene und die wichtigsten Patente der Industrie

Bei der Analyse der Anmelder von Patenten für Windkraft wurden drei Parameter untersucht. Die Gesamtzahl der Patentanmeldungen zwischen 1978 und 2012; die durchschnittlich erhaltene Anzahl an Patentzitationen pro Patent, sowie die maximale erhaltene Zitation pro Patent. Für die Abfrage der Patentzitationen wurde die OECD REGPAT Datenbank mit der OECD Citations Database verbunden[19].

Die folgende Tabelle zeigt die Top 20 Anmelder, die nach der Anzahl der Patentanmeldungen sortiert ist. Die Top 20 beanspruchen ca. 49,14% der gesamten Patentanmeldungen (Top 20: 2.784 Anmeldungen; insgesamt: 5.666 Anmeldungen), die Top 10 ca. 45,76% (Top 10: 2.593 Anmeldungen). Es zeigt sich also eine klare Bündelung der Patentaktivitäten auf wenige Anmelder.

Von den Top 20 Anmeldern sind elf Unternehmen in der Wertschöpfungskette als OEM positioniert, neun Unternehmen auf vorgelagerten Wertschöpfungsstufen (7 Tier 1, 2 Tier 2). Die OEM beanspruchen innerhalb der Top 20 Anmelder ca. 82,97% (2310 Patente) der Anmeldungen. Tier 1 und Tier 2 Anbieter kommen entsprechend auf ca. 17,03% (474 Patente). Die Verteilung der Patentaktivitäten zeugt einerseits von einer Dominanz der OEMs in der Industrie hinsichtlich Entwicklungstätigkeiten und Innovationsfähigkeit, andererseits hat sich in der noch relativ jungen Windindustrie rasch eine ausgeprägte Zuliefererkette entwickelt. Weiter ist auffällig, dass die Tier 1 und Tier 2 Anbieter von etablierten Maschinenbauunternehmen durchzogen sind, deren Erfahrungswerte in der Skalierung von Maschinen, standardisierten Produktionsprozessen und weltweiten Produktionsnetzwerken wichtig für die weitere Verbreitung der Windenergie sind. Des Weiteren ist zu beachten, dass unter den Top 20 Anmeldern lediglich zwei Tier 2 Anbieter sind, diese jedoch wiederum beide Lagerhersteller

---

[19] Die Citations Database der OECD beinhaltet Informationen zu zitiertem und zitierendem Patent für EPO, PCT und US Patenten. Wichtigster Bestandteil der Datenbank ist die Tabelle mit den Zitationszählungen, hier kann die Anzahl erhaltenen und selber getätigten Zitationen einem einzelnen Patent zugeordnet werden. In der Citations Database sind jedoch nicht Unternehmensnamen abrufbar, so dass hierfür die REGPAT Datenbanken hinzugefügt wurde. Dies erfolgte über den Primärschlüssel der Datenbanken, der Anmelde-ID. Die genaue Vorgehensweise wurde bereits im Eingang von Kapitel 3.2 beschrieben und ist ebenfalls im separaten Anhang zu finden.

sind. Dies deutet darauf hin, dass Lager, bzw. Getriebe, in denen die Lager verbaut werden, ein entscheidendes Erfolgskriterium für Windkraftanlagen sind.

Tab. 3-3: Top 20 Patentanmelder der Windkraftindustrie

Rang	Wertschöpfungs- stufe	Komponenten	Anmelder	Anzahl Patentanmeldungen (1978-2012)	durchschnittliche erhaltene Zitation pro Patent	Maximal erhaltene Zitation
1	OEM		General Electric	588	2,46	45
2	OEM		Siemens AG	566	1,10	35
3	OEM		Vestas Wind Systems A/S	448	3,13	71
4	OEM		Mitsubishi Heavy Industries, Ltd.	215	1,59	27
5	OEM		Enercon GmbH[1]	198	3,22[4]	22
6	OEM		REpower System[2]	150	2,15[4]	22
7	Tier 1	Blatt	LM Wind Power A/S[3]	124	3,39[4]	25
8	OEM		Nordex Energy GmbH	119	1,69	14
9	OEM		Gamesa Innovation & Technology, S.L.	119	1,12	17
10	OEM		Alstom Wind, S.L.U.	66	0,05	7
11	Tier 1	Getriebe	Robert Bosch GmbH	30	0,23	3
12	Tier 1	Blatt	Aerodyn Engineering GmbH	25	4,52	20
13	OEM		Envision Energy (Denmark) ApS	24	0,13	4
14	Tier 1	Getriebe	Winergy AG	18	3,17	19
15	OEM		Suzlon Energy GmbH	18	1,06	3
16	OEM		Fuji Heavy Industries[6]	17	3,65	16
17	Tier 2	Blatt/Pitch	SSB Wind Systems GmbH & Co. KG	17	0,35	9
18	OEM		NEG Micon A/S[5]	14	8,86	24
19	Tier 2	Lager	AB SKF	14	2,86	16
20	Tier 2	Lager	NTN Corporation	14	1,43	5

[1] angemeldet unter Aloys Wobben und Wobben Properties GmbH
[2] angemeldet unter REpower Systems AG und REpower Systems SE, seit 2014 Senvion GmbH
[3] angemeldet unter LM Glasfiber A/S und LM Wind Power A/S
[4] gewichtetes Mittel
[5] 2004 mit Vestas fusioniert
[6] angemeldet unter Fuji Jukogyo Kabushiki Kaisha, seit 2012 Hitachi

Quelle: Eigene Berechnungen auf Basis von OECD REGPAT, OECD Citations Database
und WIPO Green Inventory

Der Anmelder mit den meisten Patentanmeldungen ist General Electric (588
Anmeldungen), gefolgt von der Siemens AG (566 Anmeldungen). Mit etwas Ab-

stand folgt der dänische Windpionier Vestas mit 448 Anmeldungen. Eine größere Lücke entsteht zwischen dem japanischen Anmelder Mitsubishi (215 Anmeldungen) und Vestas. Die Enercon GmbH, seinerseits deutscher Windpionier, hat insgesamt 198 EPO Patente angemeldet. REpower (150 Anmeldungen), LM Wind Power (124 Anmeldungen), Nordex und Gamesa (beide 119 Anmeldungen) und Alstom (66 Anmeldungen) komplettieren die Top 10 Anmelder der Windindustrie.

Oftmals werden nur die totalen Patentanmeldungen bei der Bestimmung von Technologieführerschaft betrachtet, welches aber zu einem verzerrten Bild führen kann. Dies ist bei der Betrachtung der Windindustrie ebenso der Fall. Die erhaltenen Patentzitate sind ein Maß, um die Qualität von Patentanmeldungen zu beurteilen. Dabei gilt: Je mehr Zitate ein Patent erhält, desto bedeutender ist es für die weitere Entwicklung der Technologie.

Um die relative Bedeutung der angemeldeten Patente der einzelnen Anmelder zu bestimmen wurde in Tab. 3-3 die durchschnittliche erhaltene Zitation pro Patent berechnet. Hätte Anmelder A insgesamt 10 Patente angemeldet und jedes dieser Patente würde zweimal zitiert werden, läge der Durchschnitt also bei 2 Zitationen pro Patent. Zudem wird das Zitations-Maximum angezeigt, also das Patent mit den meisten Zitationen pro Anmelder. In dem angeführten Beispiel hätte es den Wert 2. Die Zitation der Patente erfolgt von später angemeldeten Patenten. Dadurch kann es also dazu kommen, dass alte Patente besonders viele Zitationen erhalten. Um diese Verzerrung auszuschließen wurden zusätzlich die am meisten zitierten Patente analysiert. Die Top 50 der top zitierten Patente wurden im Durchschnitt im Jahr 2002 angemeldet[20].

---

[20] Siehe Tabelle im separaten Anhang.

Die Anmelder mit den größten Patentanmeldungen weisen insgesamt auch eine gute Patentqualität auf. Unter den OEMs ist NEG Micon mit Abstand der Anmelder mit der größten Patentqualität (8,86). Dies ist mit Sicherheit ein entscheidendes Kriterium bei der Akquisitionsentscheidung durch Vestas im Jahr 2004. Die Envision Energy liegt hingegen mit durchschnittlich 0,13 Zitationen pro Patent deutlich hinter den Wettbewerbern. Bei den OEMs ist weiterhin die gute Patentqualität von Vestas (3,13) und Enercon (3,22) interessant. Vestas hält, mit 71 Zitationen, das am meisten zitierte Patent überhaupt in der Industrie. Unter den aktiven OEMs hat Enercon die höchste durchschnittliche Patentqualität und bestätigt damit anekdotische Evidenz in seiner Rolle als Technologieführer der Windindustrie.

Bei den Zulieferern fällt auf, dass vor allem die, auf die Windindustrie spezialisierten, Anbieter eine besonders hohe Patentqualität besitzen. Besonders sticht die LM Wind Power hervor, welche nicht nur eine hohe Gesamtzahl an Patentanmeldungen aufweist, sondern diese auch noch durchschnittlich 3,39-mal zitiert werden.

Analyse der Top 50 zitierten Patente der Windkraftindustrie
Im Rahmen der Patentabfrage wurden ebenfalls die meist-zitierten Patente abgerufen und ausgewertet. Die Vorgehensweise wurde im Eingang von Kapitel 3.2 beschrieben und ist ebenfalls im Anhang zu finden. Um die Top 50 zitierten Patente zu identifizieren, muss die Spalte mit den Zitationszählungen absteigend sortiert werden. Diese sogenannten „Sonnenpatente"[21] haben besonders viele Zitationen erhalten und sind entsprechend für die weitere Entwicklung der Technologie für die Windkraftindustrie besonders entscheidend. Bei einer qualitativen und quantitativen Auswertung der Patente lassen sich Rückschlüsse

---

[21] Diese Patente werden als Sonnenpatente bezeichnet, da sie bei einer graphischen Darstellung der erhaltenen Zitationen besonders viele Linien erhalten und somit wie eine Sonne mit Sonnenstrahlen aussehen.

auf strategisch wichtige Komponenten ziehen und somit die Ergebnisse aus der technologischen Dekomposition und Auswertung auf Basis von Interviews entweder validieren oder aber neu bewerten. Die Liste der Top 50 zitierten Patente ist im statistischen Anhang zu finden.

Die Zuteilung der Sonnenpatente auf deren Anmelder fällt sehr konzentriert aus: Vestas hält 15 der Top 50 Patente, gefolgt von GE mit 5 Patenten, LM Glasfiber mit 3 Patenten und Windtec mit 2 Patenten. Alle weiteren Patente sind auf jeweils ein Unternehmen aufgeteilt. Eine Korrelation zu den Top 20 Anmeldern wird nicht ersichtlich. Top Anmelder wie Enercon, Mitsubishi und Siemens fallen in der Auswertung der Top 50 Patente nicht auf.

Die Top 50 zitierten Patente können ebenfalls den einzelnen Komponenten einer Windkraftanlage zugeordnet werden, wie bereits zuvor eingeführt. Hierbei wurde aus den Patenten herausgelesen, welcher Komponenten geschützt wird. Die Ergebnisse werden in der folgenden Tabelle dargestellt[22].

Tab. 3-4:   Auswertung der Top 50 zitierten Patente der Windkraftindustrie

Komponente	Anzahl innerhalb der Top 50 Patente
Rotorblatt	20
Generator	10
Getriebe	4
Turm bzw. Fundament	10
Elektronik	11
Sonstige	2

Quelle: Eigene Kategorisierung auf Basis von OECD REGPAT und WIPO Green Inventory

Innerhalb der Top 50 zitierten Patente fallen 20 auf das Rotorblatt als strategisch besonders schützenswerte Komponente an, darauf folgt die Elektronik mit 11 Nennungen, der Generator und der Turm bzw. Fundament mit jeweils 10 und

---

[22]   Die Summe der Anzahl ist größer als 50, da Doppelzuordnungen möglich sind.

dann das Getriebe mit 4 und Sonstige mit 2 Nennungen. Innerhalb der Komponente Rotorblatt wurde häufig der Blitzschutz genannt. Für die weitere Entwicklung und Patentierung sind also vor allem Rotorblätter entscheidend, Unternehmen können sich hier wichtige Wettbewerbsvorteile sichern. Diese Auswertung steht insofern etwas konträr zu der Analyse der Top 20 Anmelder, da dort Getriebehersteller als starke Patentanmelder auffällig geworden sind. Dies kann die Analyse der Sonnenpatente nicht bestätigt werden. Hingegen kann bestätigt werden, dass Patente bzw. Patentanmelder in dem Bereich der Rotorblätter in der Windkraftindustrie eine wichtige Rolle einnehmen.

3.4 Technologische Dekomposition einer Windkraftanlage

Eine moderne Windkraftanlage besteht prinzipiell aus fünf verschiedenen Komponenten, dem Rotorblatt, einem Generator, einem Getriebe (hier gibt es verschiedene Lösungen, einige Anbieter verzichten auf ein Getriebe, beispielsweise das deutsche Unternehmen Enercon), einem Turm bzw. einem Fundament, und der Elektronik.

Die technologische Dekomposition und die Einordnung der einzelnen Komponenten einer Windkraftanlage erfolgt anhand des systematischen Verfahrens der Technologiebewertung. Ziel ist es, den Effekt einer Technologie auf kritische Erfolgsfaktoren und Leistungsmerkmale zu testen und somit die funktionale Äquivalenz[23] zu überprüfen (Gerybadze 2004b). Im Rahmen der Untersuchung wurden zunächst drei Kernkomponenten einer Windkraftanlage untersucht. Das Getriebe, die Rotorblätter und der Turm. Für die Bestimmung der kritischen Erfolgsfaktoren und Leistungsmerkmale wurde ein Pre-Test mit vier Interviewpartnern durchgeführt, so dass für jede Komponente eine Vorauswahl generiert wurde. Die Vorauswahl an Erfolgsfaktoren und Leistungsmerkmalen wurde

---

[23] Funktionale Äquivalenz wird definiert als „Sicherstellung eines höchstmöglichen Grades an Komplementarität zwischen Kundenfunktionen und technologischen Ressourcen" (Gerybadze 2004b, S. 114).

dann in einem nächsten Schritt ausgewählten Experten für die jeweilige Komponente vorgestellt, die diese dann hinsichtlich bestimmter Technologien, beispielsweise für das Rotorblatt, bewertet haben. Den Experten wurde freigestellt weitere Leistungsmerkmale und Erfolgsfaktoren hinzuzufügen. Es stellte sich heraus, dass selbst bei der gleichen Komponente von verschiedenen Experten auch unterschiedliche Bewertungskriterien angesetzt werden.

Die Leistungsmerkmale und Erfolgskriterien wurden dann von den ausgewählten Experten zu den verschiedenen Komponenten anhand eines Punktbewertungsverfahrens beurteilt, bei dem sie auf einer Likert-Skala zwischen 1 (geringer Einfluss) und 5 (hoher Einfluss) wählen konnten. Die Einordnung der Technologie in den Lebenszyklus erfolgt dann durch die summierten Werte der Befragung der Experten für die jeweilige Komponente einer Windkraftanlage[24]. Da die Experten teilweise unterschiedliche Merkmale und Faktoren den Komponenten hinzufügen bzw. abziehen (siehe oben), erfolgt die Bewertung der Technologie relativ zur maximalen Gesamtpunktzahl. Bei einer Bewertungssumme im oberen Drittel der Maximalpunktzahl wird sie als Schlüsseltechnologie bewertet, im mittleren Bereich als Schrittmachertechnologie, und im unteren Bereich als Basistechnologie[25]. Embryonische Technologien werden durch dieses Verfahren nicht abgedeckt, da sie sich noch im Forschungsstadium befinden und zu der aktuellen Wettbewerbsfähigkeit keinen Beitrag leisten.

Insgesamt wurden nach diesem Verfahren 25 Technologien aus drei Komponenten bewertet. Von den 25 Technologien wurden von den Experten 15 als Schlüsseltechnologie eingeschätzt, 10 als Schrittmachertechnologie.

---

[24] Die Dokumentation der Interviews und die Auswertung der Technologiebewertung kann im separaten Anhang gefunden werden.
[25] Die Gewichtungsbewertung ist subjektiv und kann bei anderer Gewichtung zu unterschiedlichen Ergebnissen führen (Gerybadze 2004b).

Bei der Betrachtung der Komponenten fällt auf, dass vor allem *Getriebetechno-logien* als Schlüsseltechnologie bewertet werden und sich bereits im Reifesta-dium befinden. Auch wenn die Grundkonzepte vieler Getriebelösungen im Wett-bewerb ähnlich sind, bringen Detaillösungen einen möglichen Wettbewerbsvor-teil. Vor allem zu nennen ist diesbezüglich die richtige Lagerauswahl, wobei zwi-schen Wälzlagern und Gleitlagern unterschieden wird. Gleitlager sind mittelfris-tig denkbar und bedeuten einen enormen Schritt in der Weiterentwicklung der Komponenten. Gute Lösungen für Lager führen zu einer höheren Robustheit im Langzeitverhalten, was geringere Wartungs- und Instandhaltungskosten zur Folge hat (Interview 6; Interview 29). Gleitlager sind als embryonische Techno-logie innerhalb der Komponenten Getriebe einzuschätzen. Insgesamt befindet sich das Getriebe bereits auf einem sehr hohen Entwicklungsstand, wobei wei-tere Verbesserungsschritte zu erwarten sind; insbesondere hinsichtlich des Wir-kungsgrades Turbinen mit mittelschnell drehenden Generatoren könnten im oberen Megawatt Bereich an Bedeutung gewinnen, wobei dann Getriebe mit ein oder zwei Planetenstufen zum Einsatz kommen. Die Herausforderungen für die Zukunft sind insbesondere in der Produktion (Fertigung, Wärmebehandlung, Qualitätssicherung, etc.) zu sehen. Hingegen sind bei den Werkstoffen für die Verzahnung und Lager kurzfristig keine großen Leistungserhöhungen zu erwar-ten (Interview 6; Interview 29). Die qualitative Einschätzung der Experten, dass sich Getriebe bereits auf einem sehr hohen Niveau befinden, bestätigt zudem die theoretische Einordnung der Schlüsseltechnologien in die Reifephase eines technologischen Lebenszyklus.

Die Ergebnisse des systematischen Verfahrens der Technologiebestimmung der Komponente Getriebe bestätigen die Ergebnisse der Patentanalyse. Unter den Top 20 Anmeldern waren lediglich zwei Tier 2 Anbieter (ABB SKF und NTN Corporation), beides sind jedoch Zulieferer von Lagern für Getriebe. Die wich-tige Bedeutung bei den Patentanmeldungen wird nochmals in den Interviews bestätigt. Auch die explizite Nennung einer embryonischen Technologie (Gleit-lager) bestärkt die wichtige Rolle von Lagern innerhalb der Komponente Getriebe. Für die Hersteller von Getrieben wird es ein entscheidendes Kriterium für einen nachhaltigen Wettbewerbsvorteil sein, qualitativ hochwertige und zuver-lässige Lager in die eigenen Produkte zu integrieren. Durch eine verstärkte lo-kale Fertigung (vor allem in den großen Märkten USA, Indien und China) ist dabei ein effizientes Supply Chain Management wettbewerbsentscheidend (In-terview 6).

Bei der Komponente *Rotorblätter* wurden von neun Technologien sechs als Schrittmachertechnologie bewertet, drei als Schlüsseltechnologie. Die Mehrheit der bewerteten Technologien befindet sich somit in der Wachstumsphase des Technologielebenszyklus. Da bereits drei Technologien (Erosionsschutz, elektrische Antriebstechnik mit synchronen Servomotoren und Embedded Control) den Schritt in die Reifephase gemacht haben, lässt sich schlussfolgern, dass auch andere Technologien bald aufschließen werden. Die Entwicklungen im Bereich der Komponente deuten weiter in Richtung größerer Rotorblätter und die Industrialisierung der Produktion. In der Offshore-Anwendung ist ein Monitoring der Blattbeschaffenheit für eine geregelte Wartung entscheidend (Interview 3). Als embryonische Technologie könnte eine zukünftige Entwicklung eines inte-grierten Schaltschranksystems auf Platinbasis gesehen werden (Interview 27).

Durch die Positionierung der Rotorblätter als Schrittmachertechnologie besteht hinsichtlich dieser Technologie großes Differenzierungspotenzial für Unterneh-men der Windkraft. Auch diese Erkenntnis aus den qualitativen Interviews wird von der Patentanalyse unterstützt, da LM Wind Power A/S, ein entscheidender Technologieführer, Anbieter von Rotorblättern ist und sich somit eine gute Wett-bewerbsposition sichern kann.

Abb. 3-4:   Technologische Dekomposition der Technologie für Windkraft – Status der Einordnung: 2015

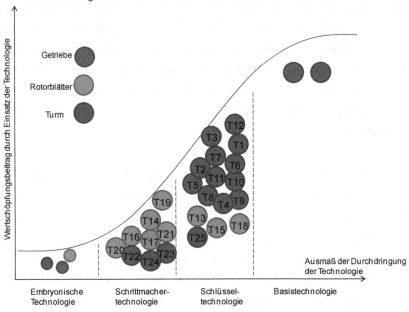

Quelle: Eigene Darstellung

Bei der Komponente *Turm und Fundament* wurden von vier bewerteten Technologien drei als Schrittmachertechnologie eingeordnet, eine Technologie als
Schlüsseltechnologie (Schwergewichtsgründung). Die Einordnung ist auch
dadurch zu erklären, dass die Technologien insbesondere hinsichtlich der Ver-
wendung im Offshore-Bereich bewertet wurden. Der Trend geht weg von im
Boden verankerten Fundamenten, hin zu schwimmenden Auflagen. Offshore-
Windkraft ist in den letzten Jahren stark gewachsen, jedoch technologisch noch
nicht so ausgereift wie Onshore-Windenergie (Interview 30).

Insgesamt lässt sich festhalten, dass die Komponenten der Windenergie im Lebenszyklus vornehmlich als Schlüsseltechnologie bewertet werden. Dies bedeutet, dass sich die Technologieentwicklung in der späten Wachstumsphase
und in der frühen Reifephase befindet.

Bei der Analyse der Komponenten fällt auf, dass vor allem Technologien der Komponenten Getriebe als Schlüsseltechnologie eingeordnet werden und es somit zu einem verzerrten Bild der Bewertung kommen kann. Diese Verzerrung resultiert zum Einen aus den Interviews und der Nennung vieler verschiedener Technologien. Zum anderen kann es auch darauf hindeuten, dass speziell in der Komponente Getriebe weiter viele Entwicklungsmöglichkeiten gesehen werden. In der Reifephase einer Technologie wird der Grenznutzen von Weiterentwicklungen geringer, so dass es insbesondere auf die Ausreizung von Potenzialen ankommt.

3.5 Die Evolution der Technologie anhand von Patentzitationen

Die bisherigen Ergebnisse der Technologieanalyse geben Aufschluss darüber, welches die führenden Patentanmelder auf Makro- und Mikroebene sind, in welche Komponenten sich eine moderne Windkraftanlage aufschlüsseln lässt und welches strategisch wichtige Teile sind. Zudem können Rückschlüsse auf die Position einzelner Unternehmen gezogen werden. Ein weiterer interessanter Aspekt der Technologieanalyse ist der Ursprung der Technologie, insbesondere aus welchen Teilen sich die neue Technologie zusammensetzt. Der Grundgedanke liegt dabei völlig in der schumpeterischen Definition von Innovation, nämlich der Rekombination bereits bestehender Komponenten zu einer neuen Technologie. Ziel ist es also, diese Rekombination aus bestehender Technologie aufzuschlüsseln und die wichtigsten Einflüsse anderer Technologiebereiche aufzuzeigen.

Datengrundlage sind die getätigten Zitationen eines F03D Patents und die einhergehende Einteilung in Intra- und Extra-Netzwerk-Zitation.

Um eine **Intra-Netzwerk-Zitation** handelt es sich, wenn ein neues Patent ein bereits angemeldetes Patent der Patentklasse F03D zitiert. Wenn ein neues Patent ein bereits angemeldetes Patent zitiert und es sich in einer anderen

Klasse als F03D befindet wird es als **Extra-Netzwerk-Zitation** definiert. Hierbei ist es vor allem interessant, welchen Industriebezug die Extra-Netzwerk-Zitation hat, da aus den Patentklassifikationen darauf nur bedingt Schlussfolgerungen möglich sind. Für die Zuteilung von Patentklassen und Industriefeldern wurden die Konkordanzen von Schmoch (2008) genutzt.

Als Datengrundlage dienen beim EPO angemeldete F03D Patente von 1978 bis 2010. Für diese wurden zusätzlich die Patentklassen von den jeweils zitierten Patenten abgefragt, wobei auch hier nur EPO Patente berücksichtigt werden. Wenn ein Patent eines nationalen Patentamtes zitiert wurde, ist dies in der Abfrage nicht berücksichtigt. Es ergeben sich 3749 zitierte Patentklassen. In einem ersten Schritt wurden die Zitationen der verschiedenen Patentklassen in einem 5-Jahres-Intervall kumuliert, um Strukturveränderungen deutlich zu machen. Hierdurch entstehen sechs verschiedene Intervalle: 1981-1985, 1986-1990, 1991-1995, 1996-2005 und 2006-2010. Im zweiten Schritt wurden die vierstelligen Patentklassen den Konkordanzen nach Schmoch zugeordnet, wobei Schmoch die Klassen in die Bereiche „Elektrotechnik", „Steuerung", „Chemie", „Maschinenbau" und „Sonstige" unterteilt hat. Diese Bereiche stellen gleichzeitig die Extra-Netzwerk-Patentklassifikationen dar. Jeder Bereich beinhaltet verschiedene Technologiefelder. Die Elektrotechnik setzt sich beispielsweiseaus „Elektrische Maschinen, Ausrüstung, Energie; Audio-visuelle Technologie; Telekommunikation; Digitale Kommunikation; Basisprozesse der Kommunikation; Computertechnologie; IT Methoden für das Management; Halbleiter" zusammen. Im dritten und letzten Schritt wurden die Bereiche bzw. Technologiefelder nach Häufigkeit den sechs Zeitintervallen zugeordnet. Die Ergebnisse der Analyse werden in den nachfolgenden Tabellen dargestellt.

Die zuerst angeführte Tabelle zeigt die Evolution der Technologie in dem Zeitraum zwischen 1981 und 1995, unterteilt in drei Intervalle. Zwischen 1981 und

1985 wurden insgesamt 200 Patentklassifikationen zitiert, wovon 128 (dies entspricht einem Anteil von 64%) Extra-, und 72 (36%) Intra-Netzwerk getätigt wurden. Innerhalb der Extra-Netzwerk-Zitationen dominiert der Bereich Maschinenbau mit 75 (37,5%) Zitaten, darauf folgt die Elektrotechnik mit 26 (13,0%) Zitaten. Weitere Technologiebereiche haben in dieser Phase eine untergeordnete
Rolle.

Tab. 3-5:   Evolution der Technologie für Windkraft 1981 bis 1995 auf Basis von Patentzita-
            tionen

Extra-Netzwerk	1981-1985		1986-1990		1991-1995	
	Absolut	Anteil	Absolut	Anteil	Absolut	Anteil
Chemie	7	3,5%	17	6,9%	21	8,6%
Steuerung	0	0,0%	0	0,0%	2	0,8%
Instrumente	8	4,0%	18	7,3%	1	0,4%
Elektrotechnik	26	13,0%	19	7,7%	64	26,2%
Maschinenbau	75	37,5%	144	58,5%	110	45,1%
Sonstige	12	6,0%	19	7,7%	14	5,7%
Intra-Netzwerk						
Windkraft	72	36,0%	29	11,8%	32	13,1%
Summe	200	100%	246	100%	244	100%
Extra-Netzwerk	128	64%	217	88%	212	87%
Intra-Netzwerk	72	36%	29	12%	32	13%

Quelle: Eigene Berechnungen auf Basis von OECD PATSTAT

Gegenüber dem vorangegangenen Intervall wurde, zwischen 1986 und 1990,
die Gesamtzahl der Zitate auf verschiedene Patentklassen leicht auf 246 gesteigert (durchschnittliches Wachstum von ca. 4%). Hiervon wurden 217 (64%)
außerhalb des F03D Netzwerkes getätigt, lediglich 29 (12%) innerhalb. Dies
zeigt eine starke Zunahme von externer Technologie bei der Evolution der Technologie für Windkraft. Externen Einfluss hat zwischen 1986 und 1990 vor allem

der Maschinenbau mit 144 (58,5%) Zitaten genommen. Innerhalb des Maschinenbaus wurde insbesondere Bezug zu Technologien hinsichtlich der Mechanik und Turbinen genommen. Mit großem Abstand folgen Elektrotechnik (18; 7,3%) und Instrumente (18; 7,3%). Der Bereich Instrumente konnte im Vergleich eine deutliche Steigerung verzeichnen. Hier ist besonders das Technologiefeld Messung zu nennen, welches sich innerhalb des Bereiches der Instrumente befindet[26]. Dies deutet darauf hin, dass eine Überwachung der Windkraftanlagen zwischen 1986 und 1990 begonnen hat und bereits bestehende Komponenten aus anderen Industrien integriert wurden.

Zwischen 1991 und 1995 stagnierte die Gesamtzahl der Zitate von Patentklassen im Vergleich zum vorangegangen Intervall mit insgesamt 244 weitestgehend. Ebenso veränderte sich das Verhältnis zwischen Extra- und Intra-Netzwerk Zitaten nur marginal. Dahingegen hat sich der Einfluss von externen Technologiebereichen stark geändert. Zwar ist der Maschinenbau mit 110 Zitaten (45%) weiterhin der wichtigste Evolutionspartner, doch hat die Elektrotechnik starke Zuwächse mit 64 Zitaten (26%) verzeichnet. Der Bereich der Instrumente wurde in diesem Intervall nur geringfügig zitiert. Einen leichten Anstieg hat der Bereich Chemie (21 Zitate; 8,6%) vollzogen. Insbesondere ist hier die Oberflächenbehandlung und Chemie für Werkstoffe zu nennen.

Zwischen 1996 und 2000 hat die Gesamtzahl der zitierten Patenklassen stark zugenommen und lag bei 563. Patente mit der Klasse F03D wurden dabei 184-mal zitiert, andere insgesamt 379. Im Vergleich zum vorherigen Intervall stellt dies eine starke Zunahme der Zitation von F03D Patenten dar. Der Maschinenbau hat relativ gesehen weiterhin an Bedeutung verloren und wurde 185-mal zitiert (33%). In Relation zu den absoluten Zitationen hat die Elektrotechnik eine

---

[26] Eine detaillierte Übersicht über die Zuordnung der Zitationen zu den jeweiligen Technologiefeldern kann im separaten Anhang gefunden werden.

ähnliche Entwicklung vollzogen. Zwar wurden Patente in Bezug auf diesen Bereich 104-mal zitiert, jedoch bedeutet dies eine Abnahme der relativen Häufigkeit auf 18,5%. Bei genauerer Betrachtung der einzelnen Technologiefelder fällt auf, dass elektrische Maschinen als Teil der Elektrotechnik besonders stark zitiert wurden (91-mal; 15,9%).

Anteilig betrachtet kann auch dem Bereich der Instrumente wieder eine stärkere Bedeutung beigemessen werden. Wie bereits im Intervall zwischen 1986 und 1990, wurde auch in diesem Intervall vor allem die Überwachung besonders stark zitiert.

Tab. 3-6:   Evolution der Technologie für Windkraft 1996 bis 2010 auf Basis von Patentzitationen

	1996-2000		2001-2005		2006-2010	
Extra-Netzwerk	Absolut	Anteil	Absolut	Anteil	Absolut	Anteil
Chemie	16	2,8%	42	3,4%	5	0,4%
Steuerung	6	1,1%	6	0,5%	9	0,8%
Instrumente	40	7,1%	65	5,3%	36	3,2%
Elektrotechnik	104	18,5%	240	19,4%	152	13,5%
Maschinenbau	185	32,9%	331	26,8%	246	21,8%
Sonstige	28	5,0%	42	3,4%	33	2,9%
Intra-Netzwerk						
Windkraft	184	32,7%	508	41,2%	645	57,3%
Summe	563	100%	1234	100%	1126	100%
Extra-Netzwerk	379	67%	726	59%	481	43%
Intra-Netzwerk	184	33%	508	41%	645	57%

Quelle: Eigene Berechnungen auf Basis von OECD PATSTAT

Zwischen 2001 und 2005 ist die Gesamtzahl der Zitate weiterhin stark gestiegen und hat sich im Vergleich zum vorherigen Intervall mehr als verdoppelt. Der Bereich der Windkraft hat anteilig deutlich an Bedeutung gewonnen und macht nun

41% der Zitate aus. Innerhalb der Extra-Netzwerk-Zitationen ist der Maschinenbau zwar nach wie vor der stärkste Bereich, jedoch hat er anteilig weiter an
Bedeutung verloren und repräsentiert nun lediglich 26,8% der Zitate. Einen mar-
ginalen Anstieg der relativen Bedeutung konnte die Elektrotechnik mit 19,4%
verzeichnen. Leicht gefallen sind hingegen, anteilig betrachtet, die Zitate auf
Patente im Bereich der Instrumente.

Im Intervall zwischen 2006 und 2010 waren erstmals Intra-Netzwerk-Zitate am
Bedeutsamsten für die Evolution der Technologie für Windkraft. Bei insgesamt
1.126 Zitaten wurden Patente der Klasse F03D 645-mal zitiert, was 57% entspricht. Entsprechend haben alle anderen Bereiche prozentual gesehen deutlich abgenommen. Der Maschinenbau lag bei 21,8%, Elektrotechnik bei 13,5%
und Instrumente bei 3,2%.

3.6 Erkenntnisse und Handlungsempfehlungen aus der Technologieanalyse

3.6.1 Technologieführer und führende Technologien

Die kumulierten Patentanmeldungen für die Windkraft relevante Patentklasse
F03D indiziert, dass sich die Technologieentwicklung in der Reifephase befindet. Weitere technologische Verbesserungen können von Unternehmen nur
durch sehr hohe F&E Aufwendungen vorgenommen werden.

Hinsichtlich der Analyse der Anmelder- und Erfindernationen von Patenten hat
sich gezeigt, dass vor allem Deutschland eine führende Rolle einnimmt. Als Anmeldernationen haben die USA ebenfalls eine sehr starke Position inne. Dänemark und Japan folgen mit leichtem Abstand. Dies spricht für eine starke Unter-
nehmenslandschaft, insbesondere in den genannten Ländern. Als Erfinderstandort haben vor allem Deutschland und Dänemark eine starke Position. Dies
spricht für einen starken Innovationsstandort Dänemark, da viele Erfinder ihren
Forschungssitz dort haben.

Technologieführer der Industrie sind vornehmlich OEM wie beispielsweise General Electric, Siemens AG, die Vestas Wind Systems A/S oder die Enercon GmbH. Vestas und Enercon können sich mit einer sehr hohen durchschnittlichen Patentqualität vom Wettbewerb absetzen. Neben den OEMs hat auch eine Vielzahl an Zulieferern der Tier 1 und Tier 2 Ebene eine starke Technologieposition, die zum großen Teil aus dem Maschinenbau kommt. Auffällig ist die wichtige Rolle von Herstellern für Lager, welche in Getrieben eingesetzt werden. Das Getriebe nimmt somit eine zentrale Bedeutung für die Hersteller von Windkraftanlagen ein.

Diese Erkenntnis wird ebenfalls von der technologischen Dekomposition bestätigt. Durch eine qualitative Einschätzung wurde gezeigt, dass Getriebe als Schlüsseltechnologie zu bewerten ist. Das bedeutet, dass die Technologie sich am Markt bereits durchgesetzt hat, der Zugriff auf diese jedoch einen hohen Einfluss auf die Wettbewerbsfähigkeit hat. Unternehmen ohne Zugang auf diese Komponente haben einen deutlichen wettbewerblichen Nachteil. Im Gegensatz zum Getriebe wurde die Komponente der Rotorblätter als Schrittmachertechnologie bewertet. Das heißt, dass sie hohes Differenzierungspotential gegenüber Wettbewerben bietet und es weitere Entwicklungsmöglichkeiten bereithält.

Die Produktion von Rotorblättern ist charakterisiert von neuen Werkstoffen wie beispielsweise glasfaserverstärkten (GfK) oder kohlestofffaserverstärkten (CfK) Kunststoffen und hat damit einen starken Bezug zu chemischen Prozessen. Bei der Analyse der Evolution der Technologie für Windkraft wurden Industrien und Technologiefelder aufgezeigt, an denen sich die Windkraft orientiert. Relevante Patentklassen für die Chemie, zu der beispielsweise Materialwissenschaften zählen, spielen in der Evolution der Technologie für Windkraft eine untergeordnete Rolle. Das dadurch erkennbare Entwicklungspotenzial zeigt, dass Unternehmen der Windkraft sich stärker an bereits bestehenden Kompetenzen aus dem Bereich der Chemie orientieren und somit insbesondere bei der Entwicklung von Rotorblättern einen Wettbewerbsvorteil kreieren sollten. Darüber hinaus hat sich bei der Evolution gezeigt, dass der Maschinenbau bis ins Jahr 2000 der stärkste Evolutionspartner bei der Entwicklung von Windkraft war. Gleichzeitig zeigt sich, dass das Technologiefeld der Patentklasse F03D bei der aktuellen Entwicklung der Technologie eine zentrale Rolle einnimmt und spricht damit für die Reife der Entwicklung.

3.6.2 Der Zusammenhang zwischen Technologieentwicklung und Opportunitätsfenster für Catch-Up

Die Verteilung der Intra- und Extra-Netzwerk Zitate lassen einen deutlichen Trend erkennen: Zu Anfang der Technologieentwicklung war der Anteil der Extra-Netzwerk-Zitate relativ hoch, insbesondere zwischen 1986 und 1995. Zuvor, also zwischen 1981 und 1985, war das Verhältnis noch etwas in Richtung Intra-Netzwerk verschoben, das heißt es wurde ein größerer Anteil von F03D Patenten zitiert. Leider stehen Patentanmeldungen zwischen 1970 und 1980 nicht zur Abfrage und Auswertung zur Verfügung, so dass über diesen Zeitraum keine validen Aussagen getroffen werden können. Der Verlauf der Verteilung erinnert jedoch stark an den typischen Verlauf der Diffusion einer Innovation in Form einer S-Kurve. Der Verlauf der S-Kurve beinhaltet nach einer sehr langsamen Steigung nach dem Ursprung zumeist einen Ausschlag nach oben, der oftmals auch als „Hype-Faktor" bezeichnet wird. Ähnliches wird nun auch hinsichtlich der Entwicklung der Verteilung der Zitate vermutet, auch wenn es nicht durch Daten für den Zeitraum vor 1980 belegbar ist. Typischerweise wäre der Anteil der Extra-Netzwerk-Zitate vor 1980 sehr hoch, der Anteil der Intra-Netzwerk-Zitate sehr niedrig. Der hohe Anteil der Intra-Netzwerk-Zitate zwischen 1981 und 1985 wäre also durch den „Hype-Faktor" begründet, welcher sich in der qualitativen Analyse der Innovationssysteme für Windkraft ebenfalls beobachtet wurde. Der „kalifornische Windrush" Anfang/ Mitte der 1980er hat zu einem regelrechten Boom der Windindustrie in Dänemark geführt, was sich ebenfalls in den Patentanmeldungen und deren Zitate widerspiegeln könnte.

Bei dem typischen Verlauf als S-Kurve lässt sich durch die Analyse der Zitate ein weiterer Punkt beobachten. Die starke Orientierung und Anlehnung an Technologiefelder wie insbesondere der Maschinenbau bei der Anmeldung von Patenten der Klasse F03D zwischen 1986 und 1995 weist starke Parallelen zu der von Schumpeter propagierten „kreativen Zerstörung" auf, welche sich unter anderem durch eine Rekombination bereits bestehender Technologie/Komponenten/Wissen zu einer neuen Technologie bzw. einem neuen Markt auszeichnet. Die Anmelder von Patenten der Klasse F03D haben sich stark an bereits bestehendem Wissen aus den Feldern Maschinenbau oder Elektrotechnik orientiert und so eine neue Industrie geschaffen. Die „kreative Zerstörung" ist Synonym für Schumpeter Mark 1, welche unter den folgenden drei Bedingungen vorliegt: 1) hohe technologische Möglichkeiten, 2) niedriger Appropriierung, 3) niedriger Kumulierung auf Unternehmensebene[27].

Die Windindustrie in den 1980er/ frühen 1990ern ist ein ideales Beispiel für eine solche Entwicklungsstufe der Industrie, wie in den Länderfallstudien beschrieben wird. Die Industrie hat sich durch verschiedene Designvariationen hinsichtlich Technologie und einer Vielzahl an Unternehmensein- und -austritten gekennzeichnet. Viele Unternehmen aus verwandten Branchen (z.B. MAN, Husumer Schiffswerft) haben den Markteintritt versucht und sind teilweise gescheitert. Wesentlicher Bestandteil der Evolution und Entwicklung von Industrien ist der Wechsel von Schumpeter Mark 1 zu Mark 2, also von „kreativer Zerstörung" zu „kreativer Kumulierung", welche sich durch die Bedingungen 1) niedrige technologische Möglichkeiten, 2) hohe Appropriierung und 3) hohe Kumulierung auf Unternehmensebene auszeichnet. Mark 2 ist gekennzeichnet von großen etablierten Unternehmen und der Präsenz von Eintrittsbarrieren. Hinsichtlich der Verteilung der Zitationen auf Intra- und Extra-Netzwerk Patente bedeutet dies

---

[27] Die Eigenschaften und Terminologien für Schumpeter Mark 1 und Mark 2 sind angelehnt an Malerba 2004, S. 22).

also eine Verschiebung hin zu Intra-Netzwerk Patenten, welches sich im Zeitablauf der Entwicklung der Patentklasse F03D ebenfalls beobachten lässt.

Eine solche Verschiebung des Verhältnisses in Richtung Intra-Netzwerk Zitationen lässt ebenfalls auf eine Pfadabhängigkeit schließen. Eine Diskussion des Begriff der „Pfadabhängigkeit" kann zum Beispiel gefunden werden in Fai und Tunzelmann (2001), David; David (1985; 2007) oder Liebowitz und Margolis (1995). In meinem Verständnis herrscht eine Verbindung zwischen Pfadabhängigkeit und der Etablierung eines dominanten Designs. In den Anfängen einer Technologieentwicklung gibt es verschiedene Möglichkeiten und Ansätze innerhalb einer Technologie. In der Windkraft gab es beispielsweise konkurrierende Designs hinsichtlich der Turbinenausrichtung oder der Blattanzahl. Sobald sich ein dominantes Design etabliert hat eröffnet dies einen Pfad, der großen Einfluss auf die weiteren Entwicklungen der Technologie hat. Die Auswirkungen können dabei von positiver als auch negativer Natur sein. Positiv ist beispielsweise die Realisierung von Skaleneffekten durch ein dominantes Design, welches wiederum zu Reduktion von Kosten und damit zur weiteren Verbreitung der Innovation führt. Negative Auswirkungen wären, wenn sich eine technologisch inferiore Technologie als dominantes Design etabliert, jedoch aus bestimmten Gründen, wie beispielsweise Netzwerkeffekte, weiterhin durchsetzt. Es wird angenommen: je höher der Anteil der Intra-Netzwerk-Zitationen, desto höher die Pfadabhängigkeit. Die Einteilung von Mark 1 und Mark 2 ist in gewisser Weise sehr binär, in der tatsächlichen Industrietransformation werden verschiedene Zwischenphasen durchschritten, die in der klassischen schumpeterischen Betrachtung nicht einbezogen werden.

Der idealisierte Zusammenhang zwischen der Transformation einer Industrie von Mark 1 zu Mark 2 und die Rolle von einer Pfadabhängigkeit auf empirischer Basis von Patentzitationen kann in folgendem Schaubild zusammengefasst werden[28]. Es ist festzuhalten, dass Patentzitationen als Indikator für den Wechsel von Mark 1 zu Mark 2 dienen können und sie darüber hinaus eine mögliche Pfadabhängigkeit implizieren. Insbesondere der Zusammenhang zwischen dem Verhältnis der Zitationen und Schumpeter Mark 1 und 2 wird von Corrocher et al. (2007) am Fallbeispiel der IKT Industrie bestätigt.

Abb. 3-5:   Zusammenhang zwischen der Transformation einer Industrie und technologischen Pfadabhängigkeiten auf Basis von Patentzitationen - idealisierte Darstellung

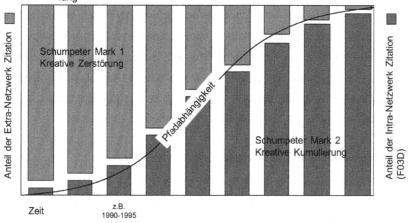

Quelle: Eigene Darstellung

Anhand des aufgestellten Zusammenhangs lässt sich eine weitere Frage in Teilaspekten erläutern: Warum können Pionierländer ihre führende Position nicht halten? bzw. Unter welchen Umständen ist Catch-Up möglich?

Vereinfacht ausgedrückt ist Leapfrogging bzw. Catch-Up möglich, wenn die Transformation von Mark 1 zu Mark 2 noch nicht abgeschlossen ist. Wie angesprochen ist die Umwandlung von Mark 1 zu Mark 2 nicht binär, sondern durch-

---

[28]   Der tatsächliche Verlauf der Verteilung kann im separaten Anhang gefunden werden.

läuft verschiedene Zwischenphasen. Insofern sich eine Industrie und deren dazugehörige Technologie noch nicht endgültig im Zustand der „kreativen Kumulierung" befinden, besteht die Möglichkeit für Länder erfolgreich die Industrie aufzubauen und ggf. auch Pioniere zu überholen. So geschehen ist es im Fall der Initialisierung der chinesischen Windindustrie mit einer gezielten Industriepolitik ab Mitte der 1990er (1996: Ride the Wind)[29]. Zu diesem Zeitpunkt lag die Verteilung zwischen Extra- und Intranetzwerk-Zitationen in dem Verhältnis 87:13 (1991-1995) bzw. 67:33 (1996-2000). Es bestanden folglich mehrheitlich die Merkmale von Schumpeter Mark 1, welches Unternehmenseintritte erleichtert. Wenn der Zeitpunkt des Eintritts gut gewählt ist und zudem eine zielgerichtete Industriepolitik implementiert wird, können Länder und deren Unternehmen von den ersten Versuchen der Pioniere profitieren. Das oben dargestellte Schaubild dient als Indikator und Orientierung, ob der Zeitpunkt des Eintritts zielführend ist oder aber das geeignete Zeitfenster geschlossen ist.

3.6.3 Unternehmerische Handlungsempfehlungen

Vor dem Hintergrund einer starken Internationalisierung der Märkte für Windkraft ist es entscheidend, für einen nachhaltigen Wettbewerbsvorteil, ein effizientes Supply Chain Management zu installieren. Für die OEMs der Windkraft spielt dabei die Integration wichtiger Zulieferer in den Internationalisierungsprozess eine zentrale Rolle. Insbesondere ist die Integration von Herstellern für Getriebe, und im speziellen von Lagern, wichtig. Zuverlässige und hochwertige Lager bedeuten unter Umständen einen entscheidenden Wettbewerbsvorteil. Problematisch könnte sein, dass Lagerhersteller neben der Windindustrie andere wichtige Kundensegmente besitzen, wie beispielsweise die Automobilindustrie. Umsatzmäßig wird oftmals die Windindustrie für Lageranbieter im Vergleich zur Automobilindustrie eine untergeordnete Rolle spielen, so dass das Machtverhältnis zwischen Unternehmen der Windindustrie und Lagerherstellern erst definiert werden muss. Diese Hierarchie in der Wertschöpfungskette könnte

---

[29]   Vgl. die Fallstudie zum technologischen Innovationssystem für Windkraft von China.

die erfolgreiche Internationalisierung der Windkraft OEMs und Integration der Zulieferer erschweren und bedarf daher besonderer Aufmerksamkeit.

Durch die Positionierung der Komponenten der Rotorblätter als Schrittmachertechnologie entstehen in diesem Bereich große Differenzierungspotentiale für Unternehmen. Durch eine Etablierung als Kostenführer oder durch eine Abgrenzungsstrategie können Anbieter einen nachhaltigen Wettbewerbsvorteil kreieren. *Kostenführerschaft* kann erreicht werden, wenn Kunden besonders preissensitiv sind. Dies ist vor allem der Fall in aufstrebenden Märkten der Windkraft, wie beispielsweise China, Brasilien oder auch afrikanische Märkte (Äthiopien, Algerien), die insbesondere von chinesischen Anbietern erschlossen werden. Ein weiterer wichtiger Faktor bei der Positionierung als Kostenführer ist die Ausschöpfung der Potentiale von Skaleneffekten. Ein wesentlicher Schritt hierbei ist die Automatisierung der Produktion von Rotorblättern, die bislang in der Industrie unterschiedlich ausgeprägt ist. Anbieter wie das brasilianische Unternehmen Tecsis, weltweit zweitgrößter Zulieferer von Rotorblättern, ist bei dem Grad der Automatisierung weit unten angesiedelt. Entsprechend werden wenige bis gar keine Roboter eingesetzt und es herrscht hoher Einsatz von Humankapital. Auf der anderen Seite ist Vestas als Hersteller von Rotorblättern zu nennen (weniger als Zulieferer), welcher bereits eine große Anzahl Roboter bei der Produktion einsetzt. Weitere mögliche Einflussfaktoren auf Skaleneffekte, wie beispielsweise geringe Lagerhaltung oder Skaleneffekte im Einkauf, spielen ebenso eine Rolle, gelten jedoch generisch für jede Industrie bzw. jedes Produkt. Abgrenzung oder Differenzierung kann erreicht werden, wenn ein Unternehmen ein Produkt anbietet, welches einzigartig in der ganzen Industrie ist und von vielen Käufern hoch bewertet wird. Das Unternehmen kann dadurch überdurchschnittliche Gewinne erzielen. Im Gegensatz zur Kostenführerschaft kann in einer Industrie jedoch nur eine Form der Abgrenzung in der Windindustrie angestrebt werden (Porter 1980). Rotorblätter müssen immer höhere technische Anforderungen erfüllen, da die Blätter immer größer bzw. länger werden.

Dies bringt höhere Anforderungen hinsichtlich der Steifigkeit mit sich, wobei die Produkte gleichzeitig nicht zu schwer werden dürfen. Dies benötigt den Einsatz neuer Materialien wie Kohlefaser. Anbieter von Rotorblättern, die diese hohen Anforderungen als Erstes erfüllen können, sind in der Lage überdurchschnittliche Preise zu verlangen und so eine Differenzierungsstrategie zu verfolgen. Eine weitere Differenzierungsmöglichkeit ist die Reduzierung der Lärmemission durch eine optimale aerodynamische Auslegung der Rotorblätter. Die Analyse der Patentanmeldungen hat gezeigt, dass der dänische Anbieter LM Wind Power eine sehr hohe Patentqualität besitzt und daher eine hohe technologische Position einnimmt. Bereits in der Vergangenheit hielt das Unternehmen in diesem Bereich eine Monopolstellung inne und kann als Spezialist eingestuft werden.

Hersteller von Rotorblättern sollten sich in der Entwicklung neuer Technologien stärker an der Chemie- bzw. Werkstoffindustrie orientieren und Kooperationen eingehen. Wie die Evolution der Technologie für Windkraft gezeigt hat, haben sich Patentanmeldungen der Patentklasse F03D bisher wenig auf Patente in dem Bereich Chemie berufen. Eine stärkere Anlehnung an bereits bestehende Komponenten aus diesem Bereich kann die Entwicklung der Rotorblätter deutlich vorantreiben, da wesentliche Bestandteile Materialien wie glasfaserverstärkten (GfK) oder kohlestofffaserverstärkten (CfK) Kunststoffe sind und bereits in anderen Bereichen Anwendung finden.

4 Die Marktposition führender Länder

Die Untersuchung der Patentanmeldungen hat bereits gezeigt, dass weltweite Innovationsaktivitäten in dem Bereich der Windenergie stattfinden. Dieses Kapitel nähert sich dem Thema aus industrieller Perspektive und untersucht insbesondere Markt- und Handelsdaten der Windindustrie. Das Vorgehen orientiert sich dabei an folgender Kernfrage.

Haben sich in den untersuchten Industrien Strukturverschiebungen bzw. Änderungen in der Wettbewerbskonstellation ereignet?

Um die Frage sinnvoll zu bearbeiten, werden weitere Unterfragen formuliert, die die Analyse strukturieren.

Was sind die weltweit führenden Märkte und wie haben sich diese entwickelt?

Wer sind die führenden Länder hinsichtlich Exportvolumen?

Wer sind die führenden Länder hinsichtlich Importvolumen?

Was sind die wichtigsten Exportziele für die führenden Exporteure?

4.1 Globale Märkte für Windkraft

Der internationale Wettbewerb um eine Technologie, Industrie oder einen Markt wird in der Literatur oftmals als „Rennen" umschrieben – sei es ein Rennen um Patentanmeldungen (engl.: *patent race*), den größten Umsatz oder den höchsten Marktanteil. Die Begrifflichkeit des „Rennens" ist an den Sport angelegt, bei dem die drei bestplatzierten auf das Podium steigen und gefeiert werden; nur

© Springer Fachmedien Wiesbaden GmbH, ein Teil von Springer Nature 2018
M. Klein, *Innovationsstrategien und internationale Wettbewerbsfähigkeit im Bereich der Windenergie*, https://doi.org/10.1007/978-3-658-22288-8_4

die Podiumsplätze gehen in die Geschichtsbücher ein und erzielen gesteigertes Interesse bei Publikum und Presse.

Die Windkraftindustrie ist zwar kein sportliches Ereignis, doch lässt sich diese Analogie auf die Analyse des Marktes übertragen und gibt einen ersten Eindruck in mögliche Strukturverschiebungen bei der Gewichtung internationaler Märkte für die zu untersuchende Industrie. Das Podium für die größten Märkte, also die installierte Kapazität von Windenergie gemessen in Megawatt, würde in dem Zeitraum von 1980 bis 2015 in einem Mehrjahresintervall wie folgt aussehen:

Tab. 4-1:   Podiumsplätze der Märkte für Windkraft zwischen 1980 und 2015

	1980	1990	2000	2010	2015
1. Platz	USA	USA	Deutschland	China	China
2. Platz	Dänemark	Dänemark	USA	USA	USA
3. Platz	-	Deutschland	Dänemark	Deutschland	Deutschland

Quelle: Eigene Darstellung auf Basis von Earth Policy Institute (2014) und GWEC (2016)

Auf der ersten Blick wird ersichtlich: Der Wettbewerb um die Podiumsplätze wird unter vier verschiedenen Ländern entschieden - China, Dänemark, Deutschland, und den USA. Die USA und Dänemark konnten sich in den Jahren 1980 und 1990 jeweils den ersten und zweiten Rang sichern, 1980 war der weltweite Markt noch so klein, dass es keinen dritten Anwärter auf das Podium gab. Erst 10 Jahre später, 1990, konnte Deutschland die „Bronzemedaille" erringen. Im Jahr 2000 hat es für Deutschland sogar für den ersten Rang gereicht, gefolgt von den USA und Dänemark. In dem Zeitraum zwischen 1990 und 2000 kam es also erstmals zu einer nennenswerten Strukturänderung in dem Wettbewerb um den größten Markt für Windkraft und Deutschland war hier großer Profiteur. Im Jahr 2010 stellte sich das Tableau auf den Kopf, China führt die Rangliste an und indiziert eine weitere Strukturänderung. Die USA konnten Deutschland wiederum überholen und lagen auf dem zweiten Rang, Dänemark ist hingegen nicht mehr auf dem Podium vertreten. Der zuletzt betrachtete Zeitpunkt, das Jahr 2015, hat keine weiteren signifikanten Änderungen in der Wettbewerbsstruktur der drei größten Märkte für Windkraft gezeigt.

Nun ist dies mit Sicherheit keine sehr wissenschaftliche Herangehensweise und muss mit Daten gestützt werden, dennoch bietet sie einen ersten wertvollen Einblick in die doch signifikanten Strukturverschiebungen auf dem globalen Markt für Windkraft. Wie signifikant die Verschiebungen sind, erlaubt ein Blick auf die tatsächliche installierte Kapazität der vier führenden Länder, der Welt insgesamt sowie dem sich daraus ergebenden „Rest der Welt".

Tab. 4-2: Kumulierte Kapazitäten (MW) von Windenergie für die führenden Länder zwischen 1980 und 2015[30]

Jahr	USA	Däne-mark	Deutsch-land	China	Rest der Welt	Welt
1980	8	5	0	k.A.	0	10
1985	945	50	0	k.A.	25	1.020
1990	1.484	343	0	k.A.	103	1.930
1995	1.612	637	1.130	38	1.363	4.780
2000	2.539	2.417	6.113	346	5.985	17.400
2005	9.149	3.127	18.415	1.272	27.128	59.091
2010	40.298	3.801	27.097	44.733	82.072	198.001
2015	74.471	5.063	44.947	145.362	163.040	432.883

Quelle: Eigene Darstellung und Berechnungen auf Basis von Earth Policy Institute (2014) und GWEC (2016)

Die USA haben bis Anfang der 1990er die globalen Märkte als Standort für Windenergie dominiert und überragten die anderen Länder um ein Vielfaches. 1985 betrug dort die installierte Kapazität knapp 1.000 MW, was einen frühen Boom für Windkraft in den 1980ern andeutet. Ein starkes Wachstum kann in den sehr frühen Jahren der Windkraftindustrie ebenfalls in Dänemark verzeichnet werden, mit über 300 MW kumulierter installierter Kapazität im Jahr 1990. Das nächste starke Wachstum ist in Deutschland ersichtlich, 1995 betrug dort die installierte Kapazität bereits über 1.000 MW, was einen Schnellstart von 0 auf 1.000 MW innerhalb von nur fünf Jahren bedeutet. Das starke Wachstum wurde fortgesetzt, im Jahr 2000 betrug die Kapazität bereits über 6.000 MW und

---

[30] Die Summe der Länder, abgetragen in der Spalte „Welt", stimmt für einzelne ggf. Jahre nicht überein da die Daten aus verschiedenen Quellen stammen und es innerhalb dieser gewisse Diskrepanzen gab.

brachte Deutschland damit, wie bereits erwähnt, die Goldmedaille. Dahinter lagen dicht beieinander, die USA und Dänemark mit jeweils ca. 2.500 MW. Weitere fünf Jahre später, 2005, konnte sich die USA mit einer Kapazität von über 9.000 MW von Dänemark absetzten, was zu diesem Zeitpunkt ca. 3.100 MW installiert hatte. Deutschland hat zwischen 2000 und 2005 die Kapazität auf über 18.000 MW verdreifacht. China hat bis zu diesem Zeitpunkt verschwindend geringe Kapazitäten zu verzeichnen und ist mit 1.200 MW auf einem Stand wie die USA ihn im Jahr 1990, also 15 Jahre zuvor, hatte. Unterdessen fällt auf, dass der „Rest der Welt" starkes Wachstum zu verzeichnen hat, insbesondere Spanien (ca. 10.000 MW) und Indien (ca. 4.000 MW) machen auf sich aufmerksam. In dem nächsten untersuchten Zeitraum, 2005 bis 2010, kommt der große Durchbruch von China. Innerhalb von fünf Jahren steigert sich die installierte Kapazität um den Faktor 44, was gleichzeitig den größten Markt für Windkraft bedeutet. Die USA konnten ebenfalls starkes Wachstum stimulieren und hatten im Jahr 2010 eine installierte Kapazität von ca. 40.000 MW, Deutschland lag immerhin bei ca. 27.000 MW. 2015 betrug die Kapazität für Windkraft in China bei ca. 145.000 MW, in den USA bei ungefähr 74.000 MW und in Deutschland bei ca. 45.000 MW. Weltweit ist die Kapazität auf über 430.000 MW gestiegen, Dänemark fällt seit langen Jahren in puncto installierte Kapazität weit hinter das Spitzentrio zurück.

Box 2: Erläuterung von installierter Kapazität

Was bedeutet das, eine installierte Kapazität von 430.000 MW?
Eine Kapazität von 430.000 MW ist eine abstrakte Größe - ist das viel
oder wenig? 430.000 MW entspricht ungefähr derselben Kapazität wie
306 Atomkraftwerke mit durchschnittlichem deutschem Standard. Allein
in Spanien, wo 2015 knapp über 23.000 MW installiert waren, wurden
über 10 Mio. Haushalte mit Windenergie versorgt.

Quelle: Eigene Berechnungen, GWEC (2016)

Es lässt sich zusammenfassend festhalten, dass die Verbreitung von Windkraft
auf der Welt in Wellen vonstattengegangen ist. Die erste Welle lief über die
USA, gefolgt von Dänemark und Deutschland. Weltweit folgten weitere Länder
und die globale installierte Kapazität stieg drastisch an. Seit dem Jahr 2005 hat
China zu einem massiven Ausbau der Kapazitäten erlebt und eine sehr große
Welle gestartet, das Wachstum in den USA und Deutschland ist ebenfalls wieder deutlich angestiegen. Weiterhin wird gezeigt, dass ab ca. dem Jahr 2000
die Windkraftindustrie eine globale Industrie geworden ist. Die installierten Kapazitäten steigen auch in anderen Ländern rasant, nicht nur Pionierländer wie
Dänemark, Deutschland und den USA. Weltweit führende Länder darüber hinaus sind beispielsweise Spanien, Indien, Großbritannien, Frankreich oder aber
Schwellenländer wie Brasilien.

Es ist definitiv zu deutlichen Strukturveränderungen gekommen, wobei gleichzeitig eine globale Diffusion von Windkraft beobachtet werden kann. Im Folgenden wird interessant sein zu zeigen, ob sich lediglich die Märkte verschoben
oder sich ebenfalls die Industrien und deren globale Gewichtung geändert haben. Ein Indikator für die weltweite Bedeutung einer Industrie und deren Durchdringung internationaler Märkte sind Handelsdaten. Diese sollen im weiteren
Verlauf analysiert werden und so die Marktverschiebungen geprüft werden.

4.2 Kategorisierung führender Länder der Windkraftinudstrie anhand von Handelsdaten

Die Struktur der Exporte und Importe einer Nation gibt einen guten Überblick über die Wettbewerbsfähigkeit im internationalen Vergleich und liefert Einblicke in das Industrieportfolio des jeweiligen Landes. Nachdem im vorherigen Kapitel die Technologieführer identifiziert wurden, soll nun geklärt werden, welche Länder hinsichtlich der Position im internationalen Handel führend sind. Können sich hier auch die Technologieführer durchsetzen? Welches sind die führenden Länder? Können Strukturveränderungen beobachtet werden?

Im Folgenden werden Export- und Importdaten für den Zeitraum 2002 bis 2015 analysiert. Grundlage für die Analyse sind die Exporte, Importe, Handelsbilanzen (also Export – Import) und das durchschnittliche jährliche Wachstum der Exporte zwischen 2002 und 2015. Eine valide Auswertung der Handelsdaten der Windindustrie ist ab dem Jahr 2002 möglich, da es ab diesem Jahr ausgewiesene Codes mit Bezug zu Produkten und Komponenten von Windkraftanlagen im „Harmonized System" (HS) der globalen Handelsstatistiken gibt[31]. Zudem erfährt der globale Markt für Windenergie erst in den frühen 2000ern signifikante Bedeutung, sodass eine Betrachtung früherer Jahre eine geringere Aussagekraft hätte. Es wurden internationale Märkte bereits in den 1980ern (z.B. Kalifornien, insbesondere von dänischen Herstellern) oder Brasilien (insbesondere durch Enercon) erschlossen, zu signifikanten Exportvolumina und einer systematischen Erschließung ausländischer Märkte kam es jedoch noch nicht.

In dem folgenden Abschnitt wird die Struktur der Exporte und Importe der Windindustrie für das Jahr 2015 analysiert und Länder mit einer vergleichbaren Position in der Struktur identifiziert. Die nachfolgende Tabelle ist nach Exporten absteigend sortiert und beinhaltet die 40 größten Exporteure von Produkten der

---

[31] Die Methodik der Auswertung der Handelsdaten erfolgt entlang dem Vorschlag von UBA 2013) und ist im separaten Anhang detailliert beschrieben.

Windindustrie im Jahr 2015. Ziel ist es nicht jedes einzelne Land der Tabelle zu beschreiben, sondern anhand der identifizierten Kategorien die Struktur systematisch aufzuzeigen und die Auffälligkeiten herauszustellen[32].

Anhand der in der Tabelle aufgestellten Indikatoren können insgesamt fünf verschiedene Kategorien identifiziert werden. Mit Dänemark und Japan gibt es zwei „Ausreißer", die nicht in die zuvor aufgestellten Kategorien passen und daher gesondert beschrieben werden.

Tab. 4-3: Struktur der Exporte und Importe der Windindustrie im Jahr 2015 (Top 25)

# '02	# '15	Land	Export (Mio. US$)	Export- anteil (%)	Import (Mio. US$)	Import- anteil (%)	Exp.-Imp. (Mio. US$)	Exp.-Imp./ Exp.+Imp.	Exp. CAGR (%) '02-'15
1	1	Dänemark	3.594,4	19,0	105,7	0,9	3.488,7	0,831	9,8
3	2	Deutschland	3.516,5	18,6	1.500,3	12,2	2.016,2	0,402	19,7
13	3	Spanien	1.899,6	10,0	229,7	1,9	1.670,0	0,784	32,0
2	4	USA	1.859,8	9,8	1.693,0	13,8	166,8	0,047	13,5
8	5	China	1.616,9	8,5	518,4	4,2	1.098,5	0,514	22,8
4	6	Japan	901,9	4,8	470,5	3,8	431,4	0,314	8,4
5	7	Frankreich	597,5	3,2	533,7	4,3	63,8	0,056	6,1
6	8	Großbritannien	542,3	2,9	842,8	6,9	-300,5	-0,217	7,6
7	9	Italien	432,1	2,3	472,9	3,8	-40,8	-0,045	5,8
k.A.	10	Indien	422,1	2,2	94,2	0,8	327,9	0,635	14,5
16	11	Türkei	343,0	1,8	570,6	4,6	-227,6	-0,249	17,4
19	12	Niederlande	278,7	1,5	371,2	3,0	-92,5	-0,142	17,0
k.A.	13	Andere Asien	271,9	1,4	110,1	0,9	161,8	0,423	.
18	14	Mexiko	235,5	1,2	617,2	5,0	-381,7	-0,448	15,3
15	15	Südkorea	234,9	1,2	343,0	2,8	-108,0	-0,187	14,0
11	16	Kanada	202,8	1,1	724,9	5,9	-522,2	-0,563	9,0
25	17	Ungarn	174,9	0,9	58,9	0,5	116,0	0,496	19,3
10	18	Belgien	155,6	0,8	133,6	1,1	21,9	0,076	6,7
32	19	Portugal	149,6	0,8	38,0	0,3	111,6	0,595	23,2
20	20	Hong Kong	141,8	0,7	108,8	0,9	33,0	0,132	11,1
27	21	Polen	117,4	0,6	401,4	3,3	-284,0	-0,548	16,2
14	22	Österreich	108,4	0,6	279,3	2,3	-170,9	-0,441	6,8
12	23	Schweden	97,1	0,5	254,4	2,1	-157,2	-0,447	5,0
26	24	Thailand	94,7	0,5	112,1	0,9	-17,4	-0,084	13,9
33	25	Malaysia	85,0	0,4	116,3	0,9	-31,3	-0,155	18,8
		Rest der Welt	854,1						
		Welt	18.928,6						13,6

Quelle: Eigene Berechnungen auf Basis von UN Comtrade (2016)

---

[32] Eine graphische Visualisierung und ein leicht abweichendes Vorgehen zur Positionsbestimmung kann im statistischen separaten Anhang gefunden werden. Eine Auflistung der Top 50 Länder ist im statistischen separaten Anhang zu finden.

Kategorie 1)

Merkmale: Überdurchschnittliches Exportwachstum; deutlich positive Handelsbilanz

Hierzu zählen die Länder Deutschland, China und Spanien. Spanien hat von allen untersuchten Ländern das höchste durchschnittliche Wachstum der Exporte mit 32,0%, zudem eine positive Handelsbilanz von ca. 1,9 Mrd. US$. Die spanische Industrie profitiert von einer starken Exportorientierung der größten Windanlagenhersteller wie Gamesa oder Acciona, die insbesondere eine starke Position in Südamerika besitzen. Deutschland gehört ebenfalls zu den großen Profiteuren des weltweiten Wachstums der Windenergie mit einem durchschnittlichen jährlichen Wachstum des Exports von 19,7%. Die deutsche Windindustrie hat einen Handelsüberschuss von ca. 2 Mrd. US$ und liegt damit im weltweiten Vergleich an der Spitze. Die Entwicklung von China ist auch hinsichtlich der Handelsdaten bemerkenswert. Nicht nur hat es das Land geschafft überdurchschnittlich an dem Wachstum des Exports mit einem Wachstum von 22,8% zu partizipieren, gleichzeitig hat die Industrie einen Handelsüberschuss von ca. 1,1 Mrd. US$ verzeichnet. Die chinesische Windindustrie schafft es also nicht nur die heimische Nachfrage zu bedienen, sondern startet gleichzeitig eine internationale Markterschließung.

Kategorie 2)

Merkmale: Überdurchschnittliches Exportwachstum; knapp positive Handelsbilanz

Die Länder die diese Merkmale erfüllen sind die USA, Indien und Portugal. Letzteres Land ist insofern interessant, da es einen der höchsten Anteile an Windkraft an der nationalen Energiematrix hat (23%). Portugals Windindustrie zeigt eine starke Exportorientierung und konnte ein durchschnittliches Wachstum von 23,2% realisieren. Die absoluten Werte der Industrie sind jedoch verhältnismäßig niedrig mit einem Exportvolumen von ca. 150 Mio. US$ im Jahr 2015. Die indische Windindustrie konnte ebenfalls überdurchschnittlich stark an den Exporten partizipieren (14,5%) und hat ein Handelsüberschuss von ca. 330 Mio. US$. Die USA erfüllen formal die Kriterien, wenn auch nur knapp mit einem durchschnittlichem Wachstum von ca. 13,5%. Jedoch hat die USA auch das höchste Importvolumen mit ca. 1,7 Mrd. US$, was zu einer knapp positiver Handelsbilanz führt (167 Mio. US$). Vor dem Hintergrund eines großen heimischen Marktes ist die nationale Industrieentwicklung eher negativ zu bewerten.

Kategorie 3)

Merkmale: Überdurchschnittliches Exportwachstum; negative Handelsbilanz

Hierzu zählen die Niederlande, Mexiko, Polen und die Türkei. Sie alle können sich mit einem überdurchschnittlichen jährlichen Wachstum der Exporte auszeichnen (Niederlande: 17%; Mexiko: 15,3%; Polen: 16,2%; Türkei: 17,4%), haben jedoch eine leicht negative Handelsbilanz. Die nationale Wertschöpfungstiefe reicht nicht aus, das eigene Marktwachstum zu bedienen, sodass der Marktausbau von Importen abhängig ist. Keines der Länder hat einen großen nationalen Akteur der Windindustrie.

Kategorie 4)

Merkmale: Unterdurchschnittliches Exportwachstum, negative Handelsbilanz

Hierzu zählen Italien, Großbritannien, Brasilien und Kanada. Insbesondere bei Großbritannien, Brasilien und Kanada handelt es sich um kürzlich stark wachsende Märkte, die ihre Nachfrage mit Importen bedienen. Die Länder zählen neben den USA zu den größten Importeuren für Güter der Windindustrie.

Ausreißer 1) Dänemark

Dänemark hatte ein unterdurchschnittliches Exportwachstum zwischen 2002 und 2015, konnte jedoch auf einem sehr hohen Niveau im Jahr 2002 starten und bleibt weiterhin an der Spitze der Exportnationen. Vor dem Hintergrund der Entwicklung anderer Länder, wie beispielsweise Deutschland und Spanien, die ebenfalls zu europäischen Pionieren der Windindustrie gehören, hätten sich die dänischen Exporte noch besser entwickeln können. Dänemark hat eine stark positive Handelsbilanz und dementsprechend mit ca. 105 Mio. US$ sehr geringe Importe zu verzeichnen. Bei der Analyse der dänischen Exporte ist weiterhin eine enge Verbindung mit Deutschland zu beachten. Durch historische Verflechtungen von verschiedenen Unternehmen, beispielsweise Nordex, verschwimmen die nationalen Grenzen. Zudem kam es 2004 zu der Akquisition des dänischen Herstellers durch Siemens. Die „Untrennbarkeit" von dem deutschen Konzern mit Dänemark als Produktions- und Entwicklungsstandort führt sogar dazu, dass Siemens bei der Betrachtung einiger Marktanalysen als dänisches Unternehmen geführt wird (bspw. Silva und Klagge (2013)).

Ausreißer 2) Japan

Japans Exporte sind nur unterdurchschnittlich gewachsen, das Land kann jedoch eine sehr positive Handelsbilanz aufweisen. Japans nationale Energiepolitik setzt nicht auf Windkraft, hat dennoch mit Mitsubishi einen starken nationalen Akteur der Windindustrie. Die stärke Japans in der Handelsstatistik wird durch die starke Unternehmensbasis im Maschinenbau begründet.

4.3 Exportstrukturen der Windindustrie

Folgend werden zwei Zeitpunkte für die Analyse der Exportstrukturen gegenübergestellt – 2002 als erster valide erfassbarer und 2015 und aktuellster valider erfassbarer Zeitpunkt.

Zeitpunkt 1: 2002 Das weltweite Exportvolumen von Produkten der Windindustrie betrug ungefähr 3,7 Mrd. US$.

Das mit Abstand führende Land in der Exportstatistik war Dänemark mit einem Exportanteil von 28,1%, was ca. 1 Mrd. US$ entspricht. Auf Rang zwei wurde die USA mit einem Anteil von 9,5% gelistet, knapp gefolgt von Deutschland mit 9,0% und Japan mit 8,4%. Weitere Länder mit einem signifikanten Anteil an den weltweiten Exporten für Güter der Windindustrie waren Frankreich, Großbritannien, Italien und China.

Zeitpunkt 2: 2015 Das weltweite Exportvolumen betrug ca. 18,9 Mrd. US$, was einem durchschnittlichem jährlichen Wachstum (seit 2002) von ungefähr 13,2% entspricht.

Dänemark hat die Rolle als alleiniger Spitzenreiter in der Exportstatistik fast verloren und liegt mit 19,0% knapp vor Deutschland mit einem Anteil von 18,6% an den weltweiten Exporten. Dänemarks Exporte konnten einen CAGR von 9,8% vorweisen, während Deutschland ein durchschnittliches Wachstum von 19,7% hatte und damit im Gegensatz zu Dänemark deutlich über dem weltweiten Durchschnitt von 13,2% lag. Weiterer Gewinner ist Spanien mit einem Anteil von 10,0% und einem CAGR von 32%. Die USA hatten einen CAGR von 13,5% zwischen 2002 und 2015 und lagen mit einem Anteil von 9,8% auf dem vierten Rang vor China mit einem Anteil von 8,5% und einem CAGR von 22,8%. Weitere Länder mit einem signifikanten Anteil an den weltweiten Exporten, jedoch mit einem unterdurchschnittlichen Wachstum sind Japan, Frankreich und Italien. Indien konnte sich einen Anteil von 2,2% an den Exporten sichern, im Jahr 2002 war das Land in der Windindustrie statistisch noch nicht vertreten und weist damit eine bemerkenswerte Entwicklung auf.

Die Struktur der Ergebnisse wird in folgender Abbildung graphisch verdeutlicht und gegenübergestellt.

Abb. 4-1: Strukturveränderung der Exporte der Windkraftindustrie zwischen 2002 und 2015

Wichtigste Exportländer innerhalb der Windkraftindustrie 2002 – Gesamtwert 3,7 Mrd. US$

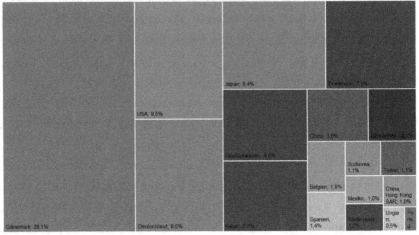

Wichtigste Länder innerhalb der Windkraftindustrie 2015 – Gesamtwert 18,9 Mrd. US$

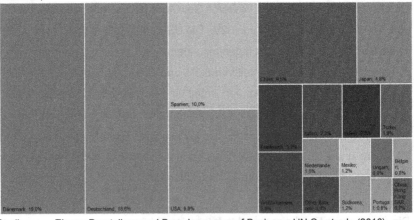

Quelle: Eigene Darstellung und Berechnungen auf Basis von UN Comtrade (2016)

Es lässt sich aus der Analyse der Exportdaten zusammenfassend festhalten:

Es haben sich deutliche Strukturveränderungen in den Handelsdaten der Windindustrie ergeben.

Dänemark bleibt weiterhin führende Nation in der Exportstatistik, hat jedoch stark am weltweiten Anteil eingebüßt.

Deutschland konnte den Rückstand zu Dänemark aufholen und bildet nun eine Doppelspitze hinsichtlich des weltweiten Exports von Gütern der Windindustrie.

Spanien und China gehören zu den Ländern mit dem größten jährlichen Wachstum und damit zu den Gewinnern zwischen 2002 und 2015. Beide Länder konnten in der Rangliste der größten Exporteure einige Plätze gutmachen.

Die USA stagnieren hinsichtlich des Anteils an den Exporten und verlieren den Anschluss an die Spitze.

Japan, Frankreich und Großbritannien gehören zwischen 2002 und 2015 zu den Verlierern. Sie haben den Anteil am weltweiten Handel deutlich verringert und sind unterdurchschnittlich gewachsen.

4.4 Exportziele der wichtigsten Exportländer

Im folgenden Abschnitt werden die Exportziele ausgewählter Länder für das Jahr 2015 untersucht. Untersuchungsgegenstand sind die Top 5 Exporteure des Jahres 2015, also Deutschland, Spanien, USA, China und Dänemark.

Deutschland

Die Tabelle zeigt die Exportziele der deutschen Windkraftindustrie für die Jahre 2010 und 2015. Im Vergleich zu 2010 konnte Deutschland sein Exportportfolio etwas breiter streuen: So haben die Top 5 Exportdestinationen 2010 noch 55% der gesamten Exporte der Windkraftindustrie ausgemacht, 2015 waren es nur noch 45%. Besonders der Anteil Frankreichs wurde von 19% auf 13% reduziert während die absoluten Exporte gestiegen sind. Kanadas Anteil wurde von 12% auf 7% reduziert, die absoluten Exporte wurden dabei nur leicht gesteigert. Österreich kann einen signifikanten Aufstieg aufweisen, so war das Nachbarland 2010 noch auf dem 16. Platz gelistet, 2016 hingegen auf Rang 4. Ebenfalls neu in den Top 5 der deutschen Exportdestinationen war die Türkei mit einem Handelsvolumen von ca. 280 Mio. US$. China, als weltgrößter Markt für Windkraftanlagen, ist in dem Ranking von dem 14. auf den 17. Rang gefallen, der relative Anteil stagniert bei ca. 2%.

Tab. 4-4: Exportziele der deutschen Windkraftindustrie in den Jahren 2010 und 2015

Rang	Top Exportziele 2010	Export (Mio. US$)	Anteil	Rang	Top Exportziele 2015	Export (Mio. US$)	Anteil
1	Frankreich	401,8	19%	1	Frankreich	453,7	13%
2	Kanada	240,9	12%	2	Großbritannien	352,4	10%
3	Italien	192,7	9%	3	Türkei	281,4	8%
4	Großbritannien	170,1	8%	4	Österreich	265,2	8%
5	Türkei	128,2	6%	5	Kanada	244,4	7%
6	Spanien	109,3	5%	6	Polen	212,7	6%
7	USA	74,8	4%	7	Niederlande	208,6	6%
8	Brasilien	61,1	3%	8	USA	168,7	5%
9	Niederlande	53,9	3%	9	Uruguay	133,4	4%
10	Polen	53,1	3%	10	Litauen	129,9	4%
11	Schweden	47,3	2%	11	Finnland	109,4	3%
12	Schweiz	45,7	2%	12	Irland	98,2	3%
13	Rumänien	44,2	2%	13	Pakistan	78,7	2%
14	China	38,8	2%	14	Südafrika	78,5	2%
15	Norwegen	38,2	2%	15	Italien	77,3	2%
16	Österreich	37,0	2%	16	Belgien	71,9	2%
17	Asien, andere	35,5	2%	17	China	54,2	2%
18	Irland	34,9	2%	18	Japan	40,0	1%
19	Japan	30,1	1%	19	Schweiz	39,6	1%
20	Belgien	29,1	1%	20	Schweden	38,0	1%
21	Tschechien	28,2	1%	21	Spanien	27,6	1%
	Rest der Welt	183,2	9%		Rest der Welt	352,6	10%
	Welt	2.078,1	100%		Welt	3.516,5	100%

Quelle: Eigene Berechnungen auf Basis von UN Comtrade (2016)

Im Jahr 2015 lagen 14 der Top 21 Länder in Europa, zwei in Nordamerika (USA und Kanada), eins in Südamerika, drei in Asien und eines in Afrika.

Die deutsche Windindustrie exportierte 2015 zum großen Teil in europäische Länder, oder aber in Länder mit einer bereits bestehenden Windindustrie. Unter den Top 21 Ländern war lediglich Pakistan ein Exportziel, in dem sich die Windenergie in einem infantilen Stadium befindet.

Spanien

Die spanischen Exporte haben sich zwischen 2010 und 2015 von ca. 2.230 Mio. US$ auf ca. 3.600 Mio. US$ gesteigert, was einem CAGR von 10% entspricht. Die Top 5 Exportdestinationen machten 2010 einen Anteil von 57% aus, 2015 wurde dieser Anteil auf 51% verringert und weist damit Ähnlichkeiten zu dem deutschen Exportportfolio auf. Die Bedeutung der einzelnen Länder hat sich für die spanische Windkraftindustrie zwischen 2010 und 2015 deutlich verschoben, so war Italien 2010 noch mit 24% wichtigster Exportpartner. Dahinter folgten mit deutlichem Abstand Großbritannien (12%) und Frankreich (8%).

2015 hatte Polen den größten Anteil der Exporte mit 16%, gefolgt noch Mexiko (12%) und Frankreich (10%). In die USA wurden Güter im Wert von ca. 145 Mio. US$ exportiert, was ca. 8% entspricht. Italien, Deutschland, Dänemark und Großbritannien hatte jeweils ein Anteil an den spanischen Exporten von ca. 5%. Die Top 10 werden komplettiert von Griechenland und Uruguay. In den Top 21 Exportzielen sind darüber hinaus Länder wie Jordanien, Lybien, Chile und Jamaika vertreten.

Tab. 4-5: Exportziele der spanischen Windkraftindustrie in den Jahren 2010 und 2015

Rang	Top Exportziele 2010	Export (Mio. US$)	Anteil	Rang	Top Exportziele 2015	Export (Mio. US$)	Anteil
1	Italien	273,6	24%	1	Polen	302,9	16%
2	Großbritannien	137,7	12%	2	Mexiko	236,8	12%
3	Frankreich	94,7	8%	3	Frankreich	186,6	10%
4	Rumänien	82,4	7%	4	USA	144,7	8%
5	Ungarn	79,6	7%	5	Italien	98,9	5%
6	Mexiko	64,6	6%	6	Deutschland	97,5	5%
7	Polen	55,7	5%	7	Dänemark	86,0	5%
8	Griechenland	47,3	4%	8	Großbritannien	86,0	5%
9	Deutschland	40,3	3%	9	Griechenland	83,0	4%
10	Türkei	39,9	3%	10	Uruguay	62,5	3%
11	Venezuela	37,5	3%	11	Südafrika	52,6	3%
12	China	32,1	3%	12	Belgien	44,5	2%
13	Australien	19,4	2%	13	Jordanien	42,5	2%
14	USA	16,6	1%	14	Türkei	40,3	2%
15	Bulgarien	15,4	1%	15	Schweden	39,7	2%
16	Irland	15,1	1%	16	Lybien	32,2	2%
17	Chile	12,6	1%	17	Brasilien	31,3	2%
18	Brasilien	12,5	1%	18	Japan	29,6	2%
19	Jamaika	11,5	1%	19	Chile	23,1	1%
20	Tunesien	11,3	1%	20	Jamaika	19,5	1%
21	Portugal	10,9	1%	21	Kroatien	17,7	1%
	Rest der Welt	52,1	4%		Rest der Welt	141,7	7%
	Welt	1.162,9	100%		Welt	1.899,6	100%

Quelle: Eigene Berechnungen auf Basis von UN Comtrade (2016)

Vier der Top 21 Exportziele der spanischen Exportindustrie liegen in Südamerika, darunter der Wachstumsmarkt Brasilien mit einem Exportwert von ca. 31 Mio. US$. Elf der Top 21 Länder liegen in Europa. Auffällig bei den spanischen Exportzielen ist ein relativ hoher Anteil südamerikanischer Länder. Die Industrie profitiert von einer kulturellen und sprachlichen Nähe zu den wachsenden Zielmärkten in Südamerika.

Die installierte Kapazität in Spanien lag Ende 2015 bei ca. 23 988 MW und war damit der weltweit fünftgrößte Markt für Windenergie. Die produzierte Energie von 47,70 TWh kann ca. 19,4% der nationalen Energienachfrage bedienen. Der Vormarsch der Windenergie in dem südeuropäischen Land wurde zuletzt verlangsamt, 2015 wurden keine neuen Turbinen installiert – das erste Mal seit den Anfängen der Windenergie in Spanien seit den 1980ern. Der Fördermechanismus wurde 2012 von einem Einspeisetarif auf ein Auktionsschema umgestellt, für 2015 sind Auktionen für 500 MW vorgesehen.

Der dominierende Akteur in Spanien ist Gamesa mit einem Marktanteil von ca. 52%, gefolgt von Vestas mit 18% und Alstom mit ca. 7,6%. Neben Gamesa ist ein weiterer spanischer Akteur aktiv: Acciona hat einen Markanteil von ca. 7,5% auf dem Heimatmarkt. Im Jahr 2016 fusionierte Acciona mit Nordex, Gamesa wurde von Siemens übernommen. Darüber hinaus hatte Gamesa in 2014 ein Joint Venture mit Areva gegründet (Adwen), hauptsächlich für die Entwicklung von Offshoreanlagen. Vor dem Hintergrund des stagnierenden Heimatmarktes sind spanische Unternehmen in der Windindustrie wie noch nie auf das Exportgeschäft und die Erschließung internationaler Märkte angewiesen.

Quelle: IEA (2016b)

USA

Die Exporte der USA lagen 2010 bei ca. 1.400 Mio. US$ und haben sich bis 2015 auf ca. 1.700 Mio. US$ gesteigert, was einem CAGR von ca. 4% entspricht. Wichtiger Handelspartner im Jahr 2010 war vor allem Kanada, welcher einen Anteil von 33% ausmachte. Mit großem Abstand folgten Mexiko, China und Deutschland. Die Top 5 Länder haben 2010 einen Anteil von ca. 60% ausgemacht, 2015 lag dieser Anteil bei ca. 49%. Die Exporte wurde somit breiter gestreut und das Portfolio diversifiziert. Kanada hat 2015 stark an Bedeutung verloren und lag mit 11% an zweiter Stelle hinter Deutschland.

Deutschland war das größte Exportziel mit ca. 210 Mio. US$, gefolgt von Kanada (11,4%) und Japan (8,6%). China liegt auf Platz 4 knapp vor Italien. In den Top 10 Exportzielen sind darüber hinaus Länder wie die Arabischen Emirate und Südkorea. Weitere Länder in den Top 21 sind beispielsweise Malaysia, Uruguay, Südafrika und Indien.

Tab. 4-6:   Exportziele der amerikanischen Windkraftindustrie in den Jahren 2010 und 2015

Rang	Top Exportziele 2010	Export (Mio. US$)	Anteil	Rang	Top Exportziele 2015	Export (Mio. US$)	Anteil
1	Kanada	476,5	33%	1	Deutschland	209,9	12%
2	Mexiko	117,7	8%	2	Kanada	195,1	11%
3	China	101,5	7%	3	Japan	147,3	9%
4	Deutschland	81,0	6%	4	China	140,8	8%
5	Japan	80,9	6%	5	Italien	138,0	8%
6	Großbritannien	68,9	5%	6	Niederlande	127,7	7%
7	Frankreich	63,6	4%	7	Mexiko	122,7	7%
8	Italien	56,6	4%	8	Großbritannien	86,8	5%
9	Singapur	31,2	2%	9	Arabische Emirate	59,9	4%
10	Spanien	27,8	2%	10	Südkorea	48,2	3%
11	Südkorea	27,1	2%	11	Frankreich	43,5	3%
12	Australien	25,0	2%	12	Singapore	41,0	2%
13	Belgien	21,6	2%	13	Australien	35,6	2%
14	Niederlande	18,3	1%	14	Asien, andere	28,0	2%
15	Brasilien	18,1	1%	15	Malaysia	21,3	1%
16	Arabische Emir.	17,8	1%	16	Belgien	20,7	1%
17	Südafrika	16,5	1%	17	Israel	19,2	1%
18	Hong Kong	14,4	1%	18	Uruguay	18,2	1%
19	Österreich	12,0	1%	19	Südafrika	18,0	1%
20	Malaysia	11,2	1%	20	Österreich	16,3	1%
21	Asien, andere	11,1	1%	21	Indien	15,8	1%
	Rest der Welt	125,5	9%		Rest der Welt	156,8	9%
	Welt	1.424,2	100%		Welt	1.710,9	100%

Quelle: Eigene Berechnungen auf Basis von UN Comtrade (2016)

Auffällig bei den amerikanischen Exporten war im Jahr 2015 der relativ hohe Anteil nach China. Andere asiatische Länder waren nur vereinzelt vertreten, Indien war bemerkenswerterweise in der Exportstatistik vertreten. Kanada ist typischerweise ein bevorzugter Handelspartner der amerikanischen Industrie, ebenso wie Mexiko. Deutschland als Nummer 1 Zielland ist auch durch die enge Verknüpfung zwischen den beiden Ländern durch das Unternehmen General

Electric zu erklären, das große Standorte sowohl in Deutschland als auch in den USA hat.

China

Die Tabelle zeigt die Exportziele der chinesischen Windindustrie für die Jahre 2010 und 2015. Das gesamte Exportvolumen ist von 755 Mio. US$ auf ca. 1,6 Mrd. US$ gestiegen. 2010 machten die Top 5 einen Anteil von 36% aus, 2015 ist dieser Wert auf 29% gesunken. Im Vergleich mit den anderen Top Exporteuren wie Deutschland, Dänemark oder den USA hatte die chinesische Industrie ein sehr diversifiziertes Portfolio und die Top 5 hatte in beiden Zeiträumen eine sehr geringe Bedeutung. Die USA ist eine der wichtigsten Handelsdestinationen, 2010 betrug der Anteil 13% was den ersten Rang bedeutete, 2015 ist dieser Anteil auf 6% gesunken, was dennoch den zweiten Rang zur Folge hat. Bereits 2010 hatte die chinesische Windkraftindustrie „exotische" Exportziele wie Nigeria, Pakistan, Kambodscha, Aserbaidschan oder Myanmar. Dieser Trend setzt sich 2015 weiter fort.

Der größte Anteil der Exporte der chinesischen Windindustrie hatte das Ziel Pakistan, mit einem Handelswert von ca. 158 Mio. US$. Dies entspricht ca. 10% der chinesischen Exporte. Gefolgt wird Pakistan von den USA mit ca. 100 Mio. US$ (6%) und Algerien mit 88 Mio. US$ (5%). Die Top 5 Exportziele komplettieren Myanmar (60 Mio. US$; 4%) und Äthiopien (59 Mio. US$, 4%). Die Next 5 Exportländer chinesischer Produkte der Windindustrie sind Thailand, Türkei, Südkorea, Japan und Saudi Arabien. Weitere Zielländer sind überwiegend in Afrika, Südamerika und Asien angesiedelt. Insgesamt sind die einzigen europäischen Zielländer Deutschland (Rang 13) und Großbritannien (Rang 21).

Tab. 4-7:   Exportziele der chinesischen Windkraftindustrie in den Jahren 2010 und 2015

Rang	Top Exportziele 2010	Export (Mio. US$)	Anteil	Rang	Top Exportziele 2015	Export (Mio. US$)	Anteil
1	USA	97,3	13%	1	Pakistan	157,6	10%
2	Hong Kong	52,1	7%	2	USA	100,7	6%
3	Südkorea	46,0	6%	3	Algerien	88,2	5%
4	Australien	37,7	5%	4	Myanmar	59,8	4%
5	Nigeria	35,6	5%	5	Äthiopien	59,1	4%
6	Japan	32,1	4%	6	Thailand	56,7	4%
7	Indien	27,2	4%	7	Türkei	54,3	3%
8	Niederlande	27,1	4%	8	Südkorea	51,7	3%
9	Brasilien	19,8	3%	9	Japan	50,8	3%
10	Pakistan	19,1	3%	10	Saudi Arabien	50,2	3%
11	Indonesien	18,0	2%	11	Chile	49,4	3%
12	Kambodscha	17,8	2%	12	Philippinen	37,4	2%
13	Italien	15,8	2%	13	Deutschland	36,8	2%
14	Thailand	14,5	2%	14	Angola	33,5	2%
15	Russland	13,1	2%	15	Indien	33,1	2%
16	Azerbaijan	12,0	2%	16	Nigeria	31,6	2%
17	Vietnam	11,8	2%	17	Ecuador	30,3	2%
18	Deutschland	11,7	2%	18	Russland	29,5	2%
19	Zypern	11,0	1%	19	Malaysia	29,2	2%
20	Saudi Arabien	10,6	1%	20	China, Macao SAR	28,0	2%
21	Myanmar	10,3	1%	21	Großbritannien	27,2	2%
	Rest der Welt	214,9	28%		Rest der Welt	521,9	32%
	Welt	755,4	100%		Welt	1.616,9	100%

Quelle: Eigene Berechnungen auf Basis von UN Comtrade (2016)

Die Exportbemühungen sind das Resultat der sogenannten „Outlook" Strategie, der sich vor allem die führenden Anlagenhersteller Goldwind, Sinovel und Dongfang angeschlossen haben (Zhao et al. 2013). Auffällig bei der Analyse der Zielländer ist, dass bis auf wenige Ausnahmen hauptsächlich in „Peripherieländer" der Windindustrie exportiert wird. Vier der Top 21 Länder gehören zu Afrika, neun weitere zu Asien, 3 zu Europa. Bei der Auswertung der anderen Exportnationen wird deutlicher, dass die chinesische Windindustrie konträr zu den anderen Nationen agiert und so unbearbeitete Märkte erschließt.

Bemerkenswert bei dem Exportportfolio der chinesischen Industrie ist insbesondere die eine breite Verteilung auf viele Länder. Während die Top 21 bei den chinesischen Exporten 68% ausmachen, sind es bei Deutschland 90%, Spanien

93%, Dänemark 100% und den USA 91%. Die chinesische Exportstrategie fokussiert sich nicht nur auf ansonsten weniger erschlossene Märkte, sondern erschließt gleichzeitig eine sehr hohe Anzahl verschiedener Länder.

Dänemark

Die dänische Windkraftindustrie exportierte im Jahr 2010 Güter im Wert von ca. 2.200 Mio. US$, im Jahr 2015 waren es ca. 3.600 Mio. US$. Die Top 5 Exportdestinationen hatten 2010 einen Anteil von 82%, 2015 steigerte sich dieser Anteil auf ca. 87%. Die Exporte der dänischen Windkraftindustrie sind damit sehr stark auf wenige Länder konzentriert. 2010 waren die Länder mit dem größten Anteil Großbritannien, USA, Kanada, Schweden und Deutschland. Insbesondere der Anteil der Exporte nach Deutschland hat sich im Jahr 2015 extrem gesteigert und lag bei ca. 68%, was einem Wert von ca. 2.450 Mio. US$ entspricht. Da die Werte der Exporte nach Deutschland für das Jahr 2015 extrem hoch sind wurden ebenfalls die Daten für 2014 abgerufen und analysiert – die Ergebnisse bestätigen die hohe Bedeutung Deutschlands als Exportdestination dänischer Güter der Windkraftindustrie. Die internationale Bedeutung dänischer Exporte wird durch den hohen Anteil nach Deutschland relativiert. Ein großer Teil der Exporte sind Vorlieferverflechtungen zwischen Anbietern aus Dänemark und Deutschland.

Tab. 4-8:   Exportziele der dänischen Windindustrie in den Jahren 2010 und 2015

Rang	Exportziele 2010	Export (Mio. US$)	Anteil	Rang	Exportziele 2015	Export (Mio. US$)	Anteil
1	Großbritannien	527,8	24%	1	Deutschland	2.449,1	68%
2	USA	498,0	22%	2	Großbritannien	222,6	6%
3	Kanada	402,1	18%	3	Niederlande	197,7	6%
4	Schweden	237,6	11%	4	USA	152,9	4%
5	Deutschland	161,9	7%	5	Finnland	89,9	3%
6	Mexiko	59,0	3%	6	Schweden	83,1	2%
7	Niederlande	54,7	2%	7	Südafrika	70,9	2%
8	Spanien	52,7	2%	8	Polen	69,9	2%
9	Frankreich	36,7	2%	9	Spanien	39,6	1%
10	Neuseeland	32,2	1%	10	Kanada	38,3	1%
11	Polen	22,4	1%	11	Mexiko	32,8	1%
12	Finnalnd	22,1	1%	12	Uruguay	28,5	1%
13	Australien	21,4	1%	13	Türkei	26,3	1%
14	Türkei	20,2	1%	14	Japan	24,3	1%
15	Rumänien	17,4	1%	15	Italien	13,7	0%
16	Irland	12,7	1%	16	Österreich	13,6	0%
17	Italien	12,4	1%	17	Frankreich	11,5	0%
18	Belgien	12,0	1%	18	Belgien	9,3	0%
19	China	6,7	0%	19	Norwegen	7,2	0%
20	Griechenland	4,5	0%	20	Australien	5,9	0%
21	Norwegen	4,2	0%	21	Serbien	2,2	0%
	Rest of World	10,3	0%		Rest der Welt	5,3	0%
	World	2.229,0	100%		Welt	3.594,4	100%

Quelle: Eigene Berechnungen auf Basis von UN Comtrade (2016)

Bis auf Japan exportierte die dänische Windindustrie 2015 in kein asiatisches Land, Uruguay und Mexiko sind die einzigen südamerikanischen Exportziele. Im Gegensatz zu Chinas Windindustrie exportiert Dänemark keine Waren nach Afrika.

4.5 Zusammenfassung der Ergebnisse

Es wurde durch die Technologieanalyse gezeigt, dass unter gewissen Voraus-setzungen Strukturveränderungen begünstigt werden. Diese Voraussetzungen lagen für die Windindustrie vor, so dass eine entsprechende Verschiebung der Wettbewerbskonstellation zu vermuten ist. Dieses Kapitel hat sich mit den Wett-bewerbspostionen der führenden Länder auf Basis von Marktdaten (installierte

Kapazität) und Handelsvolumina beschäftigt. Es kann festgehalten werden, dass eine präzise Unterscheidung hinsichtlich der Strukturverschiebungen notwendig ist. In puncto reiner Marktgröße, also der installierten Kapazität, ist die Analyse sehr eindeutig und lässt wenig Interpretationsspielraum. Die größten Märkte für Windkraft sind aktuell China und die USA, lange Zeit haben Deutschland, Dänemark und Spanien dominiert.

Die Analyse der Exportdaten hat ebenfalls gezeigt, dass es deutliche Strukturveränderungen gab. Dänemark bleibt weiterhin führende Nation in der Exportstatistik, hat jedoch im Untersuchungszeitraum zwischen 2002 und 2015 am weltweiten Anteil eingebüßt. Hinzu kommt, dass ein Großteil der Exporte nach Deutschland geht. Die engen Verflechtungen zwischen Dänemark und Deutschland müssen bei der Interpretation der dänischen Position berücksichtigt werden. Deutschland hingegen konnte zu Dänemark aufholen und bildet eine weltweite Doppelspitze hinsichtlich der Exporte von Gütern der Windindustrie. Dies ist auch auf eine ausgeprägte Wertschöpfungskette innerhalb Deutschlands zurückzuführen, wie die Analyse des technologischen Innovationssystems gezeigt hat.

Spanien und China gehören in dem Untersuchungszeitraum zwischen 2002 und 2015 zu den eindeutigen Gewinnern der Strukturveränderung. Die USA hingegen stagnieren und verlieren Anschluss an die weltweite Spitze. Zudem sind die USA von Importen abhängig, was sich negativ auf die Handelsbilanz ausschlägt.

Japan, Frankreich und Großbritannien gehören zwischen 2002 und 2015 zu den Verlierern und müssen Einbußen hinsichtlich des Anteils an den Exporten hinnehmen.

In der Struktur der Handelsdaten konnten insgesamt vier Kategorien identifiziert werden. Kategorie 1 (Deutschland, China, Spanien) umfasst Länder mit überdurchschnittlichem Exportwachstum und deutlich positiver Handelsbilanz. Kategorie 2 (USA, Indien, Portugal) hat ebenfalls ein überdurchschnittliches Exportwachstum, aber eine knapp positive Handelsbilanz. Länder der Kategorie 2 haben entsprechend hohe Importe. Kategorie 3 (Niederlande, Mexiko, Polen) hat ebenfalls ein überdurchschnittliches Exportwachstum aber eine negative Handelsbilanz. Kategorie 4 (Italien, Großbritannien, Brasilien) umfasst Länder mit einem unterdurchschnittlichen Exportwachstum, die zudem eine negative Handelsbilanz haben. Ausreißer in der Analyse waren Dänemark und Japan (beide unterdurchschnittliches Exportwachstum, sehr positive Handelsbilanz).

Bemerkenswert sind zudem die unterschiedlichen Exportstrategien. Pionierländer wie Deutschland, Dänemark und die USA exportieren vorwiegend in etablierte Märkte wie Europa und Nordamerika. Spanien hat zudem eine Vormachtstellung bei den Exporten nach Südamerika.

China hingegen verfolgt eine Exportstrategie, die konträr zu den anderen führenden Ländern steht. Die chinesische Windindustrie exportiert gezielt in Peripherieländer, zum Teil nach Afrika. Weitere Exportländer sind vorwiegend asiatisch, die großen Märkte in Europa werden weniger bedient. Weiter hat die chinesische Windindustrie ein sehr breit gestreutes Portfolio, anders als Deutschland, Dänemark oder Spanien, die sich auf wenige Exportdestinationen konzentrieren.

5 Industrieentwicklung und Diffusion

In den bisherigen Analysen wurde auf die Technologie und Marktposition füh-render Länder eingegangen. Es wurde ebenfalls gezeigt, dass unter dem Tech-nologieregime der Ausprägung Schumpeter Mark 1 Strukturveränderungen e-her möglich sind als bei der Ausprägung Schumpeter Mark 2. Darüber hinaus wurden Änderungen in der internationalen Wettbewerbskonstellation gezeigt, auch wenn es „nur" zu Positionsverschiebungen innerhalb der Top 4 Länder gekommen ist. Das vorliegende Kapitel soll auf die Diffusion der Innovation für die Erzeugung von Windenergie im Detail eingehen und qualitativ aufzeigen. Im Zentrum steht hier die Anwendung des technologischen Innovationssystems, wie in Kapitel 2 vorgestellt wurde. Um die Analyse zu strukturieren, leitet die folgende Kernfrage das Vorgehen.

Wie haben sich in den Ländern Innovationen verbreitet, Industrien gebildet und in welcher Phase der Entwicklung stehen sie?

Die folgenden Unterfragen dienen der weiteren Strukturierung.

In welche Phasen der Entwicklung können die Länder eingeteilt werden?
Wie hat sich die Innovation in dem Land verbreitet und wie hat sich eine Industrie entwickelt?
Welche Funktionen des Innovationssystems waren für die Verbreitung entscheidend?

Die Analysen beschränken sich auf die vier dominierenden Länder der Windin-dustrie Dänemark, Deutschland, USA und China. Brasilien wurde als weiteres

© Springer Fachmedien Wiesbaden GmbH, ein Teil von Springer Nature 2018
M. Klein, *Innovationsstrategien und internationale Wettbewerbsfähigkeit im Bereich der Windenergie*, https://doi.org/10.1007/978-3-658-22288-8_5

Fallbeispiel hinzugenommen, um die Diffusion in einem aufstrebenden Entwick-
lungsland und gleichzeitig einem der größten weltweiten Märkte für Windkraft
aufzuzeigen.

5.1 Das technologische Innovationssystem für Windkraft von Dänemark

5.1.1 Formative Phase (1970er bis 1980)

Die Ölkrise der 1970er war in Dänemark Auslöser für eine gesellschaftliche Debatte bezüglich der Zukunft der nationalen Energieversorgung. Aufgrund hoher
Importabhängigkeiten von Öl und einem sich vervielfachendem Preis wurde
nach einer Alternative gesucht. Die Vereinigung dänischer Stromversorger
(Danske Elvarkers Forening, DEF) sah Atomstrom als beste Option und verkün-
dete die massive Expansion von Nuklearenergie. In der Bevölkerung führte dies
jedoch zu starken Protesten und das dänische Parlament stoppte die Pläne für
einen Ausbau von Atomkraftwerken. Als Antwort auf ein wachsendes Umweltbewusstsein hatte die dänische sozialdemokratische Regierung 1971 ein Ministerium für Umwelt eingerichtet. Gleichzeitig gewann Wind als Form der Stromerzeugung in der Gesellschaft große Beliebtheit (Neukirch 2010). Bereits während des Zweiten Weltkriegs wurden über hundert kleinere Windkraftanlagen in
ländlichen Regionen installiert (Lauritsen et al. 1996). Mit der Ölkrise von 1973
besann vor allem die ländliche Bevölkerung auf die „alte Technologie" zurück
und reaktivierte die alten Anlagen (Righter 1996). Eine starke **Legitimität** für
Windkraft (und gegen Atomkraft) in der Gesellschaft, besonders unter „Grünen
Aktivisten", startete ausgeprägtes **unternehmerisches Experimentieren**.

Die Unternehmer setzten sich aus Geschäftsleuten (auf der Suche nach Profi-
ten) und Aktivisten (auf der Suche nach einer Energielösung ohne Atomstrom
und Umweltverschmutzung) zusammen. Darunter waren Handwerker aller
Richtungen, sowie Lehrer und Ingenieure. Mit vielen iterativen Experimenten
und „Learning-by-Doing" wurde eine Vielzahl von Arbeitsgruppen im ganzen

Land gegründet, mit dem Ziel eine kleine (4 bis 30 kW), funktionierende Windkraftanlage zu bauen[33]. Dabei wurden viele verschiedene technische Designs
getestet. Ab 1976 organisierte die „Organisation für erneuerbare Energien"
(OVE) mehrere Windtreffen pro Jahr, in der die wesentlichen Erkenntnisse der
Pioniere ausgetauscht wurden. In diesen formellen und informellen Netzwerken
konnten Erfahrungswerte ausgetauscht werden und es kam so zu Wissensspill-
overn. Großen Einfluss auf die Wissensentwicklung nahmen die Erkenntnisse
des dänischen Windkraftpioniers Johannes Juul[34].

Juul, ein wahrer Visionär und seiner Zeit lange voraus, stellte bereits 1954 fest:

> „So far, windenergy ha(s) been neglected, but windpower plants will un-
> doubtedly be able to satisfy a large part of the demand if modern tech-
> niques and science are brought to bear on the problem." (Lauritsen et al.
> 1996, S. 25)

Aus der frühen dänischen Bewegung stechen vor allem zwei Projekte hervor.
1975 konnte der gelernte Tischler Christian Riisager eine eigenständig gefertigte Windkraftanlage an das Stromnetz anschließen. Er orientierte sich stark an
die Gedser-Windmühle von Juul und verwendete Rotorblätter aus Holz. Riisager erhielt keine staatliche Unterstützung bei seinem Projekt, produzierte trotz
allem schlussendlich ungefähr 50 Windkraftanlagen. Ein weiteres wichtiges Projekt entstand in der Volkshochschule[35] Tvind, ebenfalls unabhängig jeglicher

---

[33] Ein Beispiel für eine solche Arbeitsgruppe war NOAH, eine Initiative für ein alternatives
Lebensmodell. Der Erfinder Erik Grove-Nielsen experimentierte mit ersten Rotorblättern
aus Fiberglass. Neben Windkraft wurde auch mit Solarenergie experimentiert (Grove-Nielsen 2016).

[34] Juul (1887-1969) war ein Schüler erster Stunde des dänischen Erfinders Poul la Cour
(1846-1908). Nach einem Arbeitsleben bei dänischen und deutschen Energieversorgungsunternehmen startete er mit 60 Jahren Forschung und Entwicklung zu Windkraftanlagen. Seine wichtigste Entwicklung war die 1956 errichtete „Gedser Windmühle", einer
Anlage mit 200 kW Kapazität, 24 Meter Rotordurchmesser und 25 Meter Turm. Juul setzte
bereits früh auf robuste und zuverlässige technische Lösungen, und so war die Gedser
Windmühle bis 1967 aktiv (Heymann 1998).

[35] Die dänischen „Folkehøjskole" (dt. Volkshochschule) teilen nur den Namen mit der deutschen Version der Volkshochschule. Die Dänen sind die Gründer des Konzepts und es
richtet sich insbesondere an Erwachsene, die eine Auszeit von der Karriere suchen.

staatlicher finanzieller Unterstützung. Die Windkraftanlage von Tvind wurde zwischen 1975 und 1978 entwickelt und errichtet und war zu der Zeit die weltweit größte Anlage. Zudem wurden hier die Grundlagen für Rotorblätter aus Faserstoffen gelegt. Ende der 1970er Jahre hatten ca. 12 Unternehmen den Markt für Windkraftanlagen begründet und so Einfluss auf die Funktionen **Marktentstehung** und **unternehmerisches Experimentieren** genommen. Die Produktion war eher eine Manufaktur mit kleinen Stückzahlen, zwischen 1976 und 1979 wurden ungefähr 150 kleine Turbinen mit einem Rotordurchmesser zwischen 4 und 8 Meter produziert. Die Lebensdauer der Unternehmen war oft kurz und nur wenige konnten sich lange am Markt etablieren (Karnøe 1990).

Neben Unternehmensgründen wurde in der Phase der Marktgestaltung ebenfalls der institutionelle Rahmen in Dänemark gelegt. 1973 wurden erste öffentliche Gelder für die Technologieentwicklung bereitgestellt. Neben finanziellen Ressourcen wurden ebenfalls Informationen bezüglich Anträge, Projekte und Ähnliches von der Regierung verbreitet. Ab 1975 startete das offizielle dänische Energieprogramm, geleitet von der dänischen Akademie für technische Wissenschaft (Akademiet for de Tekniske Videnskaber ATV). 1978 wurde der Verband der dänischen Windkraftanlagenbesitzer gegründet, es folgte kurz darauf 1978/1979 die Gründung des Verbands für dänische Windkraftanlagenhersteller. Als Teil des Energieforschungsprogramms wurde 1978 das Forschungszentrum für Windkraft in Risø gegründet. 1978 erklärten sich die Versorgungsunternehmen bereit[36] Strom von Windkraftanlagen abzunehmen und zu vergüten. 1979 wurde ein Ministerium für Energie gegründet (Karnøe 1990).

Als Bestandteil des Energieprogramms der dänischen Regierung wurden zwischen 1975 und 1980 insgesamt ungefähr 18 Mio. US$ in RD&D investiert, ein vergleichsweise verschwindend geringer Betrag verglichen mit den Ausgaben von Deutschland (ca. 80 Mio. US$) und den USA (ca. 460 Mio. US$) im selben Zeitraum (IEA 2016a).

---

[36] Richter (1996) formuliert es eher so, dass sie verpflichtet wurden.

Unter anderem wurden die Gelder dafür verwendet, die von Juul installierte Gedser Windmühle zu untersuchen, welches in Kooperation mit dem amerikanischen Department of Energy geschah. Ein weiteres Resultat der öffentlichen Forschung war die Ausgründung des Unternehmens Danish Wind Technology, welche die so genannten „Nibe Turbinen" zwischen 1979 und 1981 produzierte (Karnøe 1990). Die dänische Regierung nahm so **Einfluss auf die Suchrichtung.**

Systemdynamik

Im dänischen TIS in der Phase der Marktgestaltung zwischen 1970 und 1980 wurden alle Funktionen eines Innovationssystems bedient. Auf Basis einer sich rasch entwickelnden **Legitimität** für Windkraft, als Opposition gegen Atomstrom, entstand in der Gesellschaft **unternehmerisches Experimentieren** und es gab eine **Wissensentwicklung**, ebenfalls gefördert von bestehenden Grundlagen von Juul. Durch informelle und formelle Netzwerke innerhalb der gesellschaftlichen Bewegung entwickelten sich **positive externe Effekte**, bestärkt von der Gründung verschiedener Verbände und der Einrichtung von Ministerien. Die neu gegründeten Ministerien nahmen **Einfluss auf die Suchrichtung, mobilisierten Ressourcen** (wenn auch in geringem Maße) und es entstand ein kleiner heimischer Markt (Funktion **Marktentstehung**).

Abb. 5-1:   Das technologische Innovationssystem für Windkraft in Dänemark in der formativen Phase

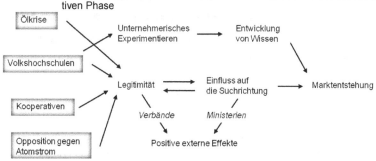

Quelle: Eigene Darstellung

5.1.2 Wachstumsphase (1980 bis 2002)

Ein relativ starkes Wachstum des heimischen Marktes für Windkraft wurde angestoßen von einem offensiven **Einfluss auf die Suchrichtung** durch eine Regulierung der dänischen Regierung in 1979. Durch eine Investmentunterstützung von privaten Eigentümern von Windkraftanlagen in Höhe von 30% stimulierte die Regierung die Nachfrage und erreichte so eine verstärkte **Marktentstehung** (Lauritsen et al. 1996). Der neue Anreiz sollte einen stabilen heimischen Absatzmarkt für die gerade entstandene Industrie schaffen und kann auch als Antwort auf die erneute Ölkrise von 1979 verstanden werden. Gleichzeitig wurde ein „Windatlas" veröffentlicht, der besonders lukrative Standorte auszeichnete und weiter öffentliche Gelder für Forschung und Entwicklung bereit gestellt. Das bereitgestellte Kapital war weiterhin übersichtlich, zwischen 1981 und 1985 waren es lediglich ungefähr 17 Mio. US$. Darüber hinaus wurden 1981 erstmals explizite Ziele für den Ausbau der Windkraft formuliert: Bis zum Jahr 2000 sollten 10.000 Turbinen installiert sein, die 10% der Energienachfrage decken können[37] (Karnøe 1990). In der Folge wuchs der heimische Markt von 3 MW installierte Kapazität auf 47 MW im Jahr 1985, was einem durchschnittlichen jährlichen Wachstum von ungefähr 73% entspricht. Wichtiger Treiber für das Marktwachstum waren Kooperative, die ab 1980 auf dem Markt aktiv waren. Mehrere private Haushalte haben sich zusammengeschlossen und als Kooperative (oder Genossenschaft) gemeinschaftliche Windkraftanlagen erworben und errichtet (Neukirch 2010). In den 1980ern dominieren Genossenschaften als Abnehmer von Anlagen und charakterisieren so die Funktion **Marktentstehung,** doch zeugen auf von einer weiterhin herrschenden **Legitimität** von Windkraft in der Bevölkerung.

---

[37]   Tatsächlich wurde das Ziel nur in Teilen erreicht: im Jahr 2000 waren knapp über 6.000 Turbinen aktiv (also weniger als das Ziel formuliert hatte), die erzeugte Energie deckte jedoch ungefähr 12% der Energienachfrage (Danish Energy Agency 2016a). Offensichtlich wurde die Kapazitätsfähigkeit einer einzelnen Anlage im Jahr 1981 unterschätzt.

Das starke Marktwachstum in Dänemark brachte eine Vielzahl neuer Unternehmen hervor. Die neuen Akteure hatten üblicherweise einen Hintergrund aus den Bereichen Maschinenbau und Metallverarbeitung, ursprünglich jedoch vor allem in Bezug auf Agrarwirtschaft und nicht in Windkraft. Sie waren der Überzeugung die aktuelle „state-of-art" Technologie verbessern zu können und profitierten oftmals von der Übernahme von insolventen Firmen der ersten Stunde oder aber sie stellten ehemaliges Personal von eben diesen Unternehmen an. Es entstanden Unternehmen wie Bonus (gegründet 1979), Vestas (gegründet 1979)[38], Nordtank (1979), Micon (1983) und Windmatic, die noch lange die Windindustrie, nicht nur in Dänemark, prägen sollten. Auch die neuen Unternehmen setzten mehr auf „learning-by-doing" als auf hohe Ingenieurskunst, und so entstanden ein iterativer Innovationsprozess und der wachsende heimische Markt als großes Versuchsfeld (Heymann 1998; Lauritsen et al. 1996). Es entstand ein sehr robustes technologisches Design, welches auch von einer ungewöhnlich hohen Transparenz im Markt gefördert wurde. Monatlich wurden Statistiken zu Mängeln veröffentlicht und so Druck auf die Hersteller erzeugt, die Qualität der Anlagen zu erhöhen. Es waren auch vor allem die „Newcomer", die vom wachsenden Markt in Dänemark profitierten. Die frühen Pioniere um Riisager hatten Probleme mit einer industriellen Fertigung und so waren es Bonus, Vestas, Nordtank und Windmatic, die über 80% Marktanteil bis 1985 hatten (Karnøe 1990).

Im gleichen Zeitraum (1980 bis ca. 1985/86) wuchs nicht nur der dänische Markt für Windkraft – der amerikanische Markt (insbesondere in Kalifornien) boomte regelrecht mit einem durchschnittlichen jährlichen Wachstum von knapp 300%[39]. Aufgrund der hohen Zuverlässigkeit und großen Robustheit (verglichen

---

[38] Die Grundlage für die Unternehmensgründung war ein Lizenzabkommen mit dem Unternehmen Herborg Vindkraft. Zuvor war Vestas eher für landwirtschaftliche Maschinen aktiv (Grove-Nielsen 2016).
[39] Die Details und Gründe können in dem entsprechenden Kapitel gefunden werden und sollen an dieser Stelle nicht nochmal diskutiert werden.

mit anderen Anbietern zu der Zeit) profitierten vor allem die dänischen Anbieter von dem kalifornischen „Windrush". Innerhalb kurzer Zeit entwickelte sich eine Export-orientierte Industrie, die nicht nur den heimischen Markt, sondern auch die amerikanische Nachfrage bedienen wollte. Der Umsatz der dänischen Industrie für Windkraftanlagen, gerade noch in den Kinderschuhen, steigerte sich von 18 Mio. DKK in 1980 innerhalb von fünf Jahren auf ungefähr 2,3 Mrd. DKK in 1985, was einem durchschnittlichem jährlichen Wachstum von ca. 160% entspricht (Daten vergleiche untenstehende Tabelle). Der Exportanteil steigerte sich innerhalb von vier Jahren von 0% auf über 90% - auch in Dänemark muss eine regelrechte Goldgräberstimmung geherrscht haben.

Tab. 5-1: Entwicklung der dänischen Windindustrie und deren Exportanteil sowie Beschäftigte zwischen 1980 und 1988

Jahr	Umsatz (Mio. DKK)	Exportanteil	Beschäftigte
1980	18	0%	50
1981	44	0%	70
1982	94	32%	200
1983	343	87%	500
1984	895	89%	1.100
1985	2.275	92%	3.300
1986	1.460	89%	200
1987	570	70%	900
1988	630	33%	1.200

Quelle: Eigene Darstellung und Berechnungen in Anlehnung an Karnøe (1990)

In den Jahren des Booms hatte die junge dänische Industrie natürlicherweise einige „Wachstumsschmerzen", gleichzeitig eine steile Lernkurve. Die erst vor wenigen Jahren gegründeten Unternehmen mussten Organisationsstrukturen anpassen, die Produktion hochskalieren, Mitarbeiter einstellen und anlernen (die Zahl der Beschäftigten in der Industrie schnellte innerhalb von fünf Jahren von 50 auf über 3.000) und das Auslandsgeschäft koordinieren. Der große Vorteil der dänischen Anlagen gegenüber Wettbewerbern aus anderen Ländern war das robuste Design, doch dies ist nur relativ. Auch dänische Windkraftanlagen hatten mit Ausfällen zu kämpfen und sahen sich Umsatzverlusten ausgesetzt (Righter 1996). Die dänischen Unternehmen zeigten jedoch die Fähigkeit zu Lernen und profitierten in großem Maße von ihrem pragmatischen Ansatz. Innerhalb weniger Jahre konnte die Turbinenkapazität nicht nur von 55kW auf 150kW vergrößert werden, die Kosten für Turbinen konnten gleichzeitig gesenkt werden (Lauritsen et al. 1996; Heymann 1998). Auch diese technologischen Entwicklungen wurden finanziell größtenteils unabhängig von öffentlicher Förderung allein von der Industrie gestemmt. Die öffentlichen Ausgaben für RD&D betrugen zwischen 1986 und 1990 lediglich ungefähr 27 Mio. US$, zwischen 1981 und 1985 waren es sogar nur etwas über 17 Mio. US$ (IEA 2016a).

Mit dem Einbruch der Ölpreise in 1985 bricht ebenfalls der Markt in Kalifornien zusammen. Die Auswirkungen auf die dänische Industrie werden insbesondere in den Jahren 1986 und 1987 sichtbar. Der Umsatz fällt auf 570 Mio. DKK in 1987, die Zahl der Beschäftigten sinkt dramatisch auf ungefähr 200 (siehe Tabelle oben). Grund dafür ist eine Vielzahl an Insolvenzen in der dänischen Industrie. Viele der neugegründeten Unternehmen standen auf einer schwachen Kapitalbasis und konnten den Umsatzeinbruch nicht abfedern, unter ihnen das bisher führende Unternehmen Vestas[40] (Lauritsen et al. 1996; Karnøe 1990).

Tab. 5-2: Entwicklung der installierten Kapazität (MW) in Dänemark zwischen 1980 und 1990

Jahr	Installierte Kapazität (MW)	CAGR	CAGR (1980-1990)
1980	3		
1985	47	73%	60%
1990	326	47%	

Quelle: Eigene Darstellung auf Basis von Danish Energy Agency (2016a)

Die Schwächephase der Windindustrie war nur von kurzer Dauer, da der heimische Markt, auch beeinflusst von einem Abkommen zwischen der Regierung und Versorgungsunternehmen, schnell Fahrt aufgenommen hat. Die dänischen

---

[40] Kurz darauf neugegründet als „Vestas, Danish Wind Technology".

Hersteller konnten von den Erfahrungen auf dem amerikanischen Markt profitieren und die Kosten für Turbinen senken, gleichzeitig die ökonomische Performance der Anlagen steigern. Die Anlagenkapazität stieg weiter innerhalb von kurzer Zeit von 150kW auf 300kW, gleichzeitig wurde das heute typische Design für Türme (weiß, schmal) eingeführt (Karnøe 1990; Lauritsen et al. 1996). Zwischen 1985 und 1990 wurde der heimische Markt von 47 MW auf 326 MW vergrößert, was einem durchschnittlichen jährlichen Wachstum von ungefähr 50% entspricht. Der Umsatz der Industrie erholte sich, ebenso wurden wieder vermehrt Beschäftigte eingestellt (vgl. Tabelle oben). Im Vergleich zu Anbietern von Windkraftanlagen aus anderen Ländern hatten dänische Hersteller einen Wettbewerbsvorteil, so dass sie eine Exportstrategie in ausländische Märkte möglich war. Mit dem schnellen Reifen der Industrie, charakterisiert von einer starken Konsolidierung, wurden staatliche finanzielle Unterstützungen für die Installation von Windturbinen im Jahr 1989 gestrichen (Lauritsen et al. 1996).

Zwischenfazit

An dieser Stelle stellt sich die Frage, ob sich die das dänische TIS für Windindustrie tatsächlich in der Wachstumsphase befindet. Unternehmen gehen in die Insolvenz, der Markt bricht ein – dies würde eher für die Marktgestaltungsphase sprechen, die von einer gewissen Volatilität gekennzeichnet ist. Eine Wellenbewegung ist in dieser Phase oftmals zu verzeichnen, wie zum Beispiel beim TIS in der Marktgestaltungsphase für Wind in den USA oder aber das TIS für Ethanol in Brasilien. Der Einbruch der dänischen Windindustrie ist jedoch rein konjunktureller Natur und auf ein bis zwei Jahre beschränkt. Wie die Wachstumszahlen sowohl des Marktes als auch der Industrie belegen, befindet sich das Wachstum im 5-Jahres Durchschnitt in einem deutlichen zweistelligen Bereich. Die Argumente sprechen in der Summe für die Wachstumsphase. In der weiteren Folge der Entwicklung des TIS zeigt sich das System deutlich stabiler und kann in der Folge systematisch entlang der Funktionen analysiert werden.

Einfluss auf die Suchrichtung

Die Industrie und Politik hatte Lehren aus dem kalifornischen Windboom gezogen, und um weitere technische Ausfälle zu vermeiden wurde ein Zertifizierungssystem eingeführt. Ab 1991 wurden Produkte in der Teststation von Risø auf Zuverlässigkeit getestet und zertifiziert. Darüber hinaus gründete die dänische Regierung 1991 eine Versicherungsgesellschaft, die die Exportgeschäfte dänischer Anbieter absichern sollte. Die Exportgeschäfte wurden gezielt von der Regierungseinrichtung DANIDA gesteuert, die dem dänischen Außenministerium angehört (Neukirch 2010).

1996 wurde von der Regierung die neue Energiestrategie „Energy 21" veröffentlicht, die den Zeitraum bis 2030 umfasst. Der Fördermechanismus für Windkraft umfasst folgende Demand Pull und Technology Push Instrumente.

Tab. 5-3:   Einfluss auf die Suchrichtung und die Marktentstehung in Dänemark in der Wachstumsphase

Demand Pull	Technology Push
Besteuerung	F&E Programme
Produktionsförderung	Teststationen für Turbinen
Exportprogramm für Wachstumsländer	Internationale Kooperationen
Sonstige	*Sonstige*
Ressourcenbewertung	Zertifizierungsverfahren
Förderung privater Windkraftanlagen	Standardisierung
Übereinkommen mit Energieversorgern	
Regulierung der Netzanbindung	
Rückkauf-Vereinbarungen	
Informationskampagnen	

Quelle: Eigene Darstellung in Anlehnung an IEA (2001)

Besonders fällt die internationale Komponente in der Förderpolitik auf. Sowohl auf Nachfrage- als auch auf Angebotsseite wird eine internationale Ausrichtung

explizit gefördert. Dies deutet daraufhin, dass dänische Politiker bereits frühzeitig die Grenzen des Wachstums in heimischer Industrie erkannt haben. Durch
gezielte Exportförderung sollte die dänische Windindustrie für eine Internationalisierung nachhaltig vorbereitet werden. Ein weiterer interessanter Aspekt ist,
dass die Experten hinter „Energy 21" bereits 1996 ebenfalls frühzeitig erkannt
haben, dass auch die Grenzen von Onshore-Windkraft von Dänemark bald erreicht sind und somit auch hier ein nachhaltiges Wachstum der Industrie nicht
gegeben ist. Es wurde erwartet, dass der Großteil der installierten Kapazität bis
2005 an Land stattfinden wird, danach werden vermehrt Offshore-Kapazitäten[41]
aufgebaut und Onshore „Repowering"[42] betrieben. Es wurde eine realistische
maximale Kapazität Onshore von ungefähr 2.600 MW prognostiziert (IEA
2001)[43].

In der Phase des Wachstums des TIS für Windkraft in Dänemark wurden strukturelle Anpassungen getätigt und Lehren aus der Vergangenheit gezogen. Explizite Wachstumserwartungen wurden formuliert, gleichzeitig waren sich die
Entscheider darüber bewusst, dass ein nationales Wachstum stark begrenzt ist
und frühzeitig die Internationalisierung gestartet werden muss.

Marktentstehung

Die neue, langfristige Ausrichtung der politischen Fördermechanismen und weiterer Einflussnahme auf die Suchrichtung führte zu einem nachhaltigen Wachstum in Dänemark zwischen 1990 und 2002, mit einem durchschnittlichen jährlichen Wachstum von ungefähr 10% (vgl. Tabelle unten). Gleichzeitig änderte
sich die Käuferstruktur von Windkraftanlagen mit Anfang der 1990er Jahre.

---

[41] Der weltweit erste Offshore-Windpark wurde bereits 1991 in dänischen Gewässern eröffnet (Energinet 2009).
[42] Repowering bezeichnet die Substitution von älteren, leistungsschwachen Anlagen mit
neueren, leistungsstärkeren Turbinen.
[43] Diese Kapazität wurde bereits 2002 erreicht, das Wachstum war jedoch noch nicht beendet. 2015 waren ungefähr 3.800 MW Onshore installiert.

100

Energieversorgungsunternehmen steigen in den Marktausbau ein und subsituieren Kooperativen in der Bedeutung der wichtigsten Abnehmer. Sie fragen insbesondere leistungsstarke Anlagen nach, so dass sie Druck auf die Anlagenhersteller ausüben, immer größere Turbinen zu entwickeln (Neukirch 2010).

Zwischen 1990 und 1995 kam es zu einem sinkenden Wachstum auf dem heimischen Markt, die installierte Kapazität steigerte sich von 326 MW auf 590 MW, was einem durchschnittlichen jährlichen Wachstum von ungefähr 13% bedeutet. Gleichzeitig war der deutsche Markt jedoch in starken Aufschwung, mit Wachstumzahlen von über 90% p.a. Innerhalb weniger Jahre entwickelte sich das Nachbarland zu dem größten Markt für Windkraft weltweit, unter starker Partizipation dänischer Unternehmen[44]. Dänische Anbieter hatten weit über 70% Exportanteil an ihren Umsätzen und verstanden es, ausländische Märkte zu bedienen (Lauritsen et al. 1996). Zwischen 1995 und 2000 kam es nochmals zu einer deutlichen Steigerung des Marktausbaus, insbesondere gesteuert durch den Energieplan „Energy 21" von 1996 (siehe Funktion „Einfluss auf die Suchrichtung").

Tab. 5-4: Entwicklung der installierten Kapazität (MW) in Dänemark zwischen 1990 und 2002

Jahr	Installierte Kapazität (MW)	CAGR	CAGR (1990-2002)
1990	326		
1995	590	13%	10%
2000	2.340	32%	
2002	2.681	7%	

Quelle: Eigene Darstellung auf Basis von Danish Energy Agency (2016a)

Auch wenn der dänische Markt bezogen auf installierte Kapazität weltweit nicht zu den führenden gehört (Länder wie Deutschland, Spanien, USA oder Indien

---

[44] Vgl. das Kapitel zur Wachstumsphase in Deutschland.

haben Anfang 2000 deutlich größere installierte Kapazitäten), so gehört Däne-mark doch zur absoluten Weltspitze, wenn man die Integration von Windkraft in das Netz betrachtet (GWEC 2006). Die Bedeutung von Windkraft an der Ener-giematrix hat sich zwischen 1980 und 2002 deutlich vergrößert. 1995 waren es noch 3,5% mit einer Energieerzeugung von ungefähr 1. Mio. MWh, wurde der Anteil von Windkraft bis 2000 sprunghaft vergrößert auf 12,1%.

Die Windkraft und die erzeugte Energie wurden zu einem wichtigen Bestandteil der dänischen Energiematrix. Im Jahr 2000 betrug der Anteil von Windkraft 12,1%. Der Anteil von Windkraft an der dänischen Energiematrix und die jährli-che Energieerzeugung sind in der untenstehenden Tabelle abgetragen.

Tab. 5-5:   Entwicklung des Anteils von Windkraft an der Energiematrix und die Energieer-zeugung in Dänemark zwischen 1980 und 2002

Jahr	Anteil von Windkraft an der Energiematrix	Energieerzeugung (MWh)
1980	0,0%	2.236
1985	0,2%	44.090
1990	2,0%	567.211
1995	3,5%	1.089.706
2000	12,1%	4.216.029
2002	13,8%	4.857.841

Quelle: Eigene Darstellung auf Basis von Danish Energy Agency (2016a)

Unternehmerisches Experimentieren (und Entwicklung von positiven ex-ternen Effekten)

Die bestehenden Unternehmen konnten Anfang der 1990er anhand des Umsat-zes in zwei Kategorien geordnet werden: Bonus, Nordtank, Wind World, Nordex, Wincon und Micon waren relativ kleine Unternehmen, während Vestas bereits in den 1990ern einen relativ großen Umsatz hatte. Der große Umsatz von Vestas resultierte auch aus der Produktionsorganisation, die entscheidend von den anderen genannten dänischen Unternehmen abwich. Bis auf Vestas ver-folgten die Hersteller von Windkraftanlagen eine Zulieferer-orientierte Wert-schöpfungskette, das heißt die Produktion von Turbinen wurde mit Hilfe von

Subunternehmern abgewickelt und verschiedene Komponenten wie das Rotorblatt wurden von Zulieferern bezogen. Aus diesem Grund war auch die Forschung und Entwicklung oftmals nicht entscheidend bei Unternehmen wie Bonus, NEG Micon, etc. angesiedelt, und sie hatten vergleichsweise geringe F&E-
Raten (Lauritsen et al. 1996). Der Rotorblatthersteller LM Wind Power aus Dänemark konnte sich in den 1990er Jahre eine Monopolstellung auf dem Zulie-
ferermarkt erarbeiten und zeugt von der Industriestruktur in Dänemark (Interview 11, Interview 16). Im Jahr 2001 wurde LM Wind Power von der Londoner
Beteiligungsgesellschaft Doughty Hanson übernommen (GE 2016). Die ausgeprägte Zulieferstruktur in Dänemark ist Ausdruck für die Funktion **Entwicklung
von positiven externen Effekten**.

Mitte der 1990er Jahre folgte eine Konsolidierungsphase in der dänischen Wind-
industrie. 1997 entstand NEG Micon aus einer Fusion von Micon und Nordtank.
Im weiteren Verlauf akquirierte das NEG Micon die Unternehmen WindWorld,
NedWind (NL) und Wind Energy Group und zählte bis 2003 zu den Top 5 Un-
ternehmen der Branche Bis 2003 zählte NEG Micon somit zu den größten fünf
Unternehmen der Branche (Kammer 2011; Grove-Nielsen 2016).

Vestas hingegen verfolgte eine andere Strategie. Das Unternehmen produzierte
in der Wachstumsphase der Industrie annähernd alle Teile einer kompletten
Windkraftanlage intern – inklusive Rotorblätter. Neben dem deutschen Anbieter
Enercon war Vestas der einzige Turbinenhersteller, der auch diese Produktionskompetenz besaß (Lauritsen et al. 1996). Das Unternehmen verfolgte klar
eine Produktionsstrategie mit einer hohen vertikalen Integrität, was sich auch in
den M&A-Aktivitäten widerspiegelt. 1997 kaufte Vestas Volund Stalteknik, ein
Turmhersteller. 1998 folgt die Übernahme des Zulieferers für elektrische Steuerung Cotas Computer Technology (Kammer 2011).

Bis Ender der 1990er dominierten dänische Unternehmen den Weltmarkt. Drei Unternehmen der Top 6 Anbieter für Windkraftanlagen kamen aus Dänemark: NEG Micon, Vestas und Bonus (Silva und Klagge 2013).

Mobilisierung von Ressourcen und Entwicklung von Wissen

Die dänische Regierung hat zwischen 1991 und 2000 ungefähr 89 Mio. US$ für RD&D ausgegeben, verglichen mit den USA (ca. 350 Mio. US$) und Deutschland (ca. 300 Mio. US$) weiterhin ein geringer Betrag.

Tab. 5-6:   Investitionen in RD&D in Dänemark zwischen 1991 und 2000

Intervall	RD&D in Mio. US$[45]
1991-1995	44,48
1996-2000	44,82

Quelle: Eigene Darstellung und Berechnungen in Anlehnung an IEA (2016a)

Die Forschung und Entwicklung in Bezug auf Windkraft resultiert zwischen 1990 und 2000 in insgesamt 40 dänische Patentanmeldungen beim EPO, was im internationalen Vergleich den dritten Rang hinter Deutschland (ungefähr 120 Patentanmeldungen) und den USA (ungefähr 43 Patentanmeldungen) bedeutet[46]. Als weiteres Resultat der Entwicklungs- und Patentierungsaktivitäten kann eine signifikante Vergrößerung der Kapazität pro Turbine gesehen werden. Zwischen 1990 und 2000 von durchschnittlich 122kW pro Anlage auf knapp 400 kW pro Anlage (Danish Energy Agency 2016a). Seit Ende der 1990er konnten erste Hersteller, darunter Vestas und Nordtank, erste Windanlagen mit einer Kapazität über 1MW anbieten (Grove-Nielsen 2016). Im Laufe des Jahrzehnts wird eins immer deutlicher in der Entwicklung von Windkraftanlagen: je mehr

---

[45]   2014er Preise und PPP.
[46]   Eine detaillierte Diskussion der Patentanmeldungen ist in einem gesonderten Kapitel zu finden.

Kapazität eine Anlage hat, desto besser ist es. Ein globaler Wettlauf um die größten Anlagenkapazitäten hat begonnen (Johnson und Jacobsson 2003).

Systemdynamik

Die Wachstumsphase des dänischen Innovationssystems für Windkraft dauert mit ungefähr 22 Jahren sehr lange an und ist gekennzeichnet von einigen Schwankungen. Der kalifornische Windboom hat der dänischen Industrie zu einem starken Wachstum und einer frühen Internationalisierung verholfen. Der sich abschwächende Auslandsmarkt wurde von einem aufblühenden Heimatmarkt abgefedert, dennoch führte die Umwälzung zu einigen Insolvenzen in der dänischen Industrie. Die weiteren Jahre waren von einer Professionalisierung charakterisiert, weg von dem „Volkshochschul-Gedanken", hin zu der größeren Bedeutung von Energieversorgungsunternehmen und weltweit agierenden Unternehmen. Die dänischen Hersteller von Windkraftanlagen dominierten in dieser Phase die weltweiten Märkte und profitierten von einer robusten und zuverlässigen Technologie.

Die Erfolgsfaktoren des dänischen Innovationssystems waren die frühe Internationalisierung in die USA, zuverlässige und kostengünstige Technologie sowie die Fähigkeit die Produktion zu skalieren.

5.1.3 Reifephase (2003 bis heute)

Anfang der 2000 gab es einen Regierungswechsel in Dänemark, der im Jahr 2002 Anpassungen der Legislative für die Förderung von Windkraft vorgenommen hat. Der Einspeisetarif wurde gekürzt und gehörte fortan zu den niedrigsten in ganz Europa. Auch wenn die Förderung für den Ausbau von Windkraft 2008 wieder leicht angehoben wurde, findet nur noch leichtes Wachstum der installierten Kapazität statt (Energinet 2009). Zwischen 2000 und 2015 betrug das durchschnittliche jährliche Wachstum lediglich ungefähr 3%. (vgl. Tab. 5-7). Im Jahr 2010 betrug die installierte Kapazität ca. 2.900 MW, bis 2015 konnte sie auf ca. 3.800 MW gesteigert werden, was einem durchschnittlichen jährlichen Wachstum von ca. 5% entspricht. Die Tendenz in den letzten Jahren zeigt also einen leicht positiven Trend auf.

Tab. 5-7:   Marktentwicklung (Onshore) in Dänemark zwischen 2000 und 2015

Jahr	Installierte Kapazität (MW) onshore	CAGR	CAGR (2000-2015)
2000	2.340		
2005	2.705	3%	3%
2010	2.934	2%	
2015	3.799	5%	

Quelle: Eigene Darstellung in Anlehnung an Danish Energy Agency (2016b)

Das deutlich stärkere Wachstum im Marktausbau findet, wie bereits unter dem „Energy 21" Plan von 1996 antizipiert, in dem Bereich Offshore-Windkraft statt. Zwischen 2000 und 2015 betrug das durchschnittliche jährliche Wachstum für Offshore Windkraftanlagen 24%. Zwischen 2000 und 2005 wurde die installierte Kapazität von 50 MW auf 423 MW gesteigert, was ungefähr 53% jährliches Wachstum bedeutet. Der Trend der Offshore-Installationen geht leicht nach unten, so betrug das Wachstum zwischen 2005 und 2010 lediglich 15%, zwischen 2010 und 2015 sogar nur 8%.

Tab. 5-8:   Marktentwicklung (Offshore) in Dänemark zwischen 2000 und 2015

Jahr	Installierte Kapazität (MW) Offshore	CAGR	CAGR (2000-2015)
2000	50		
2005	423	53%	24%
2010	868	15%	
2015	1.271	8%	

Quelle: Eigene Darstellung in Anlehnung an Danish Energy Agency (2016b)

Neben einer Verschiebung zwischen Onshore-Windkraft hin zu Offshore-Windkraft wurde ebenfalls der Trend fortgesetzt, das Kooperativen weniger an den Installationen partizipieren, sondern Projektentwickler das Geschäft voran treiben. In der Projektentwicklung insbesondere von Offshore-Windparks sind deutlich höhere Investitionssummen erforderlich, welche ein privater Zusammenschluss (also eine Kooperative, oder Gilde) oftmals nicht stemmen kann (Energinet 2009). Die Käuferstruktur der Windkraft hat sich also weiter professionalisiert und von den Ursprüngen der dänischen Windkraft als soziale Bewegung entfernt.

Die erzeugte Energie aus Windkraft, als Summe von Onshore und Offshore Anlagen, konnte zwischen 2000 von ca. 4 Mio. MWh auf ca. 14 Mio. MWh im Jahr 2015 gesteigert werden. Die bedeutet gleichzeitig eine graduelle Steigerung des Anteils von Windkraft an der dänischen Energiematrix von 12,1% (2000) auf 42% (2015). Hinsichtlich Netzintegration von Windkraft in die nationale Energiematrix liegt Dänemark mit deutlichem Abstand weltweit an der Spitze. In der EU folgen Portugal (23%), Irland (23%), Spanien (19,5%) und Deutschland (15%). Die USA haben einen Anteil von 5%, China lediglich 3,3% (IEA 2016b)[47].

Tab. 5-9:   Entwicklung des Anteils von Windkraft an der Energiematrix und die Energieerzeugung in Dänemark zwischen 2000 und 2015

Jahr	Anteil von Windkraft an der Energiematrix	Energieerzeugung (MWh)
2000	12,1%	4.216.029
2005	18,5%	6.612.639
2010	21,9%	7.856.347
2015	42,0%	14.126.226

Quelle: Eigene Darstellung in Anlehnung an Danish Energy Agency (2016b)

Ein solch hoher Anteil von Windkraft an der Energiematrix wie in Dänemark kann dazu führen, dass es aufgrund von Windspitzen wie Sturm zu einer temporären Überproduktion kommt. In 2016 führte es dazu, dass an einem besonders windigen Tag zwischen 116 und 140% der nationalen Energienachfrage

---

[47]   Die Werte von Portugal, Irland, Spanien, Deutschland, USA und China beziehen sich alle auf 2015.

produziert wurde, obwohl die Windkraftanlagen auf nationaler Ebene nicht einmal auf Volllast liefen. 80% der Überproduktion wurden in das deutsche und norwegische Netz eingespeist, 20% in das benachbarte schwedische Netz (Sciencealert 2016). So wie es eine Überproduktion durch starke Winde geben kann, ist eine Unterversorgung in Zeiten mit schwachem Wind ebenso möglich. Um die Volatilität des erzeugten Stroms aus Windkraft zukünftig besser regulieren zu können, ist in Dänemark die Einführung einer strategischen Reserve[48] bis 2020 geplant (IHS Energy 2015).

Mobilisierung von Ressourcen und Entwicklung von Wissen

Die Regierungsausgaben für öffentlich-geförderte RD&D bleiben in Dänemark auch zwischen 2001 und 2014 verglichen mit den Ausgaben in beispielsweise Deutschland und den USA auf einem geringen Niveau. Dänemark hat in dieser Periode knapp 240 Mio. US$ aufgewendet, Deutschland ungefähr 500 Mio. US$, die USA etwas über 900 Mio. US$. Zwischen 2006 und 2010 kam es in Dänemark erstmals zu einer signifikanten Steigerung, verglichen mit 2001 bis 2005 wurden die Investitionen fast verdoppelt. Der Trend scheint sich fortzusetzen, allein zwischen 2011 und 2014 wurden bereits knapp 88 Mio. US$ aufgewendet.

Tab. 5-10: Investitionen in RD&D in Dänemark zwischen 2001 und 2014

Intervall	RD&D in Mio. US$
2001-2005	55,53
2006-2010	96,73
2011-2014	87,51

Quelle: Eigene Darstellung und Berechnungen in Anlehnung an IEA (2016a)

---

[48] Eine „strategische Reserve" bezeichnet „das Vorhalten von Kraftwerken (...), die nur in Notsituationen mit sehr knappem Stromangebot und mit sehr hohen Strompreisen zum Einsatz kommen." (DIW 2016) Die Reserve hat das Ziel, die Versorgungssicherheit für die Verbraucher zu erhöhen und gewinnt insbesondere im Kontext des schwankenden Angebots durch erneuerbare Energien an Relevanz. Sie beinhaltet Kraftwerke, die nur in Notsituationen aktiviert werden. Die Kraftwerke in der strategischen Reserve nehmen daher nicht am regulären Strommarkt teil. (DIW 2016)

Zwischen 2000 und 2012, also in der Phase der Reife des TIS für Windkraft in Dänemark, haben sich die Patentaktivitäten dänischer Anmelder intensiviert. In dem Zeitraum wurden insgesamt ca. 700 Patente beim EPO mit Bezug zu Windkraft angemeldet und liegt damit auf dem dritten Rang hinter den USA und Deutschland. Die Analyse der Erfindernation einer Patentanmeldung ergibt, dass in demselben Zeitraum knapp 1.000 Patente angemeldet wurden, bei denen ein dänischer Erfinder beteiligt war. Hinsichtlich des Standorts von Erfindern liegt Dänemark damit hinter Deutschland auf dem zweiten Rang. Die Abweichung resultiert aus der Akquisition von dem dänischen Anbieter Bonus durch das deutsche Unternehmen Siemens[49]. Es zeugt jedoch von der hohen Bedeutung von Dänemark als Forschungs- und Entwicklungsstandort.

Zwischen 2003 und 2016 wurden auf dem dänischen Markt insgesamt knapp 1.600 alte Turbinen durch neue, leistungsstärkere Anlagen ersetzt. Dieser Vorgang ist in der Regel als "Repowering" bekannt. Die durchschnittliche Anlagenkapazität hat sich damit von ca. 522kW auf 707kW vergrößert. Möglich ist dies nur durch eine weitere Steigerung der maximalen Kapazität pro Turbine, so hat eine Standardturbine von Vestas eine Kapazität von 2MW bis 3,45MW (Danish Energy Agency 2016b; Vestas 2016).

Die für Dänemark relativ hohen öffentlichen Aufwendungen lassen sich auch dadurch erklären, dass das TIS für Windkraft vor einem technologischen Paradigmenwechsel steht. Wie bereits in der Marktentstehung beschrieben wurde, findet der Großteil der Neuinstallationen von Windkraftanlagen „Offshore" statt. Offshore-Windkraftanlagen haben jedoch komplett andere Anforderungen als Onshore-Anlagen, so dass selbst etablierte Turbinenhersteller wie Vestas neue Kompetenzen aufbauen müssen. Ein Beispiel für eine solche neue Kompetenz hängt mit dem Getriebe zusammen: Während Vestas wie die Mehrheit der Turbinenhersteller auf Anlagen mit Getriebe setzen, ist es aufgrund geringeren

---

[49] Die detaillierte Auswertung wird in einem anderen Kapitel diskutiert.

Wartungsaufwands bzw. sehr hohen Wartungskosten Offshore ökonomisch und technisch sinnvoller, eine Turbine ohne Getriebe zu installieren (wie beispielsweise Enercon sie anbietet, jedoch nur Onshore). Die Umstellung auf getriebelose Anlagen setzt jedoch völlig neue technologische Lösungen voraus.

Im Vergleich zur Onshore Windkraft ist die Offshore Technologie und deren Einsatz weiterhin in einer frühen Phase der Entwicklung. Die Verbreitung und Implementierung, insbesondere in der Nordsee, steht vor einer großzahligen Diffusion. Einige technische Aspekte bedürfen einer stetigen Verbesserung, um eine Kostenreduktion zu erzeugen. Diese Aspekte beinhalten verändertes Komponentendesign oder Wartungsprozeduren. Allein bei der Wartung von Offshore-Anlagen fallen sehr hohe Kosten an, da die Service-Crews nur sehr erschwerten Zugang zu der Anlage haben und es momentan noch keine umfassende digitale Überwachung gibt (Windspeed 2011).

Unternehmerisches Experimentieren

Die Phase der Reife war aus Sicht der Funktion unternehmerisches Experimentieren von weiterer Konsolidierung und dem Markteintritt multinationaler Unternehmen geprägt. 2003 wurde der dänische Turbinenhersteller, Technologieführer[50] und Pionier NEG Micon durch Vestas übernommen. NEG Micon war bereits Ender der 1990er in finanzielle Schieflage geraten und konnte die Situation nicht stabilisieren. Vestas hingegen konnte auf eine solide finanzielle Basis die Unternehmensübernahme bewältigen und etablierte sich so zu dem letzten verbliebenen Windkraftanlagenhersteller aus Dänemark. Der letzte verblieben dänische Hersteller, da das Unternehmen Bonus im Jahr 2004 von Siemens akquiriert wurde (Kammer 2011). Der Eintritt von multinationalen Konzernen ist typisch für die frühe Reife-/ späte Wachstumsphase in der Evolution einer Industrie. Auf demselben Weg hat sich beispielsweise das Unternehmen General

---

[50] Vgl. Analyse der Technologieführerschaft von Unternehmen der Windkraft in dem Kapitel „Technologische Dekomposition".

Electric Zutritt zum attraktiven Windmarkt verschafft (vgl. Länderfallstudie Deutschland).

Nach der Übernahme von NEG Micon ist bei Vestas im weiteren Verlauf der 2000er Jahre ein Strategiewechsel hinsichtlich der Organisation der Wertschöpfungskette zu beobachten. Konnte sich das Unternehmen in den 1990ern noch dadurch auszeichnen und von dem Wettbewerb dadurch abgrenzen, dass die Produktion vertikal integriert war, stand Vestas 2005 zunehmend vor Problemen mit Zulieferern und der Einhaltung von Produktionszielen. Da der dänische Markt seit einigen Jahren immer geringeres Wachstumspotenzial bot, musste Vestas weiter auf internationalen Märkten aktiv werden. Dies war jedoch nur unter Einbezug von Schlüsselzulieferern möglich. In der Folge hatte Vestas 2005 mit Kapazitätsengpässen zu kämpfen, die sich ebenfalls auf die Zulieferer ausweitete. Als Konsequenz dieses Drucks konnte eine Vielzahl an Zulieferern die notwendigen Teile nicht liefern, so dass es zu Verspätungen und erhöhten Kosten bei Neuinstallationen kam (Vestas 2006). Die Integration von Zulieferern in der Wertschöpfungskette war offensichtlich eine neue Herausforderung für das Unternehmen aus Dänemark, welches auf der Schwelle zu einem multinationalen Unternehmen stand. An dieser Stelle werden die Vorteile von Unternehmen wie Siemens oder GE offensichtlich. Die Unternehmen können an hinsichtlich Einkaufsprozesse, Produktionsplanung oder Finanzierungsmöglichkeiten auf Konzernstrukturen zurückgreifen, die bereits in anderen Industrien erfolgreich internationale Wertschöpfungskette steuern. In der Windindustrie gewachsene Unternehmen wie Vestas müssen diese Erfahrungen erst machen und sich an die neuen Gegebenheiten adaptieren. Für die Windpioniere wird es entscheidend im Bestehen des Wettbewerbs sein, wer dieses Vorhaben erfolgreich meistert und wer nicht.

Vestas hat in der weiteren Folge die Strategie konsequent angepasst und Qualitätsstandards für die Produktion und Zulieferer wie Six Sigma eingeführt. 2010 wurde darüber hinaus Enterprise Resource Planning im Unternehmen etabliert

(Vestas 2011). Es ist jedoch auch bemerkenswert, dass solche Management-methoden erst 2010 bei dem dänischen Hersteller implementiert wurden. Die Zusammenarbeit mit Zulieferern wird weiter eine immer höhere Bedeutung bei-gemessen. 2015 wurden neue Account Management Programme aufgesetzt und enge Partnerschaften mit Schlüsselzulieferern geknüpft, welche in den Ent-wicklungsprozess von Produkten und Prozessen involviert werden sollen (Vestas 2016).

Im Oktober 2016 wurde der dänische Technologieführer und Hersteller von Ro-torblättern LM Wind Power durch das Unternehmen General Electric übernom-men. GE hatte bisher keine eigene Rotorblattproduktion und bezog die Blätter vorwiegend durch die Zulieferer LM Wind Power oder Tecsis. Durch die Integra-tion von LM Wind Power kann GE die eigene Wertschöpfungstiefe erweitern. LM Wind Power gehört zu den erfahrensten Produzenten von Rotorblättern weltweit und hat seit 1978 über 185.000 Rotorblätter gefertigt. LM Wind Power hat eine globale Produktionskapazitäten mit eigener Produktion in beispiels-weise Dänemark, Spanien, Polen, Kanada, USA, Indien, China oder Brasilien (GE 2016).

In der Phase der Reife haben dänische Unternehmen weltweit Marktanteil ein-büßen müssen und sehen sich insgesamt immer stärkerem Wettbewerb ausge-setzt. Die Entwicklung wird bei einem strukturellen Vergleich der Marktanteil weltweit in den Jahren 1998, 2004, 2011 und 2016 besonders deutlich und wird daher in der folgenden Tabelle dargestellt.

Tab. 5-11: Marktanteile der führenden Turbinenhersteller auf Basis der neuinstallierten Leistung im jeweiligen Jahr

1998			2004			2011			2016		
OEM	Land	Anteil (%)	OEM	Land	Anteil (%)	OEM	Land	Anteil (%)	OEM	Land	Anteil (%)
NEG Micon	DK	24,1	Vestas	DK	32,7	Vestas	DK	12,7	Vestas	DK	16,5
Enron Wind	USA	16,8	Gamesa	ES	17,3	Sinovel	CN	9,0	GE Energy	USA	12,3
Vestas	DK	15,3	Enercon	D	15,1	Goldwind	CN	8,7	Goldwind	CN	12,1
Enercon	D	13,2	GE Energy	USA	10,8	Gamesa	ES	8,0	Gamesa	ES	7,0
Gamesa	ES	6,8	Siemens	D	6,0	Enercon	D	7,8	Enercon	D	6,6
Bonus	DK	5,9	Suzlon	IND	3,8	GE Energy	USA	7,7	Nordex Group	D	5,0
Nordex	D	5,2	REpower	D	3,2	Suzlon	IND	7,6	Guodian	CN	4,2
Made	ES	4,2	Ecotecnia	ES	2,5	United Power	CN	7,4	Siemens	D	3,9
Ecotecnia	ES	1,9	Mitsubishi	JP	2,5	Siemens	D	6,3	Ming Yang	CN	3,7
Mitsubishi	JP	1,5	Nordex	D	2,2	Mingyang	CN	3,6	Envision	CN	3,7
Andere		5,5	Andere		3,9	Andere		17,5	Andere		25,0

Quelle: Eigene Darstellung in Anlehnung an UBA (2014) und Statista (2017)

In der Tabelle zeigt sich die globale Machtverschiebung der Hersteller von Windturbinen. 1998 haben noch dänische Hersteller dominiert, mit insgesamt drei Anbietern in den Top 6 der Unternehmen. 2004 wurde haben sich neue Player etabliert, insbesondere Gamesa aus Spanien, GE Energy, Siemens und Suzlon (Indien). Vestas als dänischer Hersteller bleibt weiterhin dominanter Akteur mit einem Marktanteil von knapp 33%. Es fällt jedoch bereits auf, dass Vestas der einzige verbliebene dänische Anbieter ist. Sieben Jahre später, 2011, hat sich die Wettbewerbslandschaft komplett verändert. Vestas führt weiterhin die Liste der Markanteile an, hat jedoch am Anteil in % stark eingebüßt (knapp 13%). Chinesische Hersteller haben den Wettbewerb betreten und stellen vier der Top 10 Unternehmen, gemessen am Marktanteil. Es ist jedoch eingrenzend festzustellen, dass sich die Marktanteile auf die weltweiten Neuinstallationen beziehen. 2011 war China bereits größter Markt weltweit, und von dem Wachstum haben insbesondere chinesische Anbieter partizipiert. Interessant wäre an dieser Stelle eine Betrachtung der Marktanteile in verschiedenen Weltregionen. Fest steht jedoch, dass dänische Anbieter starke Einbußen im Wettbewerb hinnehmen mussten, und vom einstigen Pionier und Dominator sich zu einem weiteren Anbieter und vielen entwickelt haben.

Übersicht der wichtigsten Akteure im dänischen TIS für Windkraft

In der folgenden Tabelle sind die wichtigsten Akteure des TIS für Windkraft in Dänemark dargestellt. Auffällig ist, dass es in Dänemark ein ausgewiesenes Ministerium für Energie, Versorgung und *Klima* gibt. Weiterhin ist ein wichtiger Akteur das Außenministerium, da das dänische TIS bereits frühzeitig auf eine internationale Markterschließung angewiesen war. Es ist auffällig, dass lediglich ein dänischer Turbinenhersteller am Markt verblieben ist. Die dänische Industrie kann eine etablierte nationale Wertschöpfungskette mit führenden Unternehmen aufweisen, insbesondere LM Wind Power ist zu nennen.

Die Landschaft der Projektentwickler hat sich in der Evolution des TIS signifikant verändert – von Kooperativen hin zu Versorgungsunternehmen und spezialisierten Windkraftentwicklern. Bei der Forschung und Entwicklung spielt das Risø Testcenter eine entscheidende Rolle, viele weitere Universitäten sind an der Forschung beteiligt.

Tab. 5-12: Die wichtigsten[51] Akteure im TIS für Windkraft in Dänemark

Kategorie	Akteur
Staatliche Institutionen	Danish Energy Agency Danish Ministry of Energy, Utilities and Climate Ministry of Foreign Affairs of Denmark (insbesondere Danida)
Unternehmen	*Turbinenhersteller (heimisch)* Vestas *Turbinenhersteller (ausländisch)* Envision Energy, Siemens Wind Power, Suzlon Wind Energy *Zulieferer* Turm: 9; Gondel: 5; Getriebe: 1; Blätter: 8, darunter insbesondere LM Wind Power
Projektentwickler	insgesamt 16, darunter DONG Energy, E.ON, Vattenfall A/S
Universitäten und Forschungseinrichtungen	*Universitäten/ Bildungseinrichtungen* mehr als 10, darunter Århus University School of Engineering, DTU Wind Energy *Forschungseinrichtungen* Risø Testcenter
Verbände	Danish Wind Industry Association, 7 weitere

Quelle: Eigene Darstellung und Erweiterung in Anlehnung an DWIA (2013)

System-Dynamik

Das Innovationssystem Dänemarks steht in der Phase der Reife vor zwei Herausforderungen: 1) Technologischer Paradigmenwechsel von Onshore-Windkraft auf Offshore-Windkraft, 2) Integration der von Wind produzierten Elektrizität in das nationale Stromnetz bzw. der Ausgleich bei Energiespitzen und Energietälern

Der technologische Paradigmenwechsel ist gleichzusetzen mit dem Wandel von Schumpeter Mark 2 (kreative Akkumulierung) zu Schumpeter Mark 1 (kreative

---

[51] Bei der Tabelle besteht kein Anspruch auf Vollständigkeit, sondern beruht auf Literaturrecherche und Einschätzungen des Autors.

Zerstörung) und spiegelt die stetige Dynamik eines TIS wider. Das dänische TIS für Onshore Windkraft hat es bereits erfolgreich geschafft das Stadium der Reife zu erreichen und ist somit im Zustand von Schumpeter Mark 2, welche sich durch geringe technische Möglichkeiten, hohe Appropriierung und hohe Kumulierung auszeichnet. Durch begrenztes Wachstum der Onshore-Anlagen ist das TIS darauf angewiesen, eine adaptierte Technologie zu verbreiten, es entsteht eine neue Schumpeter Mark 1 Dynamik (technologische Möglichkeiten hoch, Appropriierung und Kumulierung niedrig). Es entsteht somit ein weiterer Lebenszyklus, der sich in der Marktentstehungsphase befindet und die weiteren Phasen wie Wachstum und Reife durchlaufen muss. Dänemark ist in dieser Form wieder einmal, wie bereits in den frühen 1970er/1980er Jahren, Pionier in einer solchen Umstellung und kann eine Vorreiterrolle einnehmen. Um eine erfolgreiche Dynamik zu initialisieren, muss im TIS ein sich verstärkender Zyklus entstehen und entsprechende Anreize gesetzt werden.

5.2 Das technologische Innovationssystem für Windkraft von Deutschland

5.2.1 Formative Phase (1970er bis 1988)

In der formativen Phase war vor allem die Funktion **Einfluss auf die Suchrichtung** entscheidend, und so konnten durch die **Mobilisierung von Ressourcen** F&E Projekte in viele Richtungen gestartet werden. Das Ministerium für Bildung und Forschung startete bereits 1974 mit der aktiven Förderung von Windenergie mit dem Ziel die ökonomische Effizienz zu erhöhen und reagierte damit auf die Ölkrise von 1973. Die öffentlichen Ausgaben in der formativen Phase betrugen 1974 ungefähr 20 Mio. DM, erreichten einen Höhepunkt mit 300 Mio. DM in 1982 und fielen 1986 auf 164 Mio. DM. Weitere Kürzungen waren geplant, doch der Unfall von Tschernobyl im Jahr 1986 führte zu einem Umdenken und so wurden die Förderungen in der Folge wieder erhöht (Johnson und Jacobsson 2003; Jacobsson und Lauber 2006).

Das vom BMBF initiierte Programm war flexibel und konnte auf viele verschiedene Projekte angewendet werden, und so wurden zwischen 1977 und 1991 ungefähr 46 F&E Projekte gefördert. Diese verteilten sich auf 19 Firmen, 14 Zulieferer und einer Vielzahl von akademischen Organisationen, die kleine (zum Beispiel 10kW) und mittlere (zwischen 200 und 400 kW) Windanlagen testeten und entwickelten (Johnson und Jacobsson 2003). Ein prominentes und international viel beachtetes Beispiel war die sogenannte „Großwindanlage" (GROWIAN), das von dem Unternehmen MAN durchgeführt wurde. GROWIAN[52] wurde 1982 installiert, jedoch aufgrund technischer Schwierigkeiten bereits 1987 wieder stillgelegt (Bechberger und Reiche 2004). Zwischen 1983 und 1991 wurden insgesamt 124 Turbinen finanziell unterstützt (Jacobsson und Lauber 2006). Diese große Bandbreite and F&E Projekten stimulierte die Funktion **Wissensentwicklung** in der formativen Phase des deutschen technologischen Innovationssystems. Es ist vor allem anzumerken, dass verschiedene technologische Designs getestet wurden. Beispielsweise wurden sowohl horizontale als auch vertikale Turbinen geprüft, die Anzahl der Rotorblätter zwischen einem und vier variiert und verschiedene Leistungsklassen entwickelt (zwischen 5kW und 3MW). Es hat sich jedoch noch kein dominantes Design etabliert und die Technologieentwicklung setzte sich in verschiedene Richtungen fort.

Technologisches Experimentieren ist hierbei auch Ausdruck der Funktion **unternehmerisches Experimentieren**. Allein 1986 und 1987 gab es sieben Unternehmensgründungen in der Industrie, unter anderem auch von lokalen Bauern mit dem Interesse eine eigene, dezentrale Energieversorgung zu installieren (Johnson und Jacobsson 2003).

---

[52] GROWIAN war auf eine Leistung von 3MW ausgelegt, bei einem Rotordurchmesser von 100,4m und einer Höhe von 100m. Allein das Maschinenhaus wog mehr als 340t (Oelker 2005).

Eine wichtige Voraussetzung für die Beteiligung von Firmen in der Entwicklung von Turbinen war die frühe **Legitimität** der Windenergie in Deutschland, die durch den Tschernobyl-Vorfall nochmals bestärkt wurde. Firmen beteiligten sich ebenfalls, da die Industrie durch die finanzielle Förderung besonders attraktiv erschien, doch auch der dänische Windmarkt sendete positive Signale. In anderen Fällen hatten Firmen frühzeitig auf den kalifornischen Windboom gesetzt, der sich zu dieser Zeit in Rezession befand. Die neuen Marktteilnehmer waren auch von den Möglichkeiten der Nischenmärkte angezogen, die vor allem durch die Funktion **Marktentstehung** beeinflusst wurden. In Deutschland war die „Grüne Bewegung"[53] stark ausgeprägt, und so stieg auch die Nachfrage nach „grüner" oder erneuerbarer Energie bei Energieversorgern. Die fragmentierte Struktur von über 800 Energieversorgern ließ Spielraum für eine unterschiedliche Positionierung im Markt und sorgte so für das entsprechende Angebot. Die von dem F&E Programm angestoßenen Entwicklungen resultierten in Demonstrationsanlagen, welche zu einem Ausbau der produzierten Windenergie führte. Die folgende Tabelle zeigt den Ausbau von Windkraft in Deutschland zwischen 1982 und 1989 und beinhaltet sowohl die Anzahl der installierten Turbinen als auch die installierte Leistung in MW.

---

[53] Die gesellschaftliche Bewegung zeigte sich beispielsweise in der Gründung der Partei „Die Grünen" 1980 in Karlsruhe (Die Grünen 2016).

Tab. 5-13:   Ausbau der Windkraft in Deutschland zwischen 1982 und 1989

Jahr	Anzahl neuer Turbinen	Anzahl neuer Turbinen (kumuliert)	Neu installierte Leistung (MW)	Neu installierte Leistung (MW) (kumuliert)
1982	1	1	0,02	0,02
1983	1	2	0,06	0,08
1984	4	6	0,10	0,18
1985	12	18	0,24	0,42
1986	15	33	0,51	0,93
1987	44	77	1,94	2,87
1988	61	138	4,99	7,86
1989	87	225	11,80	19,66

Quelle: Eigene Darstellung in Anlehnung an Johnson und Jacobsson (2003)

Der Markt für Windenergie wurde zwar initialisiert, blieb jedoch insgesamt schwach mit einer Gesamtleistung von ca. 20MW[54] in 1989.

Systemdynamik

Die formative Phase des TIS in Deutschland war geprägt von einer F&E Förderung, die eine Vielzahl an Unternehmensgründungen zur Folge hatte. Die Technologie wurde in viele verschiedene Richtungen entwickelt und getestet, sodass es zu einer ausgeprägten Wissensentwicklung kam. Die Entwicklung verschiedener technologischer Lösungen und Erprobung vielfältiger Ansätze gilt oftmals als Schlüssel für den späteren Erfolg der deutschen Windindustrie. Die folgende Abbildung soll die wesentlichen Mechanismen in der formativen Phase des technologischen Innovationssystems verdeutlichen. Eine „grüne" Nachfrage, Demonstrationsprojekte, externe Faktoren wie der Windboom in Kalifornien und eine staatliche F&E Förderung haben verschiedene Funktionen des Innovationssystems stimuliert und führten zu einer Vielzahl an Unternehmensgründungen. Diese wiederum führten zu einer ausgeprägten Wissensentwicklung, also der bereits angesprochenen Erprobung verschiedener technologischer Designs.

---

[54]   Dies reicht theoretisch für eine Stromversorgung von ungefähr 10.000 Haushalten in Deutschland.

Abb. 5-2:   Das deutsche TIS für Windenergie in der formativen Phase

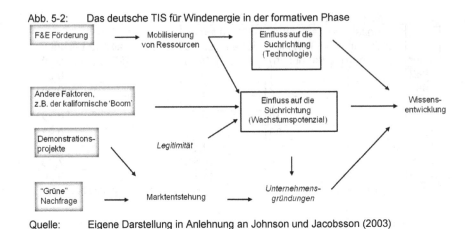

Quelle: Eigene Darstellung in Anlehnung an Johnson und Jacobsson (2003)

5.2.2 Wachstumsphase (1989 bis 2005)

Die Wachstumsphase des technologischen Innovationssystems für Windkraft in Deutschland wird Anfang der 1990er durch staatliche Förderungen initialisiert und führte in der Folge zu einem fünfzehnjährigen starken Ausbau der installierten Kapazität. Die folgende Tabelle zeigt den schnellen Ausbau der Windenergie in Deutschland mit durchgängig zweistelligem durchschnittlichem Wachstum. In dem Zeitraum zwischen 1990 und 2005 betrug das durchschnittliche jährliche Wachstum ca. 47% und so konnte sich Deutschland zu einem weltweit führenden Markt für Windenergie entwickeln. In dem Zeitraum zwischen 1997 und 2007 war Deutschland sogar der weltweit größte Markt für installierte Kapazität von Windkraftanlagen und wurde erst 2008 von den USA abgelöst.

Tab. 5-14:   Marktentwicklung der Windkraft in Deutschland zwischen 1990 und 2005

Jahr	Installierte Kapazität (MW)	CAGR	CAGR (1990-2005)
1990	55		
1995	1.121	83%	47%
2000	6.097	40%	
2005	18.390	25%	

Quelle: Eigene Darstellung in Anlehnung an Bundesministerium für Wirtschaft und Energie (2013)

120

Ein wesentlicher Impuls seitens Politik wurde in Deutschland 1989 eingeführt. Das sogenannte 100MW Programm kombinierte Marktstimuli mit einem wissenschaftlichen Programm und setzte sich zum Ziel, 100MW Windenergie auszubauen. Dieses Ziel war umso ambitionierter, vergleicht man es mit der installierten Leistung von 20MW im Jahr 1989. Ein weiteres Merkmal des Programmes war es, dass ausdrücklich mehrere Technologien gefördert werden sollten, um so ein Lock-In zu vermeiden. Insbesondere wurden mittelgroße Windanlagen im Norden Deutschlands gefördert, Anlagen größer als 5MW oder solche im Besitz von großen Energieversorgern wurden ausgeschlossen (Laird und Stefes 2009). Aufgrund des großen Erfolgs wurde das Ziel 1991 auf 250MW ausgeweitet und bereits zwei Jahre später (1993) erreicht; das Programm war insgesamt bis 1995 aktiv.

Die zweite wichtige Maßnahme wurde 1991 in Kraft gesetzt. Das Stromeinspeisegesetz (StrEG). Das StrEG verpflichtete Energieversorger, auch von unabhängigen Windkraftanlagen, Windenergie zu einem fixen Preis zu kaufen. Die Vergütung für Wind betrug 90% des Durchschnittspreises, den die Endkunden bezahlen mussten. Die Einspeisevergütung schwankte zwischen 8,25 €Cents/ kWh und 8,84 €Cents/ kWh[55] in dem Zeitraum von 1991 bis 2000 (Lauber und Mez 2006; Bechberger und Reiche 2004).

Da die Vergütungen nun nicht mehr auf einem Programm sondern einem Gesetz basierten und gleichzeitig der Gewinn aus Windenergie hoch und planbar war, wurde das Investmentrisiko deutlich reduziert. Als Folge wurden große Mengen von privatem Kapital durch Landwirte, Einzelpersonen und Firmen bereitgestellt. Zudem wurde von der Deutschen Ausgleichsbank (DtA) zwischen 1990 und 1998 insgesamt 6 Mrd. DM in Form von Krediten für die weitere Entwicklung und Finanzierung von Windkraftanlagen bereitgestellt. Die Anleihen der staatlichen Bank lagen 1% bis 2% unter üblicher Marktrate und es konnte

---

[55] Eigene Berechnung basierend auf Lauber und Mez 2006 und einer Umrechnung von DM in € mithilfe vom Bundesfinanzministerium 2014.

so die Funktion **Mobilisierung von Ressourcen** weiter stimuliert werden (Bechberger und Reiche 2004; Klaassen et al. 2005) Nach Aussagen der DtA waren von 1990 bis 1995 zwischen 80% und 90% der Projekte mit diesen Krediten finanziert worden (European Commission 1998). Die finanziellen Ressourcen wurde beispielsweise von neuen Marktteilnehmern genutzt, mittelgroße bis große (500kW, 750kW, 1MW) Turbinen zu entwickeln und so die Leistung der Anlagen weiter zu skalieren.

Während der Laufzeit des 250MW Programms wurden insgesamt ca. 108 Mio. DM für die Entwicklung von Turbinen bereitgestellt, wie die folgende Tabelle zeigt. Ein Großteil der Förderung wird durch die Länder geleistet, die zwischen 1990 und 1995 insgesamt in etwa 214 Mio. DM bereitgestellt haben. Zuvor hatten sich Länder nur insignifikant an der Förderung beteiligt (Langniß und Nitsch 1997).

Tab. 5-15: Finanzielle Förderung im deutschen TIS für Windkraft während der Wachstumsphase

In Mio. DM	1990	1991	1992	1993	1994	1995	Summe
250 MW-Programm BMBF	4	8	16	25	27	28	108
Sonstige Förderung BMBF	18	10	9	7	11	7	62
Förderung BMWi	.	.	.	.	.	13	13
Zinsvorteil Darlehen (DtA)	.	1	2	5	11	17	36
Länderförderung	.	21	20	66	71	36	214
Gesamte Förderung	22	39	47	103	120	100	431
StrEG	.	4	6	11	24	57	102

Quelle: Eigene Darstellung in Anlehnung an Langniß und Nitsch (1997)

Die politischen Impulse resultierten in einem massiven Ausbau der **Marktentstehung**, so wurden beispielsweise allein 1995 ca. 500MW Windenergie in Deutschland installiert (vgl. Tab. 5-14). Insbesondere Anfang der 1990er Jahre konnte der Markt ein enormes Wachstum von ca. 90% p.a. verzeichnen (beispielsweise 1994). Zwischen 1996 und 2002 lagen die Wachstumsraten konstant zwischen ca. 35% und 55% und zeugen von einer hohen Dynamik in der Industrie. Erst ab 2003 flaute das Wachstum leicht ab, bliebt jedoch weiterhin deutlich im zweistelligen Prozentbereich. Insgesamt lag das durchschnittliche jährliche Wachstum während der Wachstumsphase bei ungefähr 42%.

Die Entwicklung der Leistungsmerkmale ist in der folgenden Abbildung zu sehen. Die Skalierung der Turbinen schreitet schnell voran: Während 1992 die durchschnittliche Kapazität einer Windanlage noch bei ca. 180kW lag, konnte sie innerhalb von fünf Jahren, also 1997, auf ca. 630kW gesteigert werden. Entsprechend schnell entwickelten sich der Rotordurchmesser und die Nabenhöhe der Windkraftanlagen, die einen entscheidenden Einfluss auf die Kapazität der Turbinen haben. Je höher die Turbine vom Grund ist, desto höher ist auch die Windgeschwindigkeit. Hohe Windmühlen können den Wind effektiver nutzen und generieren somit höhere Erträge. Im Jahr 2000 lag die durchschnittliche Kapazität erstmals bei über 1MW, 2006 bereits bei ca. 1,8MW. Das durchschnittliche jährliche Wachstum lag somit bei ca. 16%.

Abb. 5-3:   Leistungsmerkmale von Windanlagen in Deutschland während der Wachstums-
            hase von Windenergie

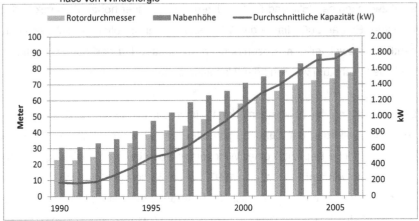

Quelle: Eigene Darstellung in Anlehnung an Fraunhofer IWES (2013a)

Die Funktion **Wissensentwicklung** war zudem von der Durchsetzung eines *do-*
minanten Designs[56] beeinflusst und vor allem der deutsche Markt entwickelte
sich zu einem Referenzmarkt auf dem die Funktionalität von neuer Technologie
getestet wurde (European Commission 1998). Die Turbinen konnten nur skaliert
werden, da sich innerhalb der Industrie das Turbinendesign mit 3 Rotorblättern,
die luv-seitig[57] ausgerichtet sind durchgesetzt hat. In den späten 1980ern und
frühen 1990ern, Windturbinen mit 2 Rotorblättern hatten einen Marktanteil von
ca. 20%. Während in der formativen Phase noch viel experimentiert wurde, lag
die Durchdringung 3-blättriger Turbinen luv-seitig ausgerichtet ab 1996 bei
100%. Die Mehrheit der Turbinen hatte in den frühen 1990ern eine konstante
Rotationsgeschwindigkeit (abgestuft). Die Verteilung zwischen variabler und

---

[56] Utterback und Suarez 1993, S. 1) definieren ein dominantes Design wie folgt:"(...) a do-
      minant design may alter the character of innovation and competition in a firm and an in-
      dustry. A dominant design usually takes the form of a new product (or set of features)
      synthesized from individual technological innovations introduced independently in prior
      product variations. A dominant design has the effect of enforcing or encouraging stand-
      ardization so that production or other complementary economies can be sought."
[57] Luv-seitig bedeutet in den Wind ausgerichtet, im Gegensatz zu lee-seitig, wo die Rotor-
      blätter dem Wind abgewandt positioniert sind.

konstanter Rotationsgeschwindigkeit änderte sich um 2000 und die variable Lösung setzte sich im Laufe der Zeit am Markt durch. Ein weiterer Meilenstein der Entwicklung der Windturbine bezieht sich ebenfalls auf den Rotor. Ab 2000 waren sogenannte „Pitch-Rotoren" (das Gegenmodell sind die „Stall-Rotoren") die dominante Lösung für Windkraftanlagen, die den Anstellwinkel der einzelnen Rotorblätter zum Wind verändern können. Somit werden Windspitzen vermieden, bei denen die Anlagen sonst aufgrund zu großer Belastung aussetzen müssen und somit eine bessere Auslastung haben (Fraunhofer IWES 2013b).

Bezüglich der Umwandlung von Windkraft in Energie gibt es zwei konkurrierende technologische Konzepte: Windkraftanlagen *mit* und Windkraftanlagen *ohne* Getriebe. Das deutsche Unternehmen Enercon war Vorreiter bei der Entwicklung von Anlagen ohne Getriebe, also magnetisch gesteuerten Turbinen. Enercon entwickelte die Technologie bereits in den frühen 1990ern und war lange einziger Anbieter mit dieser Fähigkeit. Andere Turbinenhersteller wie Repower Systems, Vestas und Nordex verfolgten lange ein anderes Paradigma und produzierten Turbinen mit Getriebe, was auch als dänisches Design bekannt ist.

Anlagen mit Getriebe

Eine Windenergieanlage wandelt die Strömungsenergie des Windes in mechanische Energie und dann mithilfe des Generators in elektrische Energie um. Die Größe des Generators ist von der Drehzahl abhängig, dabei gilt je größer die Drehzahl ist, desto größer muss der Generator sein. Bei einem großen Generator fallen viele kostenintensive Materialien wie Kupfer oder Magnete an. Getriebe haben den Vorteil die Rotordrehzahl anzuheben und so die Generatorgröße zu reduzieren. So bieten Anlagen mit Getrieben deutliche Kostenvorteile, die insbesondere bei intensiver werdendem Wettbewerb wichtig sind.

Anlagen ohne Getriebe

Der Vorteil von getriebelosen Anlagen besteht darin, dass die Rotorleistung direkt auf den Generator übertragen werden kann. Der Antriebsstrang ist damit nahezu wartungsfrei und robuster, auch die Anzahl der verbauten Teile reduziert sich um mehr als die Hälfte. Durch den Einsatz von Permanentmagneten ist der Übertragungswirkungsgrad im unteren Teillastbereich deutlich besser.

Quelle: Bundesministerium für Wirtschaft und Energie (2015b)

Die weiterentwickelten und leistungsfähigeren Anlagen setzten sich rasch am Markt durch, wie die folgende Abbildung zeigt. Bis 1994 hielten Turbinen in der Kategorie 150- 499kW den größten Marktanteil bzgl. der Neuinstallationen inne, wurden dann aber von der nächsten Klasse (500-999kW) abgelöst. Diese dominierten bis 1999 den Markt, sodass folglich Turbinen größer als 1MW bei den Neuinstallationen den größten Marktanteil hatten. Ab dem Jahr 2005 dominierten Turbinen größer als 2MW Kapazität. Die Verbreitung der einzelnen Größenklassen entwickelte sich in Wellen - in etwa alle fünf Jahre wurde die alte von der neuen Kategorie abgelöst. Dies zeugt von einer hohen Innovationskraft der

Unternehmen in der Windindustrie, die vor allem von deutschen Anbietern beherrscht wurde. Die Verbreitung neuer Technologien und der graphische Verlauf wie in der folgenden Abbildung gezeigt sind idealtypisch und entsprechen dem einer S-Kurve, bzw. dem Modell des Technologielebenszyklus.

Abb. 5-4: Marktanteil verschiedener Turbinenkategorien in Deutschland zwischen 1990 und 2005

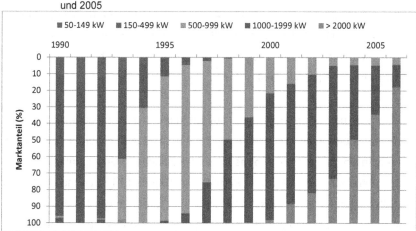

Quelle: Eigene Darstellung in Anlehnung an Fraunhofer IWES (2013c)

Die Notwendigkeit für leistungsstärkere Anlagen resultierte auch aus einer Änderung des Baugesetzbuches (BauGB) von 1996, welche die Errichtung von Windkraftanlagen priorisierte (Laird und Stefes 2009). Jede Kommune musste einen Plan ausweisen, in dem windparkfähige Zonen ausgewiesen waren. Dies beschleunigte deutlich den bürokratischen Prozess der Genehmigung von Anlagen und förderte die Marktentstehung (Lauber und Mez 2006). Da das zur Verfügung stehende Land gleichzeitig knapper wurde, stieg die Nachfrage nach leistungsstarken Anlagen und führte zu einer zielgerichteten Aufwärts-Skalierung der Turbinen. Deutsche Unternehmen konnten in dieser Phase den technologischen Vorteil dänischer Wettbewerber aufholen und näherten sich einer Serienproduktion (European Commission 1998).

Skaleneffekte in der Produktion aufgrund größerer Produktionszahlen und ersten Versuchen einer Serienproduktion führten folglich zu einer Kostenreduzierung. Während die Turbinen leistungsfähiger wurden, sanken die Projektinvestitionskosten für Windenergieanlagen zwischen 1991 und 1998 durchschnittlich um 3% pro Jahr. 1991 lagen die Kosten für eine WEA ungefähr bei 2.700 DM/kW, sieben Jahre später nur noch bei ca. 2.200 DM/kW (DEWI). Im gleichen Zeitraum stieg die durchschnittliche Kapazität einer Windenergieanlage um den Faktor 4,75 von ca. 165kW auf ca. 785kW. Eine Kostendeckung einer 500kW Windenergieanlage wurde 1999 bei einer Jahreswindgeschwindigkeit von ca. 6,2 m/s erreicht[58] (DEWI 1999).

Mithilfe von politischer Förderung auf Bundes- und Landesebene schafften deutsche Unternehmen so einen signifikanten Teil des wachsenden Marktes zu sichern. In einem temporären quasi-protektionistischen Markt konnten deutsche Firmen den Markt von 62 Turbinen (9MW) in 1989 auf 719 Turbinen (325MW) in 1995 ausbauen. Nach Einschätzung diverser Experten wurden deutsche Firmen zu dieser Zeit bezüglich der Funktion Marktentstehung deutlich bevorzugt, was sich letztlich auch in den Marktanteilen widerspiegelt (Johnson und Jacobsson 2003). Wie in der folgenden Abbildung zu sehen ist, dominieren vor allem Anfang der 1990er deutsche Unternehmen wie Enercon, AN Windenergie, Tacke, HSW und Nordtank. Neben den deutschen Unternehmen sind vor allem dänische Anbieter wie Vestas und NEG Micon aktiv. Das deutsche Unternehmen kann seinen Marktanteil kontinuierlich von ca. 25% (1993) auf ca. 29% (2000) ausbauen und ist damit der Marktführer in Deutschland. Vestas (Dänemark) folgt auf zweiter Position mit einem Marktanteil in Höhe von ca. 14% bis zum Jahr 2000. Nach 2000 kann der dänische Turbinenhersteller seinen Anteil deutlich ausbauen und sich ca. 28% vom Markt sichern. Dies ist vor allem auf die Akquisition von NEG Micon im Jahr 2003 zurückzuführen.

---

[58] Angenommen wird eine Nutzungsdauer von 10 Jahren, eine Nabenhöhe von 30m und eine Einspeisevergütung von 16,52 Pf./kWh.

Aggregiert nach Nationalität ergibt sich somit eine deutliche Dominanz deutscher Anbieter auf dem Heimatmarkt. 1995 betrug der Marktanteil aller deutschen Unternehmen ca. 65%, fünf Jahre später, im Jahr 2000, lag der Marktanteil deutscher Anbieter bei ca. 48%. Die größere Bedeutung ausländischer Anbieter ab 2000 lässt sich jedoch auf den Markteintritt von Enron zurückführen. Der amerikanische Finanzinvestor hatte unter anderem Tacke, einen deutschen Pionier der Windenergie, akquiriert.

Abb. 5-5: Marktanteile von deutschen und ausländischen Turbinenherstellern im deutschen TIS während der Wachstumsphase

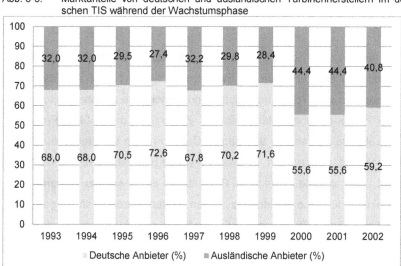

Quelle: Eigene Darstellung und Berechnung in Anlehnung an DEWI Magazin (1994-2013)

Die Dominanz deutscher Unternehmen lässt sich vor allem auf zwei Argumente zurückführen. Erstens wurden bereits im Rahmen der 100/250MW Programme zwar eine sehr große Anzahl an Anträgen für die Entwicklung von Turbinen gestellt (ca. 8.000), jedoch nur ca. 1.500 bekamen den Zuschlag. Durch einen intransparenten Auswahlprozess konnten deutsche Anträge bevorzugt werden. Zudem wurde pro Kategorie (bzgl. der Anlagenkapazität) eine Grenze von 40

Turbinen definiert. Diese Grenze war vor allem für große Firmen relevant, so dass die damals kleineren deutschen Firmen nicht betroffen waren. Damalige Marktführer, vor allem aus Dänemark oder Holland (Lagerwey) wurden zu Gunsten heimischer Firmen benachteiligt. Aufgrund von EU Regulierungen konnten ausländische Firmen natürlich nicht gänzlich ausgeschlossen werden, so dass diese immerhin ca. 43% der Projekte durchführten. Zudem wurde auf Länderebene ebenfalls eine lokale Turbinenindustrie bevorzugt. Tacke stand in enger Verbindung mit dem Land Nordrhein-Westfalen und auch Enercon hatte gute Beziehungen zu der lokalen Regierung und den ansässigen Energieversorgern (Johnson und Jacobsson 2003).

Neben der Stärkung der heimischen Industrie gab es seitens BMBF zwischen 1991 und 1995 Bestrebungen den Export zu fördern. Der Level der finanziellen Förderung war von Rotordurchmesser und Nabenhöhe abhängig und konnte bis zu 70% der Materialkosten umfassen. Ziel war es, das 250MW Programm auf Projekte im Ausland zu übertragen. Das Vorhaben scheiterte jedoch aufgrund von Budgetkürzungen. Stattdessen wurde beispielsweise das DEWI beauftragt, internationale Projekte mit Präsentation auf Messen zu bewerben, um Möglichkeiten für neue Märkte aufzuzeigen. Zudem wurden Schulungen angeboten, um Personal für eine internationale Markterschließung zu entwickeln. In der Industrie bestanden große Erwartungen hinsichtlich weiteren Wachstumspotentials der Windenergie, was somit so positiv den **Einfluss auf die Suchrichtung** beeinflusste. Ein großes Wachstumspotential wurde vor allem in Nordamerika, Westeuropa und China erwartet; Märkte, die zu diesem Zeitpunkt noch nicht hinreichend erschlossen waren. Trotz der positiven Aussichten hatten deutsche Anbieter zu diesem Zeitpunkt noch keine bis geringfügige Präsenz auf ausländischen Märkten, welche vor allem von dänischen Unternehmen besetzt waren. Markteintrittsbarrieren im Ausland waren hauptsächlich von hohen Transaktionskosten geprägt (z.B. Serviceinfrastruktur), die die dänischen First-Mover bereits reduziert hatten und sich so einen hohen Marktanteil sichern konnten (European Commission 1998). Das Unternehmen Enercon gründete 1995 eine Fertigungsstätte in Indien und war damit erster deutscher Anbieter mit einer ausländischen Produktion (Oelker 2005). Im selben Jahr unterzeichnete Enercon-Gründer Aloys Wobben den Vertrag für eine Auftragsfertigung von Rotorblättern in Brasilien[59]. Die in Brasilien gefertigten Rotorblätter waren für den deutschen Markt bestimmt und waren der Versuch Enercon's die starke Marktmacht des dänischen Anbieters LM zu reduzieren (Interview 16). Seit 1996 war auch bei deutschen Firmen ein ausgeprägtes Bewusstsein für Exporte zu verzeichnen. Die Bildung von Joint Ventures mit ausländischen Partnern war jedoch gegenüber Exporten von kompletten Anlagen die bevorzugte Variante (European Commission 1998). Quantitativ sind die Exporte der deutschen Windindustrie ab dem Jahr 2002 dokumentiert. In diesem Jahr konnte Deutschland ein Exportvolumen von ca. 340 Mio. US$ generieren, 2003 waren es bereits ca. 448,5 Mio. US$ und 2004 ca. 521 Mio. US$. Ein besonders starker Anstieg konnte 2005 verzeichnet werden, als die Exporte ca. 1,112 Mrd. US$ betrugen. Das durchschnittliche jährliche Wachstum lag also zwischen 2002 und 2005 bei ca. 34,5% (2016).

Die starke Ausprägung von lokalen Akteuren, sowie Zulieferern, und einer Vernetzung dieser, resultierte in die Funktion **positive externe Effekte**. Es entwickelten sich vor allem enge Kollaborationen zwischen Turbinenherstellern und Komponentenherstellern, da die Komponenten eng auf die Anforderungen jeder Turbine angepasst werden mussten. Innerhalb dieser Netzwerke bildeten sich Spezialisten und Nischenanbieter, wie beispielsweise Designdienstleister für Rotorblätter (Johnson und Jacobsson 2003). Netzwerke bildeten sich nicht nur in der Wirtschaft, auch auf politischer und institutioneller Ebene wurden die Interessen gebündelt, um Einfluss zu üben und Lobbyarbeit zu leisten. Bereits 1990 wurde die DEWI GmbH durch das Land Niedersachsen gegründet, um die

---

[59]   Siehe hierzu die detaillierte Fallstudie zu dem brasilianischen Unternehmen Tecsis.

lokale Windenergie zu unterstützen. 1996 folgte der Bundesverband WindEnergie e.V. (BWE) und gehört heute mit über 20.000 Mitgliedern zu einem der weltweit größten Verbände für Erneuerbare Energien (BWE 2016). 2000 wurde die Deutsche Energie-Agentur (Dena) gegründet, einem Kompetenzzentrum für die ökonomische Nutzung von Energie, Klimaschutz, nachhaltige Entwicklung und internationale Kooperationen. Aufgaben bestehen darin Projekte zu initiieren, koordinieren und moderieren (Bechberger und Reiche 2004). Im Jahr 2003 schlossen sich schließlich der Bundesverband mittelständische Wirtschaft, der Unternehmerverband Deutschland e.V. (BVMW), die Gewerkschaft ver.di und der Verband Deutscher Maschinen- und Anlagenbau (VDMA) der Koalition für den Ausbau Erneuerbarer Energien an und bilden so eine starke Basis für den weiteren Ausbau neuer Energien (Jacobsson und Lauber 2006).

Die Bildung von Gewerkschaften und das Schaffen einer starken Basis für politische Lobbyarbeiten ist ebenfalls Ausdruck einer deutlich gestiegenen Bedeutung der Windindustrie für Arbeitnehmer. Innerhalb der Wachstumsphase des TIS verzeichnete der direkte und indirekte Arbeitsmarkt in der Industrie für Windenergie ein durchschnittliches jährliches Wachstum von ca. 37%. Im Jahr 1995 waren ca. 5.000 Personen beschäftigt, wovon 1.700 bei WKA-Herstellern angestellt waren, der Rest bei Zulieferern und Dienstleistern (Langniß und Nitsch 1997).

Tab. 5-16: Anzahl der Beschäftigten der deutschen Windindustrie während der Wachstumsphase

Jahr	Beschäftigte
1990	1.200
1995	5.000
2000	25.000
2005	65.000

Quelle: Eigene Darstellung und Berechnung in Anlehnung an Langniß und Nitsch (1997) und Bundesverband WindEnergie (2011)

Während sich ausgeprägte Netzwerke in der Industrie bildeten, zeigten sich gleichzeitig die Auswirkungen der Funktion **Wissensentwicklung**, insbesondere des dominanten Designs in der Industrie. Wie Utterback und Suarez (1993) argumentieren, folgt auf die Etablierung des dominanten Designs ein Wettbewerb basierend auf Kosten, Skaleneffekten und Produktperformance. Vor dem dominanten Design gibt es noch eine Vielzahl an neuen Marktteilnehmern zu verzeichnen, nach der Einführung argumentieren sie jedoch für eine Welle von Austritten und Konsolidierungen in der Industrie.

Die Windindustrie ist in diesem Falle ein Textbuchbeispiel für die Konsequenzen vor und nach einem dominanten Design. Wie die Ausführungen in der formativen Phase des TIS gezeigt haben gab es damals eine große Vielfalt an Unternehmen und technologischen Lösungen. Nach der Einführung des dominanten Designs, also mit Beginn der Wachstumsphase Anfang der 1990er, kommt es zu einer rasanten technologischen Entwicklung (vor allem Skalierung der Leistung) und als letzte Konsequenz einer Konsolidierungswelle, wie die folgende Abbildung zeigt.

Nordex (Dänemark und Deutschland) konsolidierte sich 1997, 2001 wurde das deutsche Unternehmen Südwind akquiriert. Im Jahr 1997 kaufte sich der amerikanische Finanzinvestor Enron auf den deutschen Windmarkt, durch die Akquisition von Tacke, ein. 2001 entstand aus einer Fusion von pro&pro, BWU und Jacobs Energie (welche zuvor den Windpionier HSW akquirierten) die börsennotierte Repower Systems AG.

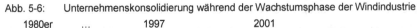

Abb. 5-6:   Unternehmenskonsolidierung während der Wachstumsphase der Windindustrie

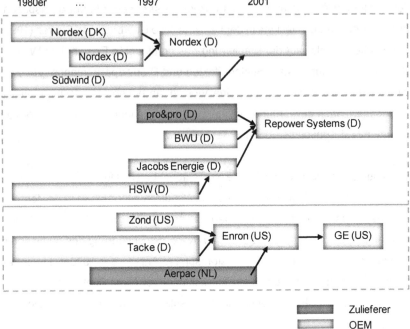

Zulieferer
OEM

Quelle: Eigene Darstellung in Anlehnung an Kammer (2011)

Im Jahr 1998 einigte sich die neu-gegründete Regierung (einer Koalition aus SPD und Grüne) auf ambitionierte Ziele für die Ausbreitung von Erneuerbaren Energien, die *Energiewende* war geboren. Bis 2010 sollten Erneuerbare Energien wie Wind und Solar in der Lage sein, bis 2010 12%, bis 2020 20% und bis 2050 50% der Nachfrage nach Elektrizität bedienen zu können (Böhringer et al. 2014; Frondel et al. 2010; Laird und Stefes 2009). Gleichzeitig sollten Emissionen von Treibhausgasen im Vergleich zu 1990 bis 2020 um 40% und bis 2050 um 80-90% reduziert werden (Böhringer et al. 2014). Um diese Ziele zu erreichen verabschiedete die deutsche Regierung im Jahr 2000 das Erneuerbare-

Energien Gesetz[60] (EEG) (Lauber und Mez 2006) und stimulierte so gleichzeitig die Funktionen **Einfluss auf die Suchrichtung** und **Marktentstehung**.

Im Vergleich zum StrEG kam es unter dem EEG zu drei strukturellen Änderungen. Erstens, ist die Vergütung nicht abhängig von dem durchschnittlichen Umsatz pro verkaufter kWh. Unter dem EEG ist der Einspeisetarif eine fixe, regressive und zeitlich begrenzte Rate (Bechberger und Reiche 2004). Eine neu errichtete Windenergieanlage hat den Anspruch auf eine festgelegte Einspeisevergütung in einem Zeitrahmen von 20 Jahren, was zu einer großen Sicherheit für Investoren führt. Durch diese Regelung haben auch private Investoren in den Ausbau von Erneuerbarer Energie investiert und konnten von den zuverlässigen Marktbedingungen profitieren (Frondel et al. 2010; Jacobsson und Lauber 2006).

Für die Bestimmung der Höhe des Einspeisetarifs wird vom EEG eine Referenzanlage definiert. Die Referenzturbine ist an einem Ort installiert, wo der Wind mit einer Geschwindigkeit von 5.5 m/s weht und hat eine Nabenhöhe von 30m.

---

[60] Die Effekte des EEG werden von Experten kritisch eingeschätzt und sind in der Literatur vielfältig dokumentiert. Die wichtigsten Kritikpunkte beziehen sich auf den a) Einfluss auf den Klimaschutz und b) auf technologische Innovationen. Bezüglich a) argumentieren beispielsweise Lehmann und Gawel (2013), van Asselt und Brewer (2010), Traber und Kemfert (2009) und Frondel et al. (2010), dass es bei einer Koexistenz des EEG auf Länderebene und des sogenannten Emissions Trading Scheme (ETS) auf EU-Ebene keinen positiven Effekt auf die CO_2- Emissionen gibt. Energieintensive Industrien (bspw. Stahl, Glas, Papier) sind in der Lage Zertifikate zu erwerben, und dürfen so mehr Emissionen tätigen. Insgesamt kommt es so eher zu einer Verlagerung von Emissionen als zu einer Reduzierung. Bezüglich b) argumentieren beispielsweise Böhringer et al. 2014 und die Expertenkommission Forschung und Innovation (EFI) 2014, dass das EEG keine technologischen Innovationen stimuliert. Anhand einer Patentanalyse von verschiedenen Erneuerbaren Energietechnologien (Wind, Photovoltaik, und weitere) kommen sie zu dem Schluss, dass das EEG lediglich inkrementelle Innovationen fördert, jedoch keine radikalen Innovationen. Schlussfolgernd zögern Innovatoren in die Entwicklung von risikoreichen Technologien zu investieren und wenden sich eher abschöpfenden Aktivitäten zu um hohe Gewinne zu erzielen. Gleichzeitig erfahren etablierte Technologien einen Lock-In Effekt und die Eintrittsbarrieren werden erhöht. Andere Kritikpunkte zielen auf steigende Stromkosten für Konsumenten und sich reduzieren Profite von Energieversorgern (Traber und Kemfert 2009) sowie fehlende Arbeitsmarkteffekte (Frondel et al. 2010) ab.

Die Anlage ist 5 Jahre in Betrieb, um einen Referenzertrag zu generieren. Abhängig von der Performance einer tatsächlich installierten Windanlage wird der Einspeisetarif entweder reduziert oder der ursprüngliche Tarif verlängert. Sollte der Ertrag um 150% höher sein als der der Referenzanlage wird der Tarif für die verbleibenden 15 Jahre verringert. Durch die Verlängerung bei geringerer Performance können auch Regionen mit weniger optimalen Bedingungen erschlossen werden (Klein et al. 2007). Der Tarif ist regressiv (-1,5% p.a.) um Innovationen zu stimulieren und darüber hinaus um Kompatibilität mit EU-Recht für Subventionen zu wahren (Bechberger und Reiche 2004).

Tab. 5-17: Einspeisetarif unter dem EEG (in €Cents pro kWh) zwischen 2000 und 2010

2000	2001	2002	2003	2004	2005	2006	2007	2008	2009	2010	Anmerkung
9,1	9,1	9,0	8,8	8,7	8,6	8,4	8,3	8,2	8,1	7,9	Tarif gilt für mind. 5 Jahre nach Installation, danach Reduktion bis Untergrenze abhängig vom Ertrag
6,2	6,2	6,1	6	5,9	5,8	5,7	5,7	5,6	5,5	5,4	Untergrenze

Quelle: Eigene Darstellung in Anlehnung an Lauber und Mez (2006)

Die zweite strukturelle Veränderung des EEG im Vergleich zum StrEG betrifft die Abnahmeverpflichtung von Erneuerbaren Energien seitens dem nächstgelegenem Energieversorgern. Drittens gibt es eine Umverteilung der Kosten, die durch die Abnahmeverpflichtung für die Energieversorger entstehen. Da in einigen Regionen mehr Windenergie erzeugt wird als in anderen, haben die dort ansässigen Versorger höhere Kosten. Diese werden auf alle Versorger in Deutschland gleichmäßig verteilt. Zuletzt ist der Netzausbau reguliert. Anlagenbetreiber sind verpflichtet das Netz auszubauen und sind für die Kosten verantwortlich. Bei Konflikten hat das BMWi eine Schlichtungsstelle eingerichtet (Bechberger und Reiche 2004; Frondel et al. 2010).

Systemdynamik

In der Wachstumsphase zeichnet sich das TIS für Windenergie in Deutschland vor allem durch eine positive Dynamik aus, initialisiert von angebots- und nachfrageseitigen Förderungen, resultierend in eine schnelle Marktentstehung. Das Innovationssystem konnte von technologischem Experimentieren in der formativen Phase profitieren, folglich hat sich zu Beginn der Wachstumsphase schnell ein dominantes Design etabliert, was zu einer Hochskalierung der Windenergieanlagen führte. Vor allem die Nutzung von Skaleneffekten kann in dieser Phase des TIS als Schlüssel für die erfolgreiche Verbreitung der Technologie gesehen werden. Die leistungsfähigeren Anlagen beeinflussen wiederum positiv das schnelle Marktwachstum und sind ein entscheidender Faktor die positive Dynamik weiter in Gang zu halten. Als Konsequenz des dominanten Designs folgt ein intensiver werdender Wettbewerb, welcher zu einer Marktkonsolidierung führt. Unter steigendem Kostendruck entwickeln sich in der Industrie Netzwerke, um in dem Wettbewerb standhalten zu können; Spezialisten bilden sich und eine Zulieferstruktur wird etabliert. Die Novellierung der politischen Förderung zeugt von der Weiterentwicklung des TIS und stellt gleichzeitig den Beginn der Reifephase der Industrie dar.

Abb. 5-7:   Das deutsche TIS in der Wachstumsphase

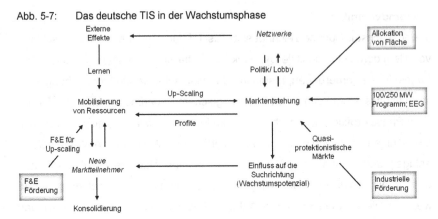

Quelle: Eigene Darstellung in Anlehnung an Johnson und Jacobsson (2003)

5.2.3 Reifephase (2006 bis heute)

Die Reifephase des Innovationssystems in Deutschland begann ca. 2006 mit einem deutlich verlangsamten Zuwachs installierter Kapazität für Windenergie. Während das durchschnittliche jährliche Wachstum zwischen 2000 und 2005 noch bei ca. 25% lag, verringerte sich der Zubau auf ungefähr 8% zwischen den Jahren 2005 und 2010 und blieb ungefähr auf diesem Niveau in den folgenden Jahren bis 2016. Insgesamt betrug das durchschnittliche jährliche Wachstum zwischen 2005 und 2016 ungefähr 8,6%. Die folgende Tabelle veranschaulicht die Entwicklung installierter Kapazität (onshore). Die Kapazität lag 2005 bei ca. 18.000 MW, 2010 bei ca. 27.000 MW und 2016 bei ca. 45.400 MW. 2008 musste Deutschland die weltweit führende Position installierter Kapazität an die USA abgeben. Die Gründe für das verlangsamte Wachstum und somit hemmend für die Funktion **Marktentstehung** werden vor allem in folgenden Punkten gesehen: 1) Ein langsamer „Repowering" Prozess, also die Substitution alter, leistungsschwächerer Anlagen durch neue, leistungsstärkere Anlagen; 2) Eine begrenzte Verfügbarkeit nutzbarer Flächen für den ökonomischen Ausbau weiterer Windkraftanlagen, was ebenfalls durch Bauschutzverordnungen verstärkt wird (hier gilt das Recht einzelner Bundesländer, die die minimale Distanz zwischen Turbine und Haus festlegen können. Besonders streng ist diesbezüglich die Verordnung in Bayern) (IEA 2006).

Die politische Debatte um Lärm- und Naturschutz ist Ausdruck teilweise schwindender **Legitimität** der Windkraft. Was einst als grüne und saubere Energie in den 1970er Jahren startete ist wird in der Phase der Reife von einigen Interessenverbänden kritisch gesehen und als Politikum genutzt. Von einigen Autoren wird in diesem Zusammenhang von einer „NIMBY"- Kultur gesprochen (engl.: Not In My Backyard). Das heißt, dass die Bevölkerung prinzipiell positiv für den Ausbau von Windkraft gestimmt ist, aufgrund einer relativ starken Lärmemission der Anlagen soll dieser Ausbau jedoch fernab des eigenen Wohnorts stattfinden.

Tab. 5-18:   Entwicklung der installierten Kapazität (onshore) in Deutschland zwischen 2005 und 2016

Jahr	Installierte Kapazität (MW) onshore	CAGR	CAGR (2005-2016)
2005	18.390		
2010	27.191	8,1%	8,6%
2016	45.384	8,9%	

Quelle: Eigene Darstellung und Berechnungen auf Basis von Bundesministerium für Wirtschaft und Energie (2017)

Das Wachstum von Neuinstallationen von onshore Windkraftanlagen ist im jährlichen Durchschnitt deutlich geringer als in der Phase des Wachstums, dennoch liegen die absoluten Neuinstallationen auf einem sehr hohen Niveau und erzielen jährlich neue Rekorde. Während sich das Wachstum für onshore Anlagen auf einem stabilen Niveau befindet, jedoch im Vergleich zu der Phase des Wachstums abgeflacht ist, lassen sich in demselben Zeitraum bei der Neuinstallation von offshore-Anlagen große Zuwächse beobachten, wie in der folgenden Tabelle zu sehen ist. Im Jahr 2005 gab es keine installierten Kapazitäten, 2010 lediglich 80 MW. Zwischen 2010 und 2016 betrug das durchschnittliche jährliche Wachstum von offshore Windkraft ca. 120% und hatte eine Kapazität von etwas über 4.000 MW. Wichtigstes Projekt in Deutschland für die Erprobung von offshore Windkraft ist alpha ventus, welche im April 2010 in Betrieb genommen wurde (IEA 2012).

Tab. 5-19: Entwicklung der installierten Kapazität (offshore) in Deutschland zwischen 2005 und 2016

Jahr	Installierte Kapazität (MW) offshore	CAGR	CAGR (2005-2016)
2005	0		
2010	80	.	
2016	4.150	120,3%	.

Quelle: Eigene Darstellung und Berechnungen auf Basis von Daten des Bundesministerium für Wirtschaft und Energie (2017)

Erneuerbare Energien insgesamt[61] hatten in Deutschland im Jahr 2016 einen Anteil von ca. 31% an der Bruttostromerzeugung, was ungefähren 188 Mrd. kWh entspricht. Windenergie an Land hatte davon einen Anteil von knapp 35%, Windenergie auf See weitere 6,6%. Die Bedeutung der Erneuerbaren ist in den letzten Jahren stetig gestiegen, 2005 waren es 9,3% (Umweltbundesamt 2017).

Der massive Ausbau erneuerbarer Energieformen hat zu stark fallen Strompreisen auf dem Großhandelsmarkt geführt. Während 2008 eine MWh noch 80€ gekostet hat, sind es heutzutage lediglich 30€ bis 50€. Als Folge des Preiseinbruchs müssen traditionelle Versorger wie E.ON und RWE heftige Verluste verbuchen, was dazu führte, dass sie das erneuerbaren Energien Geschäft von dem traditionellen Geschäft trennen. Erneuerbare Energien haben weiteres Angebot in einem bereits gesättigten Markt geschaffen und so möglicherweise disruptive Auswirkungen auf den Elektrizitätsmarkt. Deregulierte Märkte, wie der in Deutschland, fungieren normalerweise mit einem Merit Order Effekt: Um die Nachfrage zu bedienen, wird zuerst das günstigste Angebot gewählt, dann das

---

[61] Hierzu zählen laut Umweltbundesamt Wasserkraft, Biomasse, Windenergie und Photovoltaik.

Zweitgünstigste, und so weiter. Die teuerste Energiequelle bestimmt so den Preis. Da die Grenzkosten von Wind und Solar gering sind, verdrängen sie teurere Angebote vom Markt und reduzieren den Marktpreis. Solange erneuerbare Energien wie Windkraft in ausreichender Menge zur Verfügung stehen besteht in diesem Mechanismus kein Problem, außer für die Produzenten von teurem Strom. Die Produktion von Windkraft unterliegt jedoch starken Schwankungen – in Zeiten von starkem Wind wird viel Strom produziert, wenn der Wind nicht weht wird kein Strom produziert. Um diesen Schwankungen auszugleichen sind Investitionen in die Netzinfrastruktur notwendig, idealerweise in „smart grid" und ausreichend Speicherkapazitäten. Diese Lösung funktioniert jedoch nur auf langfristige Sicht, kurzfristig müssen bestehende Kraftwerke, zumeist kohlebasiert, für Kapazitätsengpässe am Leben gehalten werden. Atomkraftwerke sind seit dem angekündigten Atomausstieg der Bundesregierung auf absehbare Zeit keine Option. Die Auswirkungen des Ausbaus erneuerbarer Energien eröffnet Möglichkeiten für neue Geschäftsmodelle auf dem Strommarkt, die zu neuen technischen Lösungen und Unternehmensneugründungen führen. Der Aufbau von Speicherkapazitäten steht dabei oftmals im Mittelpunkt. Innovative Unternehmen wie die sonnen GmbH bieten Batteriespeicher für Privatanwender an, die sogar die Möglichkeit haben sich vollständig vom traditionellen Energieversorger unabhängig zu machen (The Economist 2017). Der Ausbau und die Erfolgsgeschichte von Windkraft (und weiterer erneuerbaren Energieformen) führen also zu einem möglichen disruptiven Systemwandel im Elektrizitätsmarkt, dessen traditionelle Akteure, die Energieversorger, vor einer unsicheren Zukunft stehen.

Einfluss auf die Suchrichtung und Mobilisierung von Ressourcen

Die staatliche Förderung für Windkraft hatte sich anfänglich der Reifephase im Vergleich zu der Phase des Wachstums nicht entscheidend verändert, so dass das Erneuerbare Energien Gesetz (EEG) weiterhin der zentrale Fördermechanismus bleibt. 2012 wurde eine Novellierung des EEG implementiert, welches den Einspeisetarif für onshore Windkraft in selber Höhe beibehält (89,3€/MWh), jedoch eine stärkere Degression (1,5% anstatt 1%) vorsieht, um eine weitere Kostenreduktion zu stimulieren. Hingegen wird der Ausbau von offshore Windkraft stärker gefördert. Windfarmbetreiber können entscheiden ob, sie für einen Zeitraum von 12 Jahren 150€/MWh oder für 8 Jahre 190€/MWh beziehen. Nach diesem Zeitraum wird der Tarif jährlich um 7% reduziert (IEA 2012).

Das EEG wurde 2014 ein weiteres Mal novelliert. Installationen nach dem 1. August bekommen einen Einspeisetarif auf einem Basisniveau von 49,50€/MWh, sowie einem anfänglichen Tarif von 89,0€/MWh für die ersten fünf Jahre. Die Einspeisetarife für offshore Anlagen wurden leicht angehoben. Diskussionen um die Novellierungen und einhergehende Unsicherheiten gelten als Wachstumshemmnis für die Industrie (IEA 2015).

Die Novellierung 2016 umfasst weitreichende Änderungen zur Förderung von Windenergie. Ab dem 01.01.2017 tritt ein Auktionsverfahren in Kraft und löst die gesetzlich festgelegten Einspeisetarife ab. Nur Windturbinen, die eine Auktion gewonnen haben bekommen den Einspeisetarif zugesprochen. Der Ausbau von Windenergie (onshore) wird begrenzt durch eine jährliche Anzahl von Auktionen, der maximale Einspeisetarif liegt bei 70€/MWh über einen Zeitraum von 20 Jahren. Zwischen 2017 und 2019 sollen jeweils jährlich 2.800 MW zugebaut werden, ab 2020 maximal 2.900 MW pro Jahr. In den letzten Jahren lag der jährliche Ausbau bei ca. 4.000 MW, sodass dies eine deutliche Reduzierung bedeutet und die Wachstumserwartungen für onshore Windkraft weiter drückt. Die Auktionen werden von der Bundesnetzagentur durchgeführt (DEWI 2016).

Die öffentlichen Investitionen in RD&D sind in Deutschland im Vergleich zu vorherigen Perioden wieder stark gestiegen. Während die Investitionen zwischen 2001 und 2005 bei ca. 100 Mio. US$ lagen sind sie zwischen 2006 und 2010 auf ca. 165 Mio. US$ angestiegen. Eine weitere Steigerung der Ausgaben konnte allein zwischen den Jahren 2011 und 2014 beobachtet werden (also in nur vier Jahren anstatt zuvor fünf Jahresintervallen) auf über 240 Mio. US$. Bei genauerer Betrachtung der Ausgaben ist auch hier eine verstärkte Verschiebung in Richtung offshore Windkraft zu verzeichnen (Bundesministerium für Wirtschaft und Energie 2015a).

Tab. 5-20:   Investitionen in RD&D für Windkraft in Deutschland zwischen 2006 und 2014

Intervall	RD&D in Mio. US$
2006-2010	164,61
2011-2014	242,38

Quelle: Eigene Darstellung und Berechnungen auf Basis von IEA (2016a)

Es kann zusammenfassend festgehalten werden, dass die nachfrageseitige Förderung von Windkraft stagniert bzw. angepasst wird (für onshore Windkraft zurückgeht, für offshore Windkraft erhöht wird), während die angebotsseitige Förderung zunimmt.

Entwicklung von Wissen

Die öffentlichen Gelder werden insbesondere in Technologien für die Produktion von größeren Rotordurchmessern investiert. Größere Rotoren ermöglichen eine höhere Zahl an Volllaststunden, wodurch die Auslastung effizienter wird und die Produktion der Windenergie planbarer und ökonomischer wird. Ein weiterer Vorteil von größeren Rotorblättern und damit Ziel der Forschung sind Schwachwindanlagen, um bisher weniger günstige Standorte erschließen zu können und somit weiteres Wachstum zu generieren. Neben öffentlicher Forschung betreiben auch Unternehmen Entwicklungsaktivitäten auf diesem Gebiet. Herausfordernd sind bei großen Rotordurchmessern die Auswirkungen auf Getriebe und Lager, was bereits in dem Kapitel zur technologischen Dekomposition als zentraler Forschungsgegenstand der Industrie identifiziert wurde. Weitere Forschungsanstrengungen gehen in Richtung der Modularisierung von Windenergieanlagen und erste Unternehmen bieten Lösungen auf diesem Gebiet an. Durch die größer werdenden Durchmesser wird der Transport erschwert, was eine Modularisierung einzelner Komponenten erstrebenswert werden lässt. Modularisierung bedeutet in diesem Zusammenhang, dass die einzelnen Teile erst am Zielstandort zusammengesetzt werden. Weitere Forschung wird in Richtung Test und Langlebigkeit von Anlagen betrieben. Moderne Testanlagen sollen die Windkraftanlagen auf Lebenserwartung testen, so dass die erwartete Lebensdauer einer Anlage auf bis zu 30 Jahre ansteigen kann (Bundesministerium für Wirtschaft und Energie 2015b).

Unternehmerische Aktivitäten

Die Wachstumsphase war vor allem gekennzeichnet durch die Bildung eines ausgeprägten Netzwerkes in der Industrie, als Konsequenz von der Entwicklung von technologischem Wissen und der Notwendigkeit Turbinen in ihrer Leistung zu skalieren. In der Folge ist in der deutschen Industrie eine ausgeprägte Wertschöpfungskette für die Produktion von Windkraftturbinen entstanden, die sich in drei Tier-Ebenen gliedern lässt. Auf Tier 1 Ebene befinden sich die grundlegenden Komponenten einer Windkraftturbine, nämlich die Rotorblätter, Getriebe (bei Anlagen mit Getrieben), der Generator, Turm und Fundament, und schließlich der Azimutantrieb und die Elektronik. Auf Tier 2 Ebene sind Produkte anzusiedeln, die direkt mit dem Bau der Tier 1 Komponenten zusammenhängen. Bei Rotorblättern sind es beispielsweise die Rotornabe, Achszapfen oder die Rotorbremse. Für das Getriebe sind Zahnräder, Wellen, Lager und eine Ölpumpe notwendig. Der Generator benötigt insbesondere Rotor und Stator, sowie Lager und Kühler. Der Turm besteht aus einzelnen Segmenten. Für die Elektronik sind beispielsweise Messtechnik und Transformatoren wichtig. Auf Tier 3 Ebene befinden sich grundlegende Stoffe und Produkte wie beispielsweise Harze und Glasfaser, Stahl, Bleche, Kabel, Steckverbinder, Beton und Halbleiter.

Abb. 5-8: Wertschöpfungskette für Windkraftanlagen

Tier 1	Rotorblätter	Getriebe	Generator	Turm und Fundament	Azimutantrieb, Elektronik und Sonstiges
Tier 2	- Rotornabe - Achszapfen - Rotorbremse - Blattverstell- mechanismus - Heizelemente	- Zahnräder - Gehäuse - Wellen - Lager - Ölpumpe - Ölkühler - Ölfilter	- Rotor - Stator - Elektronik - Lager - Kühler	- Turmsegmente - Lift/Leiter	- Azimutmotor - Azimutlager - Schaltschränke - Messtechnik - Drossel - Transformatoren
Tier 3	- Glasfaser - Kunstharze - Klebstoffe - Farben/Lacke - Schaumstoffe	- Stahl - Bleche - Dichtmittel - Öl - Schrauben	- Kabel - Steckverbinder - Dichtungen - Kupfer - Schrauben	- Beton - Stahl - Kleber - Schrauben	- Kabel - Steckverbinder - Halbleiter - Verbindungs- elemente

Quelle: Eigene Darstellung in Anlehnung an VDMA (2012)

Turbinenhersteller repräsentieren in der Wertschöpfungskette der Windindustrie den Original Equipment Manufacturer (OEM). Je nach Strategie variiert der Grad der vertikalen Integration der OEMs. Bei einer geringen vertikalen Integration beziehen die OEMs einen großen Teil der Komponenten von Zulieferern. Hierbei handelt es sich meist um Standardkomponenten oder die Produkte wurden nur von Dritten gefertigt. Die OEMs Senvion (früher Repower), GE und Nordex verfolgen eine relativ niedrige vertikale Integration und kaufen entsprechend viele Komponenten zu. Das deutsche Unternehmen Enercon hingegen hat eine sehr hohe vertikale Integration und fertigt 60-80% der Komponenten selber (Kammer 2011).

Der VDMA (2012) listet insgesamt 171 Unternehmen in der deutschen Windindustrie. Auf dem deutschen Markt sind insgesamt 10 OEMs aktiv, auf Tier 1 Ebene sind es 32. Die Zahl der aktiven Unternehmen ist auf Tier 2 Ebene mit 86 am Größten, auf Tier 3 Ebene sind es immer noch 47.

Tab. 5-21:   Tier-Struktur der Windindustrie in Deutschland[62]

Tier Ebene	Anzahl Unternehmen
OEM	10
Tier 1	32
Tier 2	86
Tier 3	47

Quelle: Eigene Analyse basierend auf VDMA (2012)

Die deutsche Windindustrie hat ausgeprägte **externe Effekte** realisiert und repräsentiert mittlerweile eine wichtige Rolle auf dem Arbeitsmarkt, wie in Tab.
5-22 zu sehen ist. Die Anzahl der Beschäftigten wächst in der Reifephase stetig
und setzt die Entwicklung aus der Wachstumsphase weiter fort. 2006 waren
noch ca. 70.000 Arbeiter beschäftigt, 2011 waren es bereits über 100.000 Beschäftigte. In 2010 musste die Entwicklung einen leichten Rückgang verzeichnen, vor allem verursacht durch die weltweite Wirtschaftskrise.

Tab. 5-22:   Anzahl der Beschäftigten in der deutschen Windindustrie in der Reifephase

Jahr	Beschäftigte
2005	65.000
2010	96.100
2015	142.900

Quelle: Eigene Darstellung in Anlehnung an Bundesverband WindEnergie (2011; 2016)

Die Windindustrie befindet sich weiterhin in einer Konsolidierungsphase, die insbesondere auf OEM Ebene zu beobachten ist. 2007 wurde REpower (ursprünglich im Jahr 2001 als Zusammenschluss der Hersteller Jacobs Energie, BWU
und pro&pro Energiesysteme entstanden) durch den indischen Hersteller Suzlon übernommen. 2014 wird REpower in Senvion umgewandelt, was auf das
Auslaufen von Lizenzrechten zurückzuführen ist. Die in Salzbergen, Nieder-

---

[62]   Die Tabelle addiert sich auf 174 Unternehmen, da das Produktfeld einiger Unternehmen
       in den Tierebenen in zwei Richtungen überlappt. Ein Unternehmen kann sowohl auf Tier
       1 und auf Tier 2 Ebene aktiv sein. In diesem Fall wird dieses Unternehmen auf beiden
       Ebenen gezählt. Maschinenbauer und Serviceanbieter wurden aus der Zählung ausge-
       schlossen, da sie auf allen Ebenen der Wertschöpfungskette tätig sind.

sachsen, ansässige GE Wind GmbH kauft im Jahr 2009 den norwegischen Hersteller ScanWind, 2015 folgt die Übernahme der Windsparte von dem französischen Anbieter Alstom. Alstom wiederum hatte sich im Jahr 2007 durch die Akquisition von Ecotécnica in den Windmarkt eingekauft. Weitere Akquisitionstätigkeiten von GE umfassen die Übernahmen von dem dänischen Rotorblatthersteller LM Wind Power im Jahr 2016. Die Siemens AG ist im Jahr 2004 durch die Übernahme des dänischen Herstellers Bonus Energy in den Windmarkt eingetreten und fusioniert 2015 mit dem spanischen Windanlagenhersteller Gamesa. Beide Unternehmen kombiniert haben global eine installierte Kapazität von knapp 70.000 MW und einen geschätzten Umsatz von 9,3 Mrd. € pro Jahr. Im Oktober 2015 beschließt der deutsche Hersteller Nordex die Übernahme von Acciona Windpower, Spanien. Der führende deutsche Hersteller, Enercon, entscheidet sich hingegen bewusst gegen eine Konsolidierungsstrategie (Diederichs 2017).

Übersicht der wichtigsten Akteure im deutschen Innovationssystem für Windkraft

Die folgende Tabelle zeigt eine Übersicht der wichtigsten Akteure im deutschen Innovationssystem für Windkraft. Die beiden entscheidenden Ministerien für das TIS sind das Bundesministerium für Wirtschaft und Energie und das Bundesministerium für Umwelt, Naturschutz, Bau und Reaktorsicherheit. Die wichtigsten Unternehmen in der deutschen Industrie sind Enercon, Siemens und Nordex. Auffällig sind weiterhin die große Anzahl Zulieferer auf verschiedenen Ebenen. Die Universität Stuttgart bleibt ein wichtiger Akteur in der Forschungslandschaft der Windindustrie und baut auf dem Erbe Hütters auf, der als Urvater der deutschen Windforschung gilt. Die prägenden Forschungseinrichtungen sind das Fraunhofer IWES und der Projektträger Jülich. Der Bundesverband WindEnergie ist entscheidender Akteur in der Lobbylandschaft der Windindustrie, DEWI ist seit den 1990er Jahren ein Dienstleister von Informationen und Berichten für die Industrie.

Tab. 5-23: Die wichtigsten[63] Akteure im TIS für Windkraft in Deutschland

Kategorie	Akteur
Staatliche Institutionen	Bundesministerium für Wirtschaft und Energie Bundesministerium für Umwelt, Naturschutz, Bau und Reaktorsicherheit
Unternehmen	*Turbinenhersteller (heimisch)* Enercon, Siemens, Nordex, Senvion, Vensys *Turbinenhersteller (ausländisch)* Vestas, Mitsubishi *Zulieferer* Tier 1: 32, Tier 2: 86, Tier 3: 47
Universitäten und Forschungseinrichtungen	*Universitäten/ Bildungseinrichtungen* Universität Stuttgart (Lehrstuhl für Windenergie), ForWind (Universitäten Oldenburg, Hannover und Bremen) *Forschungseinrichtungen* Projektträger Jülich, Fraunhofer I-WES
Verbände, Agenturen, Dienstleister	Bundesverband WindEnergie, Deutsche Energie-Agentur (dena), DEWI

Quelle: Eigene Auswertung

5.3 Das technologische Innovationssystem für Windkraft von den USA

5.3.1 Formative Phase (1970er bis 1998)

Die Ölkrise von 1973 war die Initialzündung für eine aufkeimende Windindustrie in den USA. Angetrieben von steigenden Ölpreisen waren es umweltbewusste Ingenieure im mittleren Westen, die alte Windkraftanlagen (20KW) aus den 1920er und 1930er Jahren wieder in Gang brachten und bald darauf selber Turbinen verkauften. Die Unternehmer vereinten sich kurz darauf (1974) unter der

---

[63]   Bei der Tabelle besteht kein Anspruch auf Vollständigkeit, sondern beruht auf Literaturrecherche und Einschätzungen des Autors.

Führung von Allen O'Shea in einem Verband, der American Wind Energy Association (AWEA). Noch im selben Jahr stellte die amerikanische Regierung[64] finanzielle Ressourcen in Höhe von 24,5 Mio. US$ für Forschung und Entwicklung bereit. In der Folge gibt es starke Forschungsaktivitäten von beispielsweise der NASA oder der University of Massachusetts[65] (Guey-Lee 1998).

In 1977 wird das U.S. Department of Energy (DOE) gegründet, welches fortan großen **Einfluss auf die Suchrichtung** und die **Marktentstehung** nehmen wird. Der Public Utility Regulatory Policies Act (PURPA) von 1978[66] verpflichtet Energieversorger Strom aus erneuerbaren Energien zu kaufen und stellt eine nachfrageseitige Förderung dar. Auf der Angebotsseite fördert der Energy Tax Act mit finanziellen Anreizen Investments für die Entwicklung von Windparks (AWEA). Die Kredite waren wichtig für die Gründung der Industrie, da sie die Steuerverpflichtungen der Investoren reduziert haben (Guey-Lee 1998).

Neben Idealisten, die vor allem die alten und kleineren Turbinen aus den 1930ern herrichten, traten alsbald auch große Unternehmen dem Markt bei – wohl auch angezogen von dem starken Marktwachstum und den finanziellen Förderungen. Alcoa Corporation ging eine Kooperation mit dem Sandia Laboratory ein, weitere namhafte Unternehmen wie Boeing, McDonnel Douglas, Hamilton-Standard, Grumman Aerospace, General Electric und Westinghouse waren auf der Suche nach einer effizienten und zuverlässigen Multimegawatt-Turbine. Prototypen wurden entwickelt und errichtet, die Technologie und das Design variiert dabei deutlich – die NASA errichtete eine 100kW Anlage mit dem

---

[64] Das Programm wird durch die National Science Foundation aufgesetzt und wird über das Programm „Research Applied to National Needs" (RANN) gesteuert. Neben Windkraft förderte es zudem Solarenergie. Dies bedeutet jedoch noch lange nicht einen Strategiewechsel der amerikanischen Regierung in Richtung erneuerbarer Energien: 73% der 1974er Budgets waren für Atomkraft allokiert (Richter 1996.

[65] Die Leistungsdaten der Turbinen rangieren zwischen 25kW und 100kW.

[66] Wirtschaftshistoriker betiteln PURPA als historisches Ereignis: „...(it) would change the nature of the nation's energy production (...) The PURPA legislation initiated a small revolution in the U.S. power production." Richter 1996, S. 198

Namen MOD 0, erfolglos. Westinghouse Electric Company griff die Idee auf und errichtete die nächste Generation MOD 0A mit 200kW (vier Prototypen). General Electric vervielfachte die Kapazität einer Anlage und errichtete MOD 1 mit 2MW. Es folgten weitere Versuche von beispielsweise Boeing (2,5 MW), Hamilton Standard (4 MW) oder einer Kooperation der NASA, des DOE und Boeing für eine 3,2 MW Turbine (Righter 1996). Eines haben die Turbinen gemeinsam: sie variieren deutlich in Design, Technologie wie zum Beispiel Blattzahl oder Ausrichtung.

Dabei waren „Windentwickler" in Amerika in zwei Lager geteilt: Große Unternehmen auf der Suche nach großen Turbinen, und Umweltaktivisten, „Weltverbesserer" und Aussteiger auf der Suche nach kleinen Turbinen und dezentraler, autarker Energieversorgung. Es zeigt sich, dass sich in der jungen Industrie noch kein dominantes Design durchgesetzt hat. Viele der Prototypen hatten beispielsweise zwei Rotorblätter und weichen damit von dem heutzutage gängigen Design ab. Die Entwicklung bedient zwei Funktionen des TIS: **Unternehmerisches Experimentieren** und **Entwicklung von Wissen**.

Das größte Problem für amerikanische Turbinen war jedoch die Zuverlässigkeit; keines der beiden Lager, Unternehmer wie Umweltaktivisten/Idealisten, war fähig eine zuverlässige Anlage zu errichten. Es ging so weit, dass 29 von 32 Anlagen kritische mechanische Störungen hatten (Righter 1996).

Ebenso konnten die Forschungsbemühungen in eine signifikante Anzahl an Patenten umgewandelt werden. In dem Zeitraum zwischen 1980 und 1989 konnten amerikanische Anmelder 29 Patente beim Europäischen Patentamt (EPO) anmelden. Dies bedeutet im internationalen Vergleich den zweiten Rang, lediglich deutsche Anmelder konnten mehr Patente (56) in diesem Zeitraum anmelden[67].

---

[67] Siehe eine detaillierte Analyse und Übersicht in einem gesonderten Kapitel.

Grundlage für die Vielzahl an Patentanmeldungen sind Investitionen in Forschung und Entwicklung, die in der untenstehenden Tabelle dargestellt werden.
In dem Zeitraum zwischen 1875 und 1980 wurden ungefähr 460 Mio. US$ in
Forschung, Entwicklung und Demonstrationsprojekte investiert, in dem folgenden Intervall zwischen 1981 und 1985 waren es immerhin noch 417 US$ (IEA
2016a).

Als Konsequenz der hohen Ölpreise, einer starken Förderung der Forschung
und Entwicklung und der Nachfrage- und Angebotsseite gibt es einen regelrechten „Windrush" in den USA, insbesondere dem Bundesstaat Kalifornien (AWEA;
Guey-Lee 1998). Windkraft wurde als ideales Komplement für die bestehende
Energiematrix in Kalifornien gesehen, die hauptsächlich aus Hydropower bestand. Die bei der Windkraft entstehenden Schwächeperioden konnten durch
die immer zur Verfügung stehenden Wasserkraft kompensiert werden (Guey-
Lee 1998). Die California Public Utility Commission (PUC) fordert von den staatlichen Versorgungsunternehmen, dass sie eine 30-jährige Abnahme von erneuerbaren Energien garantieren. Mit dieser Sicherheit investieren viele Windkraftentwickler in Kalifornien, so dass schnell erste Windparks entstehen. Die installierte Kapazität von Windkraft schnellt von einer insignifikanten Größe in 1980
auf 980 MW in 1985. Die entspricht einem durchschnittlichen jährlichen Wachstum von knapp 300%.

Tab. 5-24:   Marktentwicklung in den USA zwischen 1990 und 1998

Jahr	Kumulierte Kapazität (MW)	CAGR
1980	1	
1985	980	297%
1998	1.512	9%

Quelle: Eigene Darstellung in Anlehnung an Department of Energy (2007)[68]

---

[68]   Teilweise eigene Berechnungen und Schätzungen des Autors.

Interessanterweise konnten von dem starken Marktwachstum die amerikanischen Unternehmen, die so intensiv geforscht und entwickelt hatten, nur bedingt partizipieren. Aufgrund der großen Probleme mit der Zuverlässigkeit der Anlagen blieb der große Markterfolg für heimische Turbinenhersteller aus. Mitte der 1980er dominierten dänische Hersteller den Markt, einige andere versuchten ihr Glück: James Howden, Wind Energy Group (beide United Kingdom), Stork FDO (Niederlande), MAN (Deutschland), jedoch mit mäßigem Erfolg. In 1987 war zwar das amerikanische Unternehmen U.S. Windpower Inc.[69]. der größte Turbinenhersteller, doch dahinter folgten fünf dänische Unternehmen: Nordtank, Micon, Bonus, Wincon und Vestas. 90% der in 1987 installierten Kapazität wurde mit dänischen Turbinen errichtet. Aufgrund der hohen Zuverlässigkeit und eines dominanten Designs (3-windgerichtete Blätter, mittlere Kapazität, Stall-Regelung[70], geringe Rotationsgeschwindigkeit) wurde der Begriff des sogenannten *Danish Design* geprägt. Der einfache und solide Ansatz dänischer Hersteller triumphierte über die amerikanischen „High-Tech" Entwicklungen (Righter 1996).

Der amerikanische Windmarkt, insbesondere Kalifornien, war Schauplatz, Versuchsfeld und Geschäftsmöglichkeit in einem und erinnert stark an den kalifornischen „Goldrush" ca. 100 Jahre zuvor. Angezogen von dem starken Marktwachstum konnten verschiedene technische Lösungen gleichzeitig beobachtet werden, wie folgende Tabelle eindrucksvoll belegt.

---

[69] Das Unternehmen hatte seine Ursprünge aus Entwicklungen des Massachusetts Institute of Technology in den frühen 1970ern (Heymann 1998).
[70] Leistungsbegrenzung durch Strömungsabriss.

Tab. 5-25:   Eigenschaften von in den USA installierten Turbinen (1980er)

Eigenschaften	Anbieter
Dänische Turbinen 3 Blätter, Wind-zugedreht, aktive Azimutbremse, Stallkontrolle, mittleres Gewicht	Micon, Nordtank, Vestas, Windmatic, Bonus
Amerikanische Turbinen 2 oder 3 Blätter, Wind-abgedreht, passive Azimutbremse, Blattverstellung, geringes Gewicht	US Windpower, Fayette, Enertech, Carter, ESI, weitere
Deutsche Turbinen 2 Blätter, Wind-abgedreht, aktive Azimutbremse, Blattverstellung, geringes Gewicht	Aeroman

Quelle: Eigene Darstellung in Anlehnung an Heymann (1998)

Es zeigt sich eine internationale Suche nach dem dominanten Design für Windkraftanlagen. Die amerikanischen und deutschen Hersteller setzen auf „High-Tech" Lösungen, die einige Kontrollmechanismen beinhalten und auf geringes Gewicht setzen. Auffällig ist die unterschiedliche Blattzahl aller Anbieter: dänische Anbieter setzen klar auf 3 Blätter, Amerikaner sind sich uneins, einige haben 2, andere 3 Blätter. Deutsche Anbieter, wenigstens solche auf dem amerikanischen Markt vertreten, setzen auf 2 Blätter[71]. Unterschiedlich ist ebenfalls die Ausrichtung der Blätter zum Wind: Dänische Turbinen sind zum Wind gewandt, deutsche und amerikanische vom Wind abgewandt. Dänische Anbieter haben sich früh auf ein dominantes Design geeinigt, und wie sich später im Laufe der technologischen Entwicklung zeigen wird auf das noch heutige gültige Design.

In 1985 fallen weltweit die Ölpreise wieder, ebenso stellt die Staats- und Bundesregierung einen Großteil der Förderung wieder ein. Die PUC garantiert nicht mehr eine 30-jährige Abnahme, ebenso gibt es eine finanziellen Anreize mehr

---

[71]   In der Fallstudie zu Deutschland ist zu sehen, dass in Deutschland verschiedene Konzepte angewendet werden und sich erst später ein dominantes Design etabliert hat.

für die Entwicklung von Windparks (AWEA). Die Legitimität der Windkraft musste zudem Einbußen einstecken, da einige Gruppen von Umweltschützern kritisierten, dass Windkraftanlagen zu viel Lärm verursachen und zu einem Vogelsterben führen. Die antizipierte Befürwortung der Umweltschützer blieb aus (Guey-Lee 1998).

In den folgenden beiden Jahren werden noch jeweils über 120 MW installiert, so dass die gesamte installierte Kapazität in 1987 bei ungefähr 1200 MW lag. Dies übersteigt die Entwicklung von anderen Pionierländern wie insbesondere Deutschland und Dänemark um ein vielfaches. In Dänemark waren zu dem gleichen Zeitpunkt ca. 110 MW installiert, in Deutschland waren es lediglich ungefähr 3 MW (China, seit 2008 weltweit größter Markt, ist zu diesem Zeitpunkt statistisch noch nicht erfasst da nicht vorhanden). Dieser Vergleich zeugt von dem Windboom, der in den USA während der 1980er stattgefunden hat.

Nach dem Boom kommt die Krise – die rasante Entwicklung der Windkraft in den USA war nur kurzfristig und nicht nachhaltig. Zwischen 1987 und 1998, also in 11 Jahren, wurden nur weitere 300 MW installiert, was einem durchschnittlichen jährlichen Wachstum von ungefähr 9% entspricht. Auf institutioneller Seite werden in dieser Zeit die Weichen für eine erneuerbare Zukunft gestellt, so dass 1991 das richtungsweisende National Renewable Energy Laboratory (NREL) gegründet wird. Der *Energy Policy Act* von 1992 bildet die Basis für Energieprogramme und politische Anreize des Ausbaus erneuerbarer Energien. Der Energy Policy Act etabliert Energy Production Incentives und Production Tax Credits, die vor allem späteren Verlauf der Entwicklung des TIS eine prägende Rolle einnehmen (IEA 2001). Auch wenn die Funktion des TIS **Marktentstehung** während der 1990er wenig bedient wird, so wird jedoch entscheiden **Einfluss auf die Suchrichtung** genommen.

Die Investitionen in RD&D blieben in dieser Phase der Entwicklung des TIS entsprechend auf einem niedrigen Niveau. Zwischen 1986 und 1990 wurden lediglich ca. 120 Mio. US$ investiert, zwischen 1991 und 1995 waren es ungefähr 130 Mio. US$. Die Investitionen sind damit im Vergleich zu den 1980ern um den Faktor 4 eingebrochen. Erst zwischen 1996 und 2000 ziehen die Investitionen langsam wieder an, so dass ca. 217 Mio. US$ investiert wurde.

Tab. 5-26:   Investitionen in RD&D für Windkraft in den USA zwischen 1986 und 2000

Intervall	RD&D in Mio. US$[72]
1986-1990	122,14
1991-1995	129,97
1996-2000	217,23

Quelle: Eigene Darstellung und Berechnungen in Anlehnung an IEA (2016a)

Die Zahl der Patentanmeldungen amerikanischer Anmelder beim EPO konnte zwischen 1990 und 1999 im Vergleich zu der Zeit 1980 und 1989 leicht gesteigert werden. Waren es 1980-1989 noch 29 Anmeldungen, waren es 1990-1999 43 Patentanmeldungen. Die leichte Steigerung trotz geringerer Investitionen in RD&D kann auch dadurch erklärt werden, dass der europäische Markt während der 1990er viel wichtiger war als in den 1980ern und so amerikanische Unternehmen ihr geistiges Eigentum vermehrt auch in Europa schützen wollen.

Die Projektkosten für Windkraftanlagen fallen zwischen 1983 und 1998 enorm. Lagen die Kosten 1983 noch bei ungefähr 5.200US$/ kW, sind sie im Jahr 1998 auf ca. 1.450US$/ kW gesunken (Department of Energy 2016; IRENA 2012b). Dies bedeutet ein durchschnittliches jährliches Wachstum von ungefähr -8%.

---

[72] 2014 Preise und PPP.

Abb. 5-9: Projektkosten für Windkraftanlagen in den USA zwischen 1983 und 1998[73]

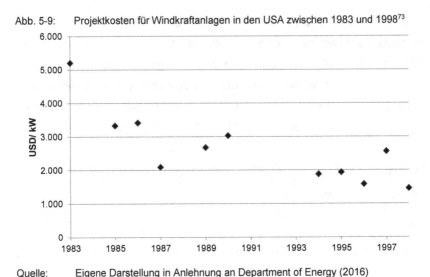

Quelle: Eigene Darstellung in Anlehnung an Department of Energy (2016)

Viele Unternehmen, insbesondere Neugründungen, also Windkraftspezialisten, mussten die Insolvenz (Chapter 11) anmelden: Zond, Fayette, FloWind. Andere Unternehmen, die die Windkraft als Diversifikation verstanden haben, haben sich aus dem Geschäft zurückgezogen: Boeing, Hamilton Standard, Alcoa, Bendix, General Electric (Righter 1996). Bis 1990 hatte sich die Industrie soweit konsolidiert, dass lediglich ein Turbinenhersteller am Markt weiterhin bestehen konnte: US Windpower (Heymann 1998). Ausländische Unternehmen die stark auf dem amerikanischen Markt präsent waren haben ihre Aktivitäten zurückgefahren und sich wieder auf die heimischen Märkte besinnt. Gleichzeitig hatte der dänische Anbieter Micon große Probleme mit einer Vielzahl seiner Turbinen, welches einen Umsatzverlust von ca. 1 Mio. US$ pro Monat verursachte (Righter 1996).

---

[73] Daten für die Jahre 1984, 1991, 1992 und 1993 liegen nicht vor. Vor 1983 sind die Kosten ebenfalls nicht dokumentiert.

Im weiteren Verlauf der 1990er Jahre stagnierte die Windindustrie in Amerika, die immerhin ungefähr 1.200 Beschäftigte zählte, und musste fast ein Jahrzehnt auf den Durchbruch warten (California Energy Commission 2016). Währenddessen boomten die Märkte in Europa, insbesondere Deutschland und Dänemark. Dort konnten sich nationale Märkte und Unternehmen nachhaltig bilden, gefördert von einer gezielten Industriepolitik und nachfrageorientierten Energiemaßnahmen.

Systemdynamik

Das Innovationssystem für Windindustrie in der formativen Phase wird bestimmt von starkem Einfluss auf die Suchrichtung in Form von finanzieller Förderung für den Ausbau von Windkraft und zur Erforschung der Technologie. Die weitreichende finanzielle Förderung führte zu einer ausgeprägten Marktentstehung, die auch ausländische Unternehmen insbesondere aus Dänemark und Deutschland anzog. Die attraktiven Marktbedingungen hatte eine Vielzahl an Unternehmensgründungen zur Folge, also Auswirkungen auf die Funktion Unternehmerisches Experimentieren. Technische Schwierigkeiten verhinderten einen langfristigen Markterfolg heimischer Unternehmen und so waren es vornehmlich Unternehmen aus Dänemark die den Markt dominierten. Das amerikanische Innovationssystem schafft es einen prosperierenden Markt zu schaffen, nicht jedoch eine heimische Industrie. Dieses Problem stellt für die formative Phase die größte Herausforderung dar. Der wesentliche Erfolgsfaktor für das starke Marktwachstum waren die finanziellen Unterstützungen der Regierung. Mit Einstellung der Fördermechanismen durch sinkende Ölpreise brach der Markt wiederum ein und konnte nicht nachhaltig bestehen.

5.3.2 Wachstumsphase (1999 bis heute)

Die Initialzündung des Ausbaus des Marktes für Windkraft in den USA war das Programm *Wind Powering America* von 1999, aufgesetzt von dem Department of Energy (DOE). Es hatte das Ziel der Windtechnologie bei der Transition zu kommerziellen Märkten zu verhelfen und adressierte dabei die fünf folgenden Themen: 1) Staatliche Green Power – Wind und andere erneuerbare Energien sollten es ermöglichen, neu geschaffene Auflagen für Regierungseinrichtungen zu erfüllen, die erneuerbare Energie abnehmen mussten; 2) Ländliche ökonomische Entwicklung durch eine geförderte Kooperation zwischen Landeigentümern, Windkraftentwicklern und Farmern; 3) Energiepartnerschaften zwischen Energieerzeugern und Verteilern, die gemeinsam Windkraft an Großkunden vertreiben; 4) Workshops zu dem Themen Technik und Betriebsführung von Windkraftanlagen; 5) Technische Unterstützung zur Installation, ökonomischen Analyse und andere Themengebiete mit den Zielgruppen Industrie, Versorger, und Verbraucher.

Unter dem *Wind Powering America* Programm wurden erstmals ambitionierte Ziele formuliert, die in Abhängigkeit von dem Erfolg und anderen ökonomischen Einflüssen wie Ölpreis angepasst werden sollten. Insbesondere wurden drei Ziele formuliert:

1) Bis 2020 sollten mindestens 5% der amerikanischen Elektrizität durch Windkraft erzeugt werden, dass heißt bis 2010 10000 MW, bis 2020 80000 MW ans Netz angeschlossen werden;

2) Die Zahl der Bundesstaaten mit einer installierten Kapazität in Höhe von mehr als 20 MW sollte 2005 16, 2010 24 betragen;

3) 5% der von der amerikanischen Regierung verbrauchten Elektrizität (dem größten Einzelkunden) sollte bis 2010 von Windkraft generiert werden.

Gleichzeitig wurden die Erzeuger dereguliert, so dass der Wettbewerb erhöht wurde und die Endverbraucher größere Auswahlmöglichkeiten hatten (IEA 2001). Zwei der wichtigsten Mechanismen zur Förderung der Windkraft und damit zur Erreichung der genannten Ziele sind „Production Tax Credits" (PTC) und

„Renewable Portfolio Standards" (RPS) (IEA 2001; Wiser et al. 2007a; Wiser et al. 2007b).

Der PTC wurde bereits 1992 unter dem Energy Policy Act eingeführt und garantiert den Produzenten von Windenergie auf Bundesebene einen Steuerkredit von ungefähr 1,5c/ kWh über 10 Jahre, angepasst an die Inflation, vorausgesetzt die Windkraftanlagen sind vor einer bestimmten Deadline ans Netz angeschlossen (Wiser et al. 2007a; IEA 2001). Letztere Einschränkung führt zu gewissen Zeitfenstern, in denen neue Windkraftanlagen für den Bezug der PTCs berechtigt sind: werden die Anlagen innerhalb des Zeitfensters an das Netz geschaltet bekommen sie die Steuervergünstigung, wenn sie außerhalb des Zeitfensters online gehen bekommen sie keine Steuervergünstigung (Wiser et al. 2007a). Das PTC stellt somit ein *Technology-Push* Instrument dar. Die Auswirkungen auf den Marktausbau und die industrielle Entwicklung werden im weiteren Verlauf des Kapitels besprochen.

Die Ausgestaltung der RPS hängt vom Bundesstaat ab, einige Staaten der USA verlangen von den Energieerzeugern einen gewissen Anteil erneuerbarer Energien in ihrem Energieportfolio. Erzeuger, die diese Anforderungen nicht erfüllen, müssen eine Strafe bezahlen. Erzeuger, die die Anforderungen übererfüllen, können durch ein Tauschverfahren mit denen verhandeln, die einen zu geringen Teil erneuerbare Energien in ihrem Portfolio haben (IEA 2001). Die ersten Diskussionen über das RPS wurden 1995 in Kalifornien geführt, schließlich jedoch erst 2002 umgesetzt. Mittlerweile haben über 20 Bundesstaaten RPS eingeführt, die Standards rangieren zwischen 10,5% und 30% (Wiser et al. 2007b). Der RPS stellt ein Demand-Pull Instrument dar.

Die zwei Mechanismen für den Ausbau der Windkraft nehmen Einfluss auf die Funktionen des TIS Einfluss auf die Suchrichtung und Marktentstehung. Die Entwicklung des Marktes in der Wachstumsphase wird in der untenstehenden Tabelle dargestellt. Im Jahr 2000 waren ungefähr 2.400 MW installiert, 2005 waren es ca. 9.000 MW Die bedeutet ein durchschnittliches jährliches Wachstum von ca. 30%. Der Ausbau des Marktes in den USA war so erfolgreich, dass das Land zwischen 2008 und 2010 der größte Markt weltweit für Windkraft war. 2008 übernahm die USA die Spitzenposition von Deutschland und musste sie 2010 wieder an China abgeben. Seitdem rangieren die USA hinsichtlich installierter Kapazität auf dem zweiten Rang (bzgl. produzierter Elektrizität führen die USA mit 190,1 Mio. MWh die Liste weiterhin an) (IEA 2016b). In der Periode zwischen 2005 und 2010 wuchs der Markt durchschnittlich mit ungefähr 35%. Im weiteren Verlauf, zwischen 2010 und 2015, schwächte das Wachstum leicht ab und betrug ungefähr 13% pro Jahr. 2015 waren ungefähr 74.000 MW Windkraft installiert. Insgesamt ist der Markt in der Phase des Wachstums zwischen 2000 und 2015 mit einem jährlichen Zuwachs von ungefähr 26% gewachsen.

Tab. 5-27: Entwicklung der installierten Kapazität (MW) von Windenergie in den USA zwischen 2000 und 2015

Jahr	Kumulierte Kapazität (MW)	CAGR	CAGR (2000-2015)
2000	2.456		
2005	8.993	30%	26%
2010	40.283	35%	
2015	74.475	13%	

Quelle: Eigene Darstellung und Berechnungen in Anlehnung an Department of Energy (2015) und IEA (2016b)

Im Falle der USA ist jedoch der aggregierte Blick auf den Marktausbau und das Wachstum nicht ausreichend und würde das Urteil über die Funktionalität verzerren. Insbesondere die Production Tax Credits und deren unzuverlässige Erweiterung (also das offenstehende Zeitfenster für Steuervergünstigungen) führen zu einem so genannten „Boom-And-Bust-Cycle": in Zeiten, in denen das Fenster offen steht kommt es zu einem sehr großen Marktwachstum. Wenn das Fenster geschlossen ist, bricht der Markt für Neuinstallationen ein. Die jährliche Installation veranschaulicht den Mechanismus in dem folgenden Schaubild.

Abb. 5-10: Auswirkung des PTC auf die Marktentwicklung zwischen 1999 und 2015

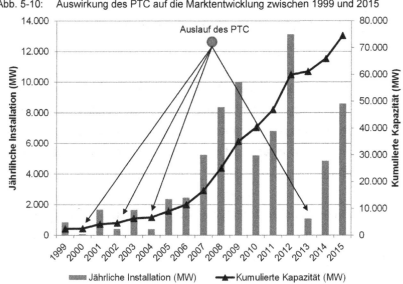

Die Abbildung zeigt auf der rechten Y-Achse die kumulierte installierte Kapazität (MW), auf der linken Y-Achse ist die jährliche Installation abgetragen. Hier zeigt sich eine gewisse Volatilität, insbesondere in den Jahren 2000, 2002, 2004 und 2013 (durch die Pfeile markiert). In diesen Jahren ist das Zeitfenster für das PTC geschlossen worden und es wurde noch kein neues PTC beschlossen.

Trotz eines sich gut entwickelndem Markt und einer führenden Position weltweit sind das PTC und der daraus entstehende Boom-And-Bust-Cycle umstritten ob negativer Konsequenzen, wie Wiser et al. (2007a) feststellen:

1) Verlangsamter Marktausbau: Das Risiko der Nicht-Erneuerung des PTC führt eindeutig in den Jahren zu einem schleppenden Marktausbau, in denen das Zeitfenster geschlossen wird. Durch die große Unsicherheit in den Jahren davor

161

führt es jedoch dazu, dass selbst wenn das PTC noch aktiv ist Investments, Projekt- und Industrieplanung ins Stocken geraten und nicht so schnell voran kommen wie möglich wäre.

2) Große Abhängigkeit von ausländischen Produktionskapazitäten: Die Unsicherheit und der geringe Planungshorizont limitiert die Bereitschaft von amerikanischen und ausländischen Firmen in große Produktionsstätten zu investieren. Die amerikanische Industrie ist in der Folge stark von ausländischen Komponenten abhängig.

3) Fehlende Investitionsbereitschaft von privaten Kapitalanlegern: Dieser Punkt ist stark verwandt mit 2) – private Kapitalgeber scheuen eine Investition, insbesondere als kurzfristiges Investment. Dies führt ebenfalls zu einer geringen Investition in private Forschung und Entwicklung.

4) Schleppender Ausbau der Netzinfrastruktur: Die bereits angesprochene Unsicherheit führt auch dazu, dass nicht genügen in Netzinfrastruktur investiert wird, was wiederum den Marktausbau verlangsamt.

Wissensentwicklung

Die Ausgaben für RD&D der Regierung sind in der Wachstumsphase zum Vergleich zu den 1990er Jahren wieder gestiegen und sind auf einem konstant hohen Niveau. Zwischen 2001 und 2005 wurden ca. 240 Mio. US$ investiert, zwischen 2006 und 2010 stiegen die Ausgaben nochmals auf 374 Mio. US$. In der letzten erhobenen Periode, 2011 bis 2014 und damit ein Jahr weniger in der Betrachtung wie in den anderen Zeiträumen, wurden ca. 300 Mio. US$ bereit gestellt[74].

---

[74] Die Ausgaben für 2015 standen 2016 noch nicht zur Verfügung.

Tab. 5-28: Investitionen in RD&D für Windenergie in den USA zwischen 2001 und 2014

Intervall	RD&D in Mio. US$
2001-2005	243,87
2006-2010	374,06
2011-2014	296,66

Quelle: Eigene Darstellung und Berechnungen in Anlehnung an IEA (2016a)

Amerikanische Anmelder von Patenten für Windkraft gehören zwischen 2000 und 2012 zur weltweiten Spitze. Es wurden insgesamt über 900 Patente beim EPO angemeldet, was im internationalen Vergleich den zweiten Platz bedeutet (hinter Deutschland, über 1.400 Patentanmeldungen).

Kostenentwicklung

Der Preis für Windturbinen erreichte in historisches Tief zwischen 2000 und 2002 von ungefähr 750US$/ kW. Bis 2008 sind die Preise stetig gestiegen und erreichten ein zwischenzeitliches Hoch von ca. 1.500US$/ kW. Seitdem sind die Preise gefallen, obwohl sich die Nabenhöhe und Rotordurchmesser weiter vergrößert haben. 2015 lagen die berichteten Turbinenpreise zwischen 850US$/ kW und 1.250US$/ kW. Die fallenden Turbinenpreise und eine verbesserte Turbinentechnologie führten zu fallenden Projektkosten für Windkraft, wie in der folgenden Abbildung zu sehen ist.

Abb. 5-11: Projektkosten für Windkraftanlagen in den USA zwischen 1999 und 2015

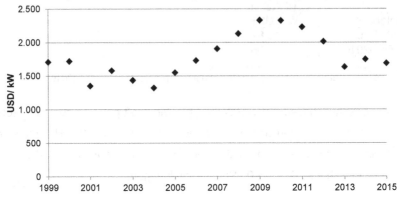

Quelle: Eigene Darstellung in Anlehnung an Department of Energy (2016)

Die Entwicklung der Turbinenpreise reflektiert die Entwicklung der Projektkosten als größter Kostentreiber sehr gut. Der Tiefpunkt der Kosten in der Wachstumsphase des TIS für Windkraft in den USA lag bei 2001 bei ungefähr 1.350 US$/ kW, gestiegene Rohstoffpreise, Kosten für Energie und größer werdende Turbinenkapazitäten führten zu einer Erhöhung der Projektkosten auf ca. 2.300 US$/ kW im Jahr 2009. In der Folge fallen die Kosten, 2015 lagen sie bei ungefähr 1.700 US$/ kW.

Unternehmerisches Experimentieren

Der Marktausbau wird, wie bereits zu Zeiten des kalifornischen „Windrush", in großen Teilen von ausländischen Unternehmen getrieben. Anfang der 2000er waren noch 6 amerikanische Turbinenhersteller am Markt vertreten; Der verbleibende dominante heimische Akteur ist GE Wind[75], der teilweise bis zu 50% des neuen jährlichen Kapazitätsausbaus für sich veranschlagt. Historisch stark

---

[75] GE Wind hat die Windsparte von dem in die Insolvenz gegangenen Investor Enron übernommen, der wiederum über die Akquisition vom amerikanischen Pionier Zond auf den Markt getreten ist.

vertreten ist das dänische Unternehmen Vestas oder das deutsche Unternehmen Siemens (vormals Bonus). Im weiteren Verlauf der 2000er Jahre konnte der Markt eine Vielzahl Markteintritte von ausländischen Unternehmen verzeichnen; der chinesische Anbieter Goldwind beispielsweise hat 2009 das erste Mal ein Projekt in den USA installiert. Sany, ebenfalls ein chinesischer Anbieter, ist 2011 auf den Markt gefolgt. Neben Gamesa ist seit 2008 auch Acciona[76], beides spanische Anbieter, in den USA aktiv. Auf dem amerikanischen Markt herrscht jedoch seit geraumer Zeit ein klares Machtverhältnis: Die Anbieter GE Wind, Siemens und Vestas sind die starken Akteure auf dem Markt. Die folgende Tabelle zeigt beispielhaft die Aufteilung der Marktanteile in den Jahren 2005, 2010 und 2015.

Tab. 5-29:   Aufteilung der Marktanteile (MW) der jährlichen neu-installierten Kapazität in den USA

	2005	2010	2015
GE Wind	1.431	2.543	3.468
Vestas	699	221	2.870
Siemens	0	828	1.219
Acciona	0	99	465
Gamesa	50	566	402
Nordex	0	20	138
Sany	0	0	20
Goldwind	0	0	8
Mitsubishi	190	350	0
Suzlon	0	413	0
Andere	4	180	2

Quelle: Eigene Darstellung in Anlehnung an Department of Energy (2016)

Die Industriestruktur hat sich in der Phase des Wachstums stark entwickelt. In den frühen 2000ern haben einige internationale Windkraftunternehmen im amerikanischen Markt Produktionsstätten errichtet. 2000 haben sich die dänischen Firmen NEG Micon (Turbinen) und LM Glasfiber (Rotorblätter) mit Produktions-

---

[76]   Acciona gehört seit 2015 zu Nordex.

stätten niedergelassen; es folgen weitere Investitionen von beispielsweise Suzlon (Indien) und Acciona (Spanien) (IEA 2001, 2006, 2011). 2015 zählt die Industrie folgende Produktionseinrichtungen für die wesentlichen Komponenten
einer Windkraftanlage: 36 für Komponenten des Maschinenhauses (oder auch
Gondel genannt), 9 für Türme, 8 für Rotorblätter, 3 für Turbinen. 91 weitere Produktionsanlagen sind als „sonstige" deklariert. 2015 waren insgesamt über
88.000 direkte Arbeitsplätze in der Windindustrie verzeichnet (Department of
Energy 2016).

Die Fertigungskapazität für Rotorblätter ist oftmals der Flaschenhals einer nationalen Wertschöpfungskette für Windkraftanlagen (Interview 11). Die Industrie
in den USA ist ebenfalls von diesem Phänomen betroffen, trotz eines Kapazitätsausbaus in den letzten Jahren, insbesondere durch LM Glasfiber und Vestas
(IEA 2008). Die heimische Industrie kann Kapazitätsbedingt nicht den Bedarf an
Rotorblättern für die jährlichen Neuinstallationen decken. Die abgeleitete Kapazität der Rotorblattfertigung lag zwischen 2012 und 2015 bei ca. 7.000 MW. Der
tatsächliche Zuwachs an installierten Windkraftanlagen lag in diesem Zeitraum
jedoch zwischen maximal 13.000 MW (2012) und ca. 1.000 MW (2013). Ein
ähnlicher, wenn auch nicht so gravierender Kapazitätsengpass besteht bei der
Produktion von Türmen (Department of Energy 2016).

Die wesentlichen Akteure des TIS für Windkraft in den USA werden in der folgenden Tabelle zusammengefasst. Auffällig ist die geringe Anzahl beteiligter
Akteure, zum Beispiel im Vergleich mit den Akteuren des TIS in China.

Tab. 5-30: Die wichtigsten[77] Akteure im TIS für Windkraft in den USA

Kategorie	Akteur
Staatliche Institution	Department of Energy (DOE)
Unternehmen	*Turbinenhersteller* GE Wind, Vestas, Siemens, Acciona, Gamesa, Nordex, Sany, Goldwind, Mitsubishi *Zulieferer (Produktionsstätten)* Gondel: 36; Blatt: 8; Turm: 9; andere: 91
Universitäten und Forschungseinrichtungen	*Forschungseinrichtungen* National Renewable Energy Laboratory (NREL); Lawrence Berkeley National Laboratory
Verbände	American Wind Energy Association (AWEA); verschiedene Verbände auf State-Level, zum Beispiel California Wind Energy Association (CWEA)

Quelle: Eigene Darstellung

Die beschriebene Situation deckt vielfältige Probleme des TIS der USA für Windkraft dar: In der Phase der Marktgestaltung haben es amerikanische Unternehmen verfehlt auf die richtige Technologie zu setzen (auch verschuldet durch eine technologische Top-Down-Strategie, incentiviert durch falsche Forschungsförderung). In der Folge konnten sich in der Phase des Wachstums heimische Turbinenhersteller nicht am Markt durchsetzen und es gibt einen großen Mangel amerikanischer Herstellern (mit Ausnahme von GE Power). Die volatilen Production Tax Credits führen zu einem „Boom-And-Bust-Cycle", welcher wie bereits beschrieben dazu führt, dass es einen Mangel an Investitionen in eine heimische Industrie gibt. Dies ist die Folge der großen Unsicherheit für Investoren, abgeschreckt durch große Volatilität. Dies wiederum führt dazu, dass die amerikanische Industrie den eigenen Marktausbau nicht stemmen kann – es herrscht eine große Abhängigkeit von Importen und ausländischen Herstellern.

---

[77] Bei der Tabelle besteht kein Anspruch auf Vollständigkeit, sondern beruht auf Literaturrecherche und Einschätzungen des Autors.

Ein Blick auf die Handelsdaten verdeutlicht die Entwicklung und das beschriebene Szenario. Die USA hatten 2002 eine negative Handelsbilanz für Produkte relevant für Windkraft in Höhe von ca. -165 Mio. US$. Das Handelsdefizit vergrößerte sich 2005 auf ungefähr -580 Mio. US$, 2010 lag es sogar bei ca. -852 Mio. US$. Im weiteren Verlauf konnte die amerikanische Industrie eine Kehrtwende einleiten und die Handelsbilanz betrug 2014 822 Mio. US$, war also positiv. Die USA bleibt jedoch weiterhin der größte Importeur von Komponenten für Windkraftanlagen weltweit mit einem weltweiten Importanteil von ungefähr 8,6%[78]. Eine detaillierte Analyse erläutert die Umkehr der Handelsbilanz von negativ auf positiv Die USA bleiben weiterhin abhängig von den Kernkomponenten einer Windkraftanlage, das Level der Abhängigkeit variiert je nach Komponente: Die heimische Industrie kann ungefähr 85% des Bedarfs für das Maschinenhaus, 80-85% für Türme, und ca. 50-70% für Rotorblätter abdecken. Nur weniger als 20% der Teile innerhalb des Maschinenhauses kommen aus amerikanischer Produktion, müssen also importiert werden. Auf der anderen Seite stiegen die Exporte für „wind-powered generating sets" zwischen 2007 und 2014 von 16 Mio US$ auf 544 Mio. US$, was die Umkehr der negativen in eine positive Handelsbilanz erklärt. Für 2015 wird jedoch ein deutlicher Rückgang der Exporte auf 149 Mio. US$ erwartet, was sich natürlich ebenfalls auf die Handelsbilanz auswirkt (Department of Energy 2016)[79].

Systemdynamik

Wesentlicher Treiber für das Wachstum des Marktes und damit der Startpunkt für die Wachstumsphase des Innovationssystems war die Einführung staatlicher Förderung für den Ausbau von Windkraft. Der Marktausbau wird hauptsächlich von ausländischen Unternehmen getrieben, die bereits auf dem europäischen Markt etabliert sind. Durch das Design des Production Tax Credit entstehen

---

[78] Eigene Berechnungen des Autors.
[79] Handelsdaten sind oftmals erst mit deutlichem Zeitverzug zugänglich, daher sind 2016 erst Schätzungen für 2015 verfügbar.

Boom-Bust-Zyklen, die der Etablierung einer nationalen Wertschöpfungskette negativ entgegenwirken.

5.4 Das technologische Innovationssystem für Windkraft von China

5.4.1 Formative Phase (1986 bis 2004)

Die ersten Windkraftanlagen für das nationale Elektrizitätsnetzwerk wurden im Rahmen des siebten 5-Jahresplans (1986-1990) installiert[80], als Vestas im Jahr 1986 drei 55kW Windräder nach China exportierte (Zhengming et al. 1999). Erst seit 1987 waren regionale Regierungen in China befähigt, unabhängig von der Zentralregierung eigene Energieprojekte bis 50MW zu projektieren. Als Konsequenz stiegen langsam private Investitionen im Energiesektor, der Windsektor wurde jedoch gänzlich vernachlässigt. Dies begründete sich wie folgt: Einerseits gab es keine finanziellen Anreize für den Ausbau von Windenergie (Lema und Ruby 2007); da sich die Technologie zu diesem Zeitpunkt generell auf einem sehr infantilen Niveau befand war die ökonomische Wettbewerbsfähigkeit andererseits nicht gegeben. Zudem gab es keine nationalen Anstrengungen, erneuerbare Energien im Allgemeinen und Windkraft im Speziellen, zu fördern und auszubauen.

Im Umkehrschluss war der Ausbau von Windkraft in China abhängig von ausländischen Anstrengungen und so engagierte sich Dänemark teilweise finanziell. Finanzielle Unterstützung der dänischen Regierung war jedoch daran geknüpft, dass das Equipment aus Dänemark stammt. Dementsprechend gab es

---

[80] Tatsächlich gab es bereits zuvor Bestrebungen das Potenzial der Windkraft zu erschließen. Seit den 1950er Jahren gab es beispielsweise chinesische Forschungsprogramme für Windkraft und in den 1980ern rege Kooperationsaktivitäten mit europäischen Ländern wie Schweden, den Niederlanden, Deutschland oder Italien. Die Anstrengungen waren jedoch vorwiegend auf Mikro-Turbinen gerichtet, die z.B. für eine dezentrale Energieversorgung in der mongolischen Steppe verwendet werden sollten. Mikroturbinen waren in China sehr verbreitet, 1995 waren knapp über 150.000 Anlagen gemeldet (Lew 2000).

keinerlei Bewegungen hinsichtlich der Entstehung einer nationalen chinesischen Industrie für Windkraft in den späten 1980ern bzw. frühen 1990ern (Lema und Ruby 2007). Im Zuge des achten 5-Jahresplans (1991-1996) wurde von der chinesischen Regierung beauftragt, das theoretische Potenzial des Landes für Windkraft zu ermessen. Es wurde geschätzt, dass das Potenzial bei ca. 2.000 GW liegt[81] (Zhengming et al. 1999).

Die **Marktentstehung** entwickelte sich nur sehr langsam. So lag die installierte Kapazität in China im Jahr 1993 bei ca. 15MW und damit nicht nur weit unter dem anderer Länder,[82] sondern war auch insignifikant für die nationale Energiematrix.

Mitte der 1990er stieg das Wachstum der installierten Kapazität langsam an, angetrieben von einem stärker werdenden Bewusstsein der Zentralregierung für ökologische Probleme der kohlebasierten Energieerzeugung und dem Beitritt verschiedener internationaler Abkommen (Kyoto, Montreal) zum Umweltschutz. Eine zielgerichtete Datensammlung und Forschungsbemühungen wurden von der Regierung angestoßen, unterstützt mit internationalen finanziellen Ressourcen von der Weltbank oder der Asiatischen Entwicklungsbank. Die **Mobilisierung von Ressourcen**, als zentrale Funktion des TIS, wurde so das erste Mal direkt bedient und konnte positiven Einfluss auf die Entwicklung des chinesischen TIS für Windkraft nehmen.

Im Jahr 1994 formulierte die chinesische Regierung einen "Strategischen Entwicklungsplan" um erneuerbare Energien zu fördern. Das Ministerium für Elekt-

---

[81] Es muss jedoch bedacht werden, dass bspw. das amerikanische Ministerium für Energie schätzt, dass in den USA lediglich 2% des Potenzials technisch, und lediglich 1/1000 des Potenzials ökonomisch sinnvoll, erschließbar ist. Noch optimistischere Schätzungen attestieren China ein Potenzial von ca. 3.2 TW (Lew 2000).

[82] Deutschland hatte zu diesem Zeitpunkt bereits über 300 MW installiert und konnte Wachstumsraten von über 80% verzeichnen.

rizität setzte das Ziel 1000 MW installierte Kapazität bis zum Jahr 2000 zu erreichen. Die ambitionierten Ziele der Regierung sind Ausdruck der TIS-Funktion direkten **Einfluss auf die Suchrichtung**. Um dieses Ziel zu erreichen, formulierte das Ministerium detaillierte Entwicklungspläne auf regionaler Ebene und garantierte die Abnahme der produzierten Elektrizität. Die Regierung führte darüber hinaus einen Einspeisetarif ein, der Produzenten einen Profit von ca. 15% versicherte. Für Produzenten sollte so Unsicherheit reduziert und Anreize erhöht werden. (Zhengming et al. 1999; Lema und Ruby 2007) Die chinesische Regierung orientierte sich bei diesen Maßnahmen stark an anderen internationalen Fallbeispielen, wie zum Beispiel Dänemark und Deutschland, wo ein starker Zuwachs der Windkraft zu beobachten war (Lewis und Wiser 2007).

Kurz darauf wurde von einer höher-stehenden bürokratischen Hierarchie Chinas (*State Planning Commission (SPC)*[83] in Kollaboration mit der *State Economic Trade Commission*[84]) ein neues Programm aufgesetzt: Das Programm zur Entwicklung von neuen und erneuerbaren Energiequellen zwischen 1996 und 2010. Der neue Ausbauplan reduzierte das Ziel für den Ausbau bis 2000 von 1000 MW um ein Drittel auf 300-400 MW, da erkannt worden war, dass die vorherigen Ziele zu ambitioniert waren[85]. Darüber hinaus sollte der neue Plan die Hauptbarrieren für den erfolgreichen Ausbau von Windkraft angehen: Die Kosten für die Installation von Windkraftanlagen, inklusive Importpreise, Transaktionskosten und Servicekosten. Die Lösung für diese Probleme stellte aus Sicht der Regierung eine lokale Windindustrie dar (Lema und Ruby 2007).

Als Folge dessen wurde 1996 von der State Development and Planning Commission (SDPC) das *Ride the Wind Program* ins Leben gerufen. Es hatte das

---

[83] Das SPC wurde zwischenzeitlich umfirmiert in die State Development and Planning Commission (SDPC), welche die heutige National Development and Reform Commission (NDRC) ist.

[84] Heute: Ministry of Science and Technology (MOST).

[85] Tatsächlich wurden die ursprünglich anvisierten 1000 MW nicht erreicht. Im Jahr 2001 waren lediglich ca. 340 MW installiert.

Ziel lokale Produktionskompetenz aufzubauen, indem es eine Kapazität von 190 MW[86] durch ausländische Turbinen unterstützte. Im Gegenzug erwartete die Regierung einen Technologietransfer durch die ausländischen Hersteller. Bereits vor dem *Ride the Wind Program* gab es Anstrengungen für einen Technologietransfer. Die deutschen und dänischen Unternehmen Husumer Schiffswerft (HSW), Nordtank und Bonus waren früh in China aktiv. HSW produzierte in Kooperation mit einem chinesischen Unternehmen 250kW Turbinen in China. Bonus fertigte 1994 hat in Kooperation mit der Hangzhou Generating Teile für zehn Turbinen (Lew 2000). Der Ausbau der chinesischen Windkraft war dennoch hauptsächlich von Importen abhängig (Haščič et al. 2010).

Das *Ride the Wind Program* wurde von der SDPC finanziert und investierte 1Mrd. Renminbi um ausländische Technologie lokal anzusiedeln. Die deutsche Firma Nordex konnte das erste Projekt unter dem neuen Programm gewinnen und konnte bereits auf Erfahrungen auf dem chinesischen Markt zurückgreifen. Da die Projekte an Kooperationen mit chinesischen Akteuren gebunden war, entstanden zwei chinesische Hersteller[87] für Windkraftanlagen (Lema und Ruby 2007).

Das *Ride the Wind Program* hat mehrere Funktionen eines TIS beeinflusst: es hat direkt **Einfluss auf die Suchrichtung** genommen und Wachstumserwartungen[88] geschürt. Gleichzeitig hat es **Ressourcen mobilisiert**, da die chinesische Regierung finanzielle Mittel zur Verfügung gestellt hat. Als Folge dessen

---

[86] Andere Autoren berichten von 400 MW (Lew 2000).

[87] Beide Unternehmen mussten Insolvenz anmelden, was teilweise einer falschen Geschäftsführung zu Lasten getragen werden kann und teilweise auf Probleme mit der SDPC zurückzuführen ist. Teilweise durch falsche Geschäftsführung; teilweise durch Probleme mit der SDPC (Lema und Ruby 2007).

[88] Interessanterweise waren die Wachstumserwartungen im Jahr 1999 im Vergleich zur tatsächlich-erreichten Kapazität sehr pessimistisch. Zhengming et al. 1999 erwarten eine installierte Kapazität i.H.v. 4000 MW bis 2010; die tatsächlich installierte Kapazität im Jahr 2010 überstieg diese Erwartung um mehr als den Faktor 10 (ca. 45.000 MW).

gab des **unternehmerisches Experimentieren**, also den Eintritt von ausländischen Unternehmen, aber auch Neugründungen auf chinesischer Seite. Die Bedingungen des Programms hatten einen Technologietransfer zur Folge. Es gab also eine **Entwicklung von Wissen** im chinesischen TIS in der Phase der Marktgestaltung.

Die Entwicklung der Technologie für Windkraft in China bzw. die Entwicklung von Wissen und die Verbreitung von Innovationen kann prinzipiell in der Evolution des TIS in fünf verschiedene Phasen unterteilt werden, wobei zwei von den fünf Phasen während der Marktgestaltung bis 2004 stattgefunden haben.

Phase 1 beinhaltet hauptsächlich *Technologieimport* und *Reverse Engineering*. Dabei wurden fertige Turbinen und komplette Anlagen aus dem Ausland (vorwiegend aus Deutschland und Dänemark) importiert und aufgestellt. In dieser Phase waren wenige chinesischen Unternehmen beteiligt. Die Xinjiang Wind Power Plant war zu dieser Zeit in der Lage Schlüsselkomponenten einer 300 kW Anlage zu bauen. Das Unternehmen griff dabei auf Wissen zurück, welches aus Reverse Engineering von Turbinen der Unternehmen Bonus und NTK stammte. Durch intensive Forschung bemühten sich verschiedene Institute öffentliche Gelder zu akquirieren und so Grundlagenwissen zu generieren.

Phase 2 beginnt mit dem *Ride the Wind Program* und zielt auf Joint Venture zwischen europäischen und chinesischen Unternehmen ab. Zeitlich dauerte diese Phase ca. von 1997 bis zum Jahr 2003. Es wurden beispielsweise Joint Venture geschlossen zwischen den Unternehmen Xinjiang Wind Energy Company (Vorgänger von Goldwind) und dem deutschen Unternehmen Jacobs, Xi'an Aero und dem ebenfalls deutschen Unternehmen Nordex, oder zwischen der YTO Group (CN) und dem spanischen Hersteller MADE. Goldwind lizenzierte eine 600 kW Turbine von Jacobs und eine 750 kW Turbine von Repower und war besonders erfolgreich bei der Absorption der ausländischen Technologie (Ru et al. 2012). Die untenstehende Tabelle fasst die beiden oben beschriebenen Phasen zusammen.

Tab. 5-31:   Wissensentwicklung von chinesischen Unternehmen bis 2003

Phase	Aktivitäten
I. bis 1996	- Technologieimport aus Europa, vorwiegend Deutschland und Dänemark - wenig bis keine Aktivitäten von chinesischen Unternehmen - Reverse Engineering
II. 1997-2003	- Joint Venture mit europäischen Unternehmen - Lizenzierung von Technologie (An dieser Stelle kann Goldwind, als besonders erfolgreiches Unternehmen, genannt werden.)

Quelle: Eigene Darstellung und Adaption in Anlehnung an Ru et al. (2012)

Bis Anfang der 2000er hatten chinesische Anmelder entsprechend wenig bis keine Patentaktivitäten bei den internationalen Patentämtern zu verzeichnen. In der Periode von 1980 bis 1999 meldeten chinesische Anmelder lediglich fünf, für die Windkraft relevanten, Patente beim Europäischen Patentamt an. In der gleichen Periode registrierten deutsche Anmelder 169 und dänische Anmelder 48 Patente[89].

Während die chinesische Regierung auf der einen Seite Anreize für Joint-Ventures und somit eine lokale Industrie setzte, wurden auf der anderen Seite die Importzölle 1998 aufgehoben um Importe zu steigern. Im Jahr 2002 importierte China Komponenten für Windkraftanlagen im Wert von ca. 222 Mio. US$, was hinter Deutschland und den USA den dritten Rang in der Importrangliste für 2002 bedeutet[90]. Die Regierung konnte so die installierte Kapazität steigern, war

---

[89] Eigene Berechnungen.
[90] Eigene Berechnungen des Autors, Details siehe Methodik und separaten Anhang.

sich in der Strategie für den weiteren Ausbau der Industrie jedoch noch uneinig. Bis 2003 konnte die installierte Kapazität in China bis auf ca. 544 MW ausgebaut werden. Im Vergleich zu 1995, als lediglich 50 MW installiert waren, bedeutet dies eine durchschnittliche jährliche Wachstumsrate von ca. 35%. Gleichzeitig wurde das zuvor revidierte Ziel (ursprünglich 1000 MW) von 300-400 MW bis 2000 erreicht und zeugt so von der Funktion des TIS **Marktentstehung**.

Der Energiesektor wurde weiter restrukturiert und liberalisiert, um Wettbewerb zu erzeugen und so Kosten für Stromerzeugung zu senken. Die Reform von 2002 hatte weitreichende Konsequenzen sowohl auf Regierungs- als auch auf Erzeuger- und Betreiberseite. Vor der Reform waren zwei Behörden für die Entwicklung der Windenergie zuständig: die State Development and Planning Commission (SDPC) und die State Economic and Trade Commission (SETC). Nach der Reform wurde die Kompetenzen bei der Energy Bureau in the National Development and Reform Commission (NDRC) gebündelt. Seitens Energieerzeuger wurde das Monopol der China State Power Corporation aufgebrochen und Wettbewerb eingeführt. Der Wettbewerb wurde fortan von fünf Unternehmen[91] ausgefochten: Huaneng Group, Huadian Corporation, China Datang Corporation, Guodian Corporation, China Power Investment Group. Das Monopol der China State Power Corporation für den Betrieb des Netzes wurde ebenfalls aufgebrochen und auf zwei Unternehmen aufgeteilt: State Grid Corporation of China und China Southern Power Grid Corporation (Klagge et al. 2012).

Auf die Reorganisation der institutionellen Akteure folgte eine Anpassung der Legislative und somit eine weitere Simulierung der Nachfrage nach Windkraft. Die NDRC implementierte ein Konzessionsmodell, welches eine Kombination aus Anreizen und Regulierungen darstellt. Das Ziel des Konzessionsmodells war es, Preise für Windkraft zu senken und die Nachfrage nach Turbinen zu

---

[91] Auch bekannt als die *Big Five* (Klagge et al. 2012.

erhöhen (Klagge et al. 2012; Lema und Ruby 2007). Die untenstehende Abbildung veranschaulicht den Mechanismus des Modells und verdeutlicht die zentrale Rolle der Regierung als koordinierender Akteur. Die Regierung bewertet und verwaltet die in China vorhandenen Windressourcen. Die identifizierten attraktiven Standorte werden an Windparkentwickler über eine Auktion versteigert – der Bieter mit den geringsten projektierten Strompreisen bekommt den Zuschlag. Der Windparkentwickler ist wiederum für den Bau der Windfarm zuständig, also auch für die Auswahl der entsprechenden Windkraftanlagenhersteller, wobei hier ggf. local content Regelungen greifen. Der produzierte Strom wird in das Netz eingespeist und von der Regierung mit einem Einspeisetarif bezuschusst.

Abb. 5-12:   Mechanismus des chinesischen Konzessionsmodells

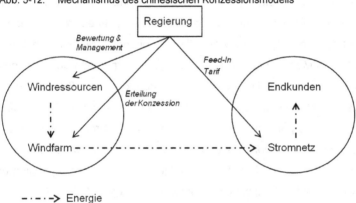

- · - · - · -> Energie

Quelle: Eigene Darstellung in Anlehnung an Han et al. (2009)

Bei diesem Modell waren insbesondere vier Faktoren wichtig:

1) Die organisatorische Umstrukturierung der Entwickler sollte Wettbewerb verstärken und so den Preis für Windkraft reduzieren.

2) Die staatliche Kontrolle über das Konzessionsmodell gab der Regierung die Möglichkeit große Windparks zu beauftragen, was im Umkehrschluss Skaleneffekte bedeutete und wiederum die Kosten senkte.

3) Um ausländischen Firmen zu einer Produktion vor Ort zu überzeugen wurden local content Vorgaben in Höhe von 70 % eingeführt[92].

4) Die Regierung erhoffte sich, durch die Schaffung attraktiver Bedingungen, ausländisches Kapital mobilisieren zu können (Lema und Ruby 2007).

Systemdynamik

Das Innovationssystem für Windkraft in China in der formativen Phase war geprägt von dem Technologieimport ausländischer Unternehmen, insbesondere aus Dänemark und Deutschland. Die chinesische Regierung hat die Marktbedingungen für ausländische Unternehmen attraktiv gestaltet und so den Markt initialisiert. Entscheidend war hierfür ebenfalls die Umstrukturierung des Energiemarktes. Gleichzeitig hat die Regierung die Weichen für die zukünftige Entwicklung des Innovationssystems gestellt und mehrere Funktionen des Systems bedient: Einfluss auf die Suchrichtung, Entwicklung von Wissen und Unternehmerisches Experimentieren. Erreicht hat der Staat dies durch gezielte Wirtschaftpolitik, insbesondere der Gründung von Joint-Ventures mit den im Markt aktiven ausländischen Unternehmen.

5.4.2 Wachstumsphase (2005 bis heute)

Der Startzeitpunkt für die Wachstumsphase des Innovationssystems für Windkraft in China war ungefähr das Jahr 2005. Wichtiger Meilenstein in der chinesischen Legislative für Windkraft war das Renewable Energy Law (REL), welches im Jahr 2006 verabschiedet wurde. Es setzte sich zum Ziel, dass im Jahr 2020 15% des Energiekonsums von erneuerbaren Energien gedeckt werden kann. Das REL adressierte dabei sowohl die Nachfrage-, als auch die Angebotsseite. Beispielsweise stellte es finanzielle Ressourcen für die Entwicklung der Technologie bereit und nahm so zum Einen **Einfluss auf die Suchrichtung**, sowie auf die Funktion **Mobilisierung von Ressourcen**.

---

[92] Diese Prozentangabe bezieht sich auf Produktionen ab dem Jahr 2004. Bis zum Jahr 2003 beliefen sich die local content Vorgaben auf 50 %.

Die neue politische Ausrichtung trat bereits unter der National Energy Administration (NEA) in Kraft, welche ab 2008 an Stelle der NDRC für die Entwicklung von erneuerbaren Energien verantwortlich war (Liu und Kokko 2010). Im Jahr 2009 führte die NEA Einspeisetarifs ein und orientierte sich dabei am deutschen Modell.

Die, von der chinesischen Regierung formulierten, 5-Jahres-Pläne nahmen Einfluss auf die Suchrichtung im TIS für Windkraft. In der Phase des Wachstums wurden mehrere 5-Jahres-Pläne verabschiedet; alle mit einem starken Fokus auf den Ausbau der Windkraft. Der 12te 5-Jahres-Plan für Windkraft wurde 2012 verabschiedet und formulierte klare Ziele für den Ausbau und die Integration von Windkraft. Die Zielsetzung sah vor, dass 2015 die integrierte Kapazität von Windkraft bei 100 GW liegt und die Stromproduktion 190 TWh beträgt. Bis zum Jahr 2020 soll die integrierte Kapazität bei 200 GW liegen und die Stromproduktion bei 300 TWh. Darüber hinaus wurde der Ausbau von Technologie und Komponenten in den Fokus gerückt. Insbesondere sollten Turbinen mit einer Leistung von 6 bis10 MW gefördert werden, sowie die Kompetenzen für die Integration von Windkraft weiter ausgebaut werden (IEA 2013).

Im Jahr 2016 wurden die ersten Entwürfe für den 13ten 5-Jahres-Plan (2016 bis 2020) vorgestellt. Bis zum Jahr 2020 (bzw. 2030) sollen erneuerbare Energien 15% (bzw. 20%) des Primärenergiekonsums decken. Die NEA identifizierte, dass hierfür eine weitere Reduzierung der Kosten für Windkraft notwendig sind und die Stromproduktion im Jahr 2020 bei 460 TWh liegen wird (IEA 2016b). Die Investitionen der chinesischen Regierung zwischen 2011 und 2015 sind in der untenstehenden Tabelle dargestellt Die Windkraft war (weit vor Thermal-, Hydro- und Nuklearenergie) im Jahr 2014 das zentrale Investitionsziel im Energiesektor.

Tab. 5-32:   Investitionen der chinesischen Regierung in Windkraft zwischen 2011 und 2015

Jahr	Investitionen (in Mrd. €)
2011	1,7
2012	20,6
2013	k.A.
2014	13,2
2015	10,8

Quelle: Eigene Darstellung auf Basis von IEA (2011 bis 2015)

Die zuvor beschriebenen institutionellen Änderungen, Anpassungen der Legis-lative und Investitionen führten zu einem massiven Ausbau der Windenergie in China ab 2005, was direkt die **Marktentstehung** beeinflusst. In der Periode zwischen 2005 bis 2010 stieg die installierte Kapazität von 1.250 MW auf 44.733 MW; dies entspricht einem durchschnittlichen jährlichen Wachstum von ca. 105%[93]. Der Markt für Windkraft in China explodierte förmlich und sorgte weltweit für Aufsehen.

Tab. 5-33:   Installierte Kapazität für Windkraft in China 2005-2015

Jahr	Kumulierte Kapazität (in MW)	CAGR (%)
2005	1.250	
2010	44.733	105%
2015	145.362	27%

Quelle: Eigene Darstellung und Berechnungen in Anlehnungen an GWEC[94]

Die untenstehende Tabelle zeigt die weltweite kumulierte Kapazität seit dem Jahr 2005. Besonders auffallend ist, dass China bis zum Jahr 2008 im internationalen Vergleich hinsichtlich Marktgröße kaum eine Rolle spielte. Durch das massive Wachstum konnte sich das Land jedoch schnell eine gute Position sichern. Ab 2008 ist die Volksrepublik auf den „Medaillenrängen" als Dritter bei der globalen Windolympiade vertreten. Noch hinter den USA (1. Platz) und Deutschland (2. Platz) liegend, wurde immerhin Dänemark verdrängt. Durch den starken Marktausbau konnte China im Jahr 2010 schließlich den ersten

---

[93] Das Jahr 2007 sticht nochmals hervor, mit einem jährlichen Wachstum von ca. 130%.
[94] Mehrere Jahrgänge und Reports: China Wind Energy Outlook (2012), Global Wind Report (2013-2015).

Platz sichern und behält diesen Rang seither bei. Pionierländer wie Deutschland und insbesondere Dänemark liegen hinsichtlich installierter Kapazität weit hinten. Dieser „locational shift" der größten Märkte in den letzten zehn Jahren ist in der untenstehenden Tabelle dargestellt. Die Tabelle zeigt zum Einen die weltweit installierte Kapazität in MW und zum Anderen den prozentualen Anteil der vier untersuchten Länder China, Dänemark und den USA an der weltweit installierten Kapazität:

China konnte, mit einer durchschnittlichen jährlichen Zunahme von etwa 27%, sein starkes Wachstum in den nächsten fünf Jahren beibehalten. Im Jahr 2015 lag die installierte Kapazität bei ca. 145.000 MW, was ungefähr einem Drittel der weltweiten Kapazität für Windkraft entspricht[95].

Tab. 5-34: Locational shift der globalen Märkte für Windkraft, Anteile (%) an der weltweit installierten Kapazität

	2005	2010	2015
China	2%	23%	34%
Dänemark	5%	2%	1%
Deutschland	31%	14%	10%
USA	15%	20%	17%
Rest der Welt	47%	41%	38%
Installierte Kapazität (MW)	59.084	197.031	432.883

Quelle: Eigene Darstellung auf Basis von GWEC

Der starke Ausbau der installierten Kapazität brachte Probleme mit sich, insbesondere hinsichtlich des Netzausbaus und der tatsächlich ans Netz angeschlossenen Windparks. 2005 waren immerhin ca. 80% der installierten Kapazität an das nationale Energienetz angeschlossen. Der Netzausbau konnte jedoch mit dem starken Ausbau der Kapazität nicht Schritt halten. Im Jahr 2010 waren von den installierten 44.700 MW lediglich 29.500 MW angeschlossen, was einem

---

[95] Es ist ein Trugschluss an dieser Stelle zu glauben, dass die politische und strategische Ausrichtung der Energiepolitik in China ausschließlich auf erneuerbare Energien bzw. Windkraft setzt. Die Volksrepublik installiert gleichzeitig zahlreiche Atomkraftwerke und diversifiziert so das eigene Energieportpolio. Im Gegensatz zu beispielsweise der deutschen Regierung sieht die chinesische Regierung nicht den „Zwang" zu einer totalen Abkehr von der Atomenergie.

prozentualen Anteil von ca. 66% entspricht. Neben fehlender Netzinfrastruktur war ebenfalls eine Unterauslastung das Problem für viele Windparkbetreiber, so dass Investoren allein im Jahr 2011 ca. 6,6 Mrd. RMB[96] entgangen sind. Ein weiteres Problem liegt in der Distribution der generierten Energie: windstarke Regionen liegen im Norden und Nordosten Chinas, während die großen Stromabnehmer jedoch an der chinesischen Ostküste, also den starken industriellen Ballungsgebieten, zu finden sind. Der strukturelle Ausbau bleibt weit hinter den Zielen, so dass der generierte Strom oftmals nicht die Nachfrage erreicht. Ein weiterer kritischer Faktor ist die Regulierung von „peaks", die natürlicherweise bei starkem Wind entstehen. Eine effektive Regulierung[97], also die Optimierung des Verhältnisses aus Speicherfähigkeit und Kapazität, der peaks wird von vielen Experten als „Flaschenhals" einer erfolgreichen Integration gesehen. Mögliche Mechanismen umfassen beispielsweise Pumpspeicherkraftwerke (IEA; Ming et al. 2013).

Neben der Legislative wurde auch die Industriepolitik neu ausgerichtet. Eine protektionistische Ausrichtung mit hohen Importzöllen, local content Vorschriften und Förderungen für national gefertigte Turbinen führte zu einem Aufschwung der chinesischen Industrie, wie in den folgenden Abschnitten beschrieben wird.

Entwicklung von Wissen

Tab. 5-35:   Wissensentwicklung von chinesischen Unternehmen 2004 bis heute

| III.   2004- | - kooperative Innovation (z.B. Goldwind (CN) mit Vensys (D)) |
| 2007 | - Vestas, GE und andere Technologieführer bauen eigene Produktionsstätten in China |

---

[96]   Ca. 1 Mio. €.
[97]   Spanien hat beispielsweise ein Verhältnis zwischen Speicherfähigkeit und Kapazität von 35%, die USA sogar von 47%.

		- Die chinesische Regierung implementiert local content An-forderungen: 50% im Jahr 2003; ab dem Jahr 2004 sind es 70%
IV. heute	'08-	- heimische Innovation von chinesischen Unternehmen - chinesische Turbinenhersteller etablieren sich auf internationalen Wettbewerb - Globalisierung der F&E - M&A Aktivitäten um Zugriff auf Kerntechnologien und – märkte zu bekommen (Goldwind akquiriert Vensys)

Quelle: Eigene Darstellung und Adaption in Anlehnung an Ru et al. (2012)

Die dritte Phase der Wissensentwicklung von chinesischen Unternehmen ist vor allem von kooperativer Innovation geprägt. Im Jahr 2004 war Goldwind das erste chinesische Unternehmen, das gemeinsam mit einem ausländischen Unternehmen (Vensys aus Deutschland) eine Turbine entwickelte (1.2 MW). Weitere chinesische Turbinenhersteller folgten dieser Strategie, wie beispielsweise Zhejiang Windey oder Shangai Electric. Die genannten chinesischen Unternehmen verfügten über vergleichsweise starke F&E Kompetenzen und waren gut mit finanziellen Ressourcen ausgestattet, so dass sie von den Kooperationen profitieren konnten und die eigenen Fähigkeiten ausbauen konnten.

In der vierten Phase, ab 2008 bis heute, innovieren chinesische Turbinenhersteller eigenständig und sind globale Akteure in der Windindustrie geworden. Sinovel war beispielsweise in den Jahren 2010 bzw. 2011 fähig eine 5 MW und eine 6 MW Turbine zu entwickeln und produzieren, während sie drei Jahre zuvor (2008) noch für eine 3 MW Turbine mit Windtec kooperieren mussten . Neben dem technologischen Fortschritt bauten chinesische Anbieter eine vertikale Integration auf und fingen an internationale F&E Netzwerke zu implementieren. Schlüssel für die Internationalisierung waren M&A Aktivitäten. Beispielsweise übernahm Goldwind im Jahr 2008 70% der Anteile am deutschen Unternehmen Vensys. Damit besaß Goldwind ein globales F&E-Netzwerk bestehend aus drei

Entwicklungszentren in Beijing, Xiang und Deutschland. Mit Designkompeten-
zen, ausgeprägtem IP-Schutz und einem ausländischen Umsatz in Höhe von
140 Mio. US$ (was einem Anteil am Gesamtumsatz von ca. 10%[98] entspricht
(Ru et al. 2012)) ist Goldwind, neben multinationalen Konzernen wie General
Electric oder Siemens, zu einem globalen Akteur in der Windindustrie geworden.

Die Dynamik zwischen dem chinesischen Unternehmen Goldwind und dem
deutschen Unternehmen Vensys ist beispielhaft für die Entwicklung und Machtverschiebung in der globalen Windindustrie. Goldwind hat als Lizenzpartner von
Vensys angefangen und dem deutschen Unternehmen später als Eintritt auf den
chinesischen Markt gedient. Nach einem gemeinsamen Joint Venture und einer
kooperativen Entwicklung von Turbinen hat sich das chinesische Unternehmen
vom deutschen Partner emanzipiert und ist ihm entwachsen

Die technologischen Fortschritte lassen sich auch in den Patentierungsaktivitäten chinesischer Anmelder ablesen So wurden zwischen 2005 und 2012 insgesamt 100 Patente beim EPO von chinesischen Anmeldern registriert. Auch
wenn dies ein Vielfaches der vorherigen Patentaktivitäten darstellt, so sind die
Pionierländer der Windindustrie wie Deutschland, USA und Dänemark weiterhin
deutlich führend. Im selben Zeitraum haben deutsche Anmelder über 1000 Patente registriert, amerikanische ca. 800, dänische ca. 600[99]. Dies wird in der
Analyse der Anmelder in China bestätigt: vier der fünf Top-Anmelder von Patenten in China sind aus dem Ausland (GE, Enercon, Vestas, und Gamesa).
Das einzige chinesische Unternehmen in den Top-5 ist Shanghai Electric. Weiterhin sind chinesische Patente weniger wichtig für den technologischen Fortschritt (Klagge et al. 2012).

---

[98] Eigene Berechnungen auf Basis von Statista.
[99] Eigene Berechnungen des Autors, für Details siehe Kapitel zur technologischen Entwicklung der Windkraft.

Abb. 5-13: Entwicklung der Leistungsfähigkeit chinesischer Anbieter für Turbinen

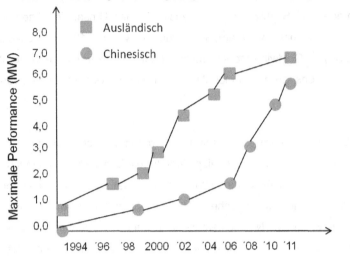

Quelle: Eigene Darstellung und Adaption in Anlehnung an Ru et al. (2012)

Der technologische „Catch-Up"-Prozess von chinesischen Unternehmen darf dennoch nicht vernachlässigt werden und kann anhand der Turbinenperformance illustriert werden. In der Phase der Marktgestaltung (also bis 2003) vergrößerte sich der technologische Abstand zwischen chinesischen und ausländischen Unternehmen. Beispielsweise war im Jahr 2002 die maximale Turbinenkapazität eines chinesischen Anbieters lediglich 800 kW, während der deutsche Hersteller Enercon bereits Turbinen mit einer Kapazität i.H.v. 4.5 MW im Produktportfolio hatte. Bis zum Jahr 2006 war die technologische Entwicklung von ausländischen Anbietern schneller, ab dann konnten sich auch chinesische Anbieter am Markt etablieren und mit den Leistungskennzahlen anderer Unternehmen Schritt halten. Die vorher beschriebenen Innovationsaktivitäten und Mechanismen der chinesischen Unternehmen vom Lizenznehmer zum eigenständigen Entwickler spiegeln sich hier wider. Allen voran war Sinovel in der Lage, Turbinen mit einer hohen Kapazität zu bauen und so sukzessive den Abstand zwischen chinesischen und ausländischen Anbietern zu verringern. So baute Sinovel im Jahre 2011 eine 6 MW Anlage, während eine vergleichbare Anlage von Vestas zum gleichen Zeitpunkt bei ca. 7 MW[100] lag.

Unternehmerisches Experimentieren

Seit 2005 haben sich die Produktionskompetenzen verbessert und spezialisierte Zulieferer für die wichtigsten Komponenten konnten sich etablieren. Im Jahr 2011 waren mehr als 100 Unternehmen der Windindustrie gelistet, wobei vier von den zehn weltgrößten Turbinenherstellern chinesisch waren. Die chinesische Windindustrie ist nicht länger von Importen abhängig und hat eine eigenständige Wertschöpfungskette aufgebaut (Klagge et al. 2012).

Vor allem chinesische Turbinenhersteller und weitere chinesische Akteure entlang der Wertschöpfungskette konnten vom starken Marktwachstum profitieren, wohingegen ausländische Unternehmen langsam vom heimischen Markt verdrängt wurden. Während 2004 noch 70-75% der neu-installierten Kapazität durch ausländische Unternehmen erfolgte, senkte sich der Marktanteil bis 2012 auf 10%. Als Folge dieser Entwicklung reduzierte sich die Zahl der in China tätigen ausländischen Turbinenhersteller von 24 auf 10 im Jahr 2012 (Klagge et al. 2012; Ru et al. 2012). Die ausländischen Turbinenhersteller mit dem größtem Marktanteil sind Vestas (Markteintritt 1999), Gamesa (Markteintritt 2005), GE (Markteintritt 2005), Suzlon (Markteintritt 2009) und Nordex (Markteintritt 1998) (Zhao et al. 2013). Angezogen von den intensiven staatlichen Investitionen und

---

[100] Zhao et al. (2013) zeichnen an dieser Stelle ein anderes Bild. Die Autoren weisen darauf hin, dass die größten chinesischen Windanlagenhersteller weiterhin von Technologieimporten, vor allem deutscher Anbieter, abhängig sind. Chinesische Anbieter sind insbesondere nicht in der Lage, Schlüsselkomponenten zu entwickeln und zu fertigen. Im Jahr 2009 wurden neue Importbestimmungen erlassen, die insbesondere Turbinen mit einer Kapazität ab 2 MW bevorzugten. Dies bedeutet im Umkehrschluss, dass chinesische Hersteller sehr wohl in der Lage sind Turbinen mit einer Kapazität bis 2 MW eigenständig zu entwickeln und fertigen, ab einer größeren Kapazität ist die chinesische Industrie weiterhin von ausländischen Technologien abhängig. Vor dem Hintergrund, dass Skaleneffekte in der Windindustrie ein wichtiger Faktor sind, ist dies sicherlich eine kritische Entwicklung für das TIS. Die Beobachtung von Zhao et al. (2013) steht konträr zu der sonstigen Beurteilung der technologischen Fähigkeiten chinesischer Anbieter und muss kritisch betrachtet werden.

dem starken Marktwachstum haben auch internationale Akteure weiterhin auf dem chinesischen Markt investiert. Vestas und Gamesa haben ihre Produktionskapazitäten erhöht, jedoch auch F&E Center aufgebaut, um lokale Anpassungen der Produkte zu tätigen (IEA 2011).

Die untenstehende Graphik verdeutlicht die Verschiebung der Machtverhältnisse auf dem chinesischen Markt zwischen heimischen und ausländischen Unternehmen.

Abb. 5-14: Entwicklung der Marktanteile von ausländischen und heimischen Unternehmen in China zwischen 2004 und 2010

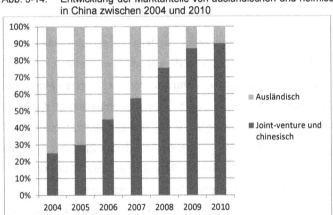

Quelle: Eigene Darstellung und Adaption in Anlehnung an Ru et al. (2012)

Dieser Trend wird in den Jahren 2010 bis 2015 fortgesetzt. Die Top 10 Hersteller von Turbinen und deren Marktanteil wird dominiert von chinesischen Unternehmen. Mit Ausnahme von Vestas, Gamesa und GE sind keine weiteren ausländischen Turbinenhersteller vertreten. Das Unternehmen Goldwind hat sich als Marktführer auf dem chinesischen Markt etabliert und führt seit 2011 die Rangliste der größten jährlichen installierten Kapazität an. 2015 verteilt sich die installierte Kapazität wie in der folgenden Tabelle dargestellt.

Tab. 5-36:　Marktanteile an der neu-installierten Kapazität in China im Jahr 2015

Unternehmen	Installierte Kapazität (MW)	Anteil
Goldwind	7.749	25%
United Power	3.065	10%
Mingyang	2.510	8%
Envision	2.510	8%
CSIC Haizhuang	2.092	7%
Shanghai Electric	1.927	6%
XEMC Wind	1.510	5%
Dongfang	1.388	5%
Zhejiang Windey	1.260	4%
Sany	951	3%
Andere	5.792	19%
Gesamt	30.753	100%

Quelle:　　　Eigene Darstellung in Anlehnung an IEA (2016b)

Die chinesische Industrie besteht aus 121 Produktionsstätten für Turbinen, 54 für die Blattfertigung, 36 für die Generatorfertigung, 33 für Getriebefertigung, 25 für die Lagerfertigung und weitere 43 für die Umrichterfertigung. Die Wertschöpfungskette für Schlüsselkomponenten wie Blätter, Getriebe, Pitch-Lager, etc. ist seit 2011 fähig die heimische Nachfrage zu befriedigen, so dass nur noch teilweise Komponenten für besonders große Turbinen importiert werden müssen (IEA 2011). Neben den genannten heimischen Turbinenherstellern sind insbesondere acht ausländische Unternehmen aktiv: Vestas, Suzlon, Gamesa, Senvion, Nordex, GE, Siemens, und Avantis.

Ebenso wichtig wie Anlagenhersteller sind die Windparkentwickler, von denen die *Big Five* hervorstechen: China Huaneng, China Datang, China Huadian, China GuoDian, und China Power Investment. Darüber hinaus sind (neben zahlreichen anderen chinesischen) ebenfalls private und ausländische Entwickler aktiv: Beijing Tianrun Investment, Huayi, Eilongjiang Zhongyu Investment, China Wind Power Group, AES, sowie UPC.

Die hohe Bedeutung der Windkraft in China hat sich ebenfalls auf die **Entwicklung von positiven externen Effekten** ausgeübt. Die Industrieakteure sind in der Chinese Wind Energy Association (CWEA) vereinigt, darüber hinaus fungiert die Chinese Renewable Energy Industries Associations (CREIA) als übergeordneter Verband für alle erneuerbare Energien. Neben Verbänden sind sieben Universitäten[101] und drei öffentliche Forschungseinrichtungen[102] in dem Bereich der Windenergie tätig.

---

[101] Tsinghua University, North China Electric Power University, Shenyang University of Technology, Xiangtan University, Shantou University, Xihua University, Chongqing University.

[102] Chinese Academy of Sciences: Institute of Electrical Engineering, Guangzhou Institute of Energy Conversion, Institute of Engineering Thermophysics).

Tab. 5-37: Die wichtigsten[103] Akteure im TIS für Windkraft von China

Kategorie	Akteur
Staatliche Institution	National Energy Administration (NEA) National Energy Commission (NEC) National Development and Reform Commission (NDRC) Ministry of Industry and Information Technolgty (MIIT) Ministry of Science and Technology (MST)
Unternehmen	*Turbinenhersteller (heimisch)* Goldwind; United Power; Mingyang; Envision; CSIC Haizhuang; Shanghai Electric; XEMC Wind; Dongfang; weitere *Turbinenhersteller (ausländisch)* Vestas, Suzlon, Gamesa, Senvion, Nordex, GE, Siemens
Projektentwickler	*Big Five* China Huaneng, China Datang, China Huadian, China GuoDian, China Power Investment *Ausländisch bzw. privat* Beijing Tianrun Investment, Huayi, Eilongjiang Zhongyu Investment, China Wind Power Group, AES, UPC
Universitäten und Forschungseinrichtungen	*Universitäten* Tsinghua University, North China Electric Power University, Shenyang University of Technology, Xiangtan University, Shantou University, Xihua University, Chongqing University *Forschungrichtungen* Chinese Academy of Sciences: Institute of Electrical Engineering, Guangzhou Institute of Energy Conversion, Institute of Engineering Thermophysics)
Verbände	Chinese Wind Energy Association (CWEA), Chinese Renewable Energy Industries Associations (CREIA)

Quelle: Eigene Darstellung und Anpassungen in Anlehnung an Klagge et al. (2012)

Neben den Turbinenherstellern haben sich über 70 Windkraftentwickler und Be-
treiber auf dem Markt etabliert. Die hohe Anzahl an Akteuren in der Industrie
benötigt eine koordinierende Stelle und so hat sich die Chinese Wind Energy
Association (CWEA) mit über 180 Mitgliedern gegründet. Darüber hinaus fungiert die Chinese Renewable Energy Industries Associations (CREIA) als übergeordneter Verband für alle erneuerbaren Energien (Klagge et al. 2012).

---

[103] Bei der Tabelle besteht kein Anspruch auf Vollständigkeit.

Internationalisierung

Die dargestellte nationale Industrie und Wertschöpfungskette macht sich auch bei der Analyse der Handelsbilanz für den Bereich Windkraft bemerkbar[104]. China hat sich von einer negativen Handelsbilanz in den Jahren 2002 (ca. -109 Mio. US$) und 2005 (ca. -180 Mio. US$) zu einer positiven Handelsbilanz in den Jahren 2010 (ca. 197 Mio. US$) und 2014 (ca. 972 Mio. US$) entwickelt. Die Steigerung der Exporte entspricht einem jährlichen durchschnittlichen Wachstum von ca. 25%[105]. An der Statistik ist die chinesische Industriepolitik sehr gut ablesbar: das starke Wachstum des Marktes für Windkraft setzte ca. 2004-2005 ein, bis zu diesem Zeitpunkt war das Land von ausländischer Technologie und Komponenten abhängig. Dementsprechend war die Handelsbilanz negativ. Ab 2005 wurde gezielt eine heimische Industrie gefördert und neue Unternehmen aufgebaut. Gleichzeitig haben viele ausländische Unternehmen, angezogen von starkem Wachstum und verpflichtet durch local content Vorschriften, Produktionsstätten in China aufgebaut. Als Konsequenz entwickelte sich die Handelsbilanz von negativ auf positiv, mit einem Exportüberschuss in Höhe von ca. 197 Mio. US$.

Mit der chinesischen *Go Global* Strategie haben 2013 chinesische Unternehmen mit Ländern wie Kanada, Kuba, Äthiopien, Rumänien und Südafrika Projekte mit einer Kapazität in Höhe von ungefähr 60 MW abgeschlossen. Dies umfasst Projektentwicklung, Engineering und Construction, sowie Anlagenbelieferung (IEA 2014). Die Handelsbilanz hat sich weiterhin positiv entwickelt, so dass 2014 ein Überschuss von ungefähr 972 Mio. US$ erzielt wurde. Die Zeichen des heimischen Marktes stehen weiterhin auf Wachstum, gleichzeitig for-

---

[104] Eine ausführliche Analyse der Handelsdaten der Windindustrie erfolgt in einem gesonderten Kapitel.
[105] Eigene Berechnungen des Autors auf Datenbasis von UN Comtrade.

cieren chinesische Unternehmen eine Internationalisierung, jedoch in industrielle „Peripherie-Länder" wie beispielsweise Äthiopien, Algerien, Saudi Arabien oder Panama.

Systemdynamik

Das Innovationssystem für Windkraft in der Wachstumsphase ist nicht nur von einem rasanten Wachstum auf dem Binnenmarkt geprägt, die heimische Industrie konnte sich ebenfalls eigenständig entwickeln und so wettbewerbsfähige Akteure hervorbringen. Schlüssel für letzteres war die gezielte Industriepolitik der Regierung, die die Weichen hierfür bereits in der formativen Phase gestellt hatte. China hat es zudem innerhalb kürzester Zeit zu dem größten Markt für Windkraft geschafft, Wachstumsschmerzen inklusive. Diese Wachstumsschmerzen haben sich insbesondere in fehlender Netzinfrastruktur bemerkbar gemacht. Der Anteil von Windkraft an der nationalen Strommatrix bleibt weiterhin relativ klein im Vergleich zu anderen Nationen wie Dänemark und auch Deutschland.

5.5 Das technologische Innovationssystem für Windkraft von Brasilien

5.5.1 Formative Phase (1995 bis 2008)

Wie die Analyse ausgewählter Länder, wie Deutschland oder Dänemark, gezeigt hat, war die Ölkrise in den 1970er Jahren ein typischer Entstehungsmechanismus eines technologischen Innovationssystems für erneuerbare. Als Antwort auf steigende Ölpreise, und einer zunehmenden Aufmerksamkeit der Bevölkerung für die umweltfreundliche Erzeugung von Energien, wurden erste staatliche Förderprogramme ins Leben gerufen und Unternehmen gegründet. Der wesentliche Treiber für die Initialisierung des Innovationssystems war also ein externer Faktor, der auf die Funktionen des technologischen Innovations-

systems **Einfluss auf die Suchrichtung** und **unternehmerisches Experimentieren** gewirkt hat, wobei staatliche Programme den entscheidenden Unterschied machten.

Die Unternehmensgründung von Tecsis

Im Fallbeispiel des brasilianischen technologischen Innovationssystems liegt
hier eine Ausnahme vor, was die Studie dieses Falles besonders relevant
macht. Als zentraler Akteur der Entstehungsphase wird eine Person identifiziert,
die durch **unternehmerische Aktivitäten** das Innovationssystem begründet.
Bento Koike war ab 1978 als Absolvent bei dem brasilianischen Forschungsinstitut für Raumfahrt (Centro Técnico Aeroespacial) in der Nähe von São Paulo
beschäftigt. Dieses pflegte eine enge Kooperation mit der, in Stuttgart ansässigen, Deutschen Forschungs- und Versuchsanstalt für Luft- und Raumfahrt e.V.
(DFVLR) (Interview 16). Zu dieser Zeit herrschte in Deutschland Aufbruchsstim-
mung in der Windindustrie und so beschäftigte sich auch das DFVLR unter Leitung von Prof. Ulrich Hütter, als Vizepräsident und bekanntem Pionier im Bereich der Windenergie, mit der Entwicklung von Windkraftanlagen. Die Kooperation zwischen der brasilianischen und deutschen Forschungseinrichtung entwickelte gemeinsam verschiedene Windkraftanlagen. Die erste bereits im Jahr
1979 mit dem Namen „Moda 10". Moda 10 wurde auf einem Testgelände im
Nordosten Brasiliens installiert. Daraufhin intensivierten sich die Entwicklungs-
kooperationen und in Gemeinschaftsarbeit entstand die Windkraftanlage DE-
BRA 25 (DEutsch BRAsilianisch), die eine Leistung von 100 kW und einen Rotordurchmesser von 25 Metern hatte. Die brasilianische Seite der Kooperation
übernahm dabei die aerodynamische Auslegung des Blattes und die Produktion
der Urform, welche für weitere Fertigungen von Blättern genutzt wird (Oelker
2005). Ebenfalls an diesem Projekt beteiligt war Jens Peter Molly, der als Schüler Hütters die Begeisterung für Windkraft fortführte und enger Vertrauter von
Bento Koike wurde. Später gründete Molly die DEWI GmbH, ein mittlerweile
international agierender Dienstleister für Unternehmen der Windkraft.

Nach 8 Jahren verließ Bento Koike das brasilianische Forschungsinstitut, um ein eigenes Unternehmen zu gründen. Mit weiteren Mitgründern war das Unternehmen „Composites" in dem Bereich der Luftfahrt tätig und arbeitete eng mit dem brasilianischen Ministerium für Raumfahrt zusammen. Parallel dazu entwickelte sich in Deutschland die Windindustrie rasant und 1990 wurden wegweisende politische Förderprogramme installiert. Zuerst das 100 MW Programm und kurze Zeit später das 250 MW Programm. Koike nutzte bereits bestehende Kontakte in die Industrie, um Möglichkeiten der Kooperation zu evaluieren. Er scheiterte jedoch in Gesprächen mit dem dänischen Unternehmen NEG Micon. Die Verhandlungen mit dem deutschen Gründer der Enercon GmbH, Aloys Wobben, verliefen positiver. Wobben war zu dieser Zeit (1995) auf der Suche nach einer Möglichkeit die Produktion von Rotorblättern auszulagern, da die Anbieterstruktur sehr konzentriert war.

Im Wesentlichen gab es zwei Möglichkeiten Rotorblätter zu beziehen. Zum einen über das dänische Unternehmen LM Wind Power A/S; und zum Anderen über eine eigene Produktion. Da Enercon bereits früh an der Internationalisierung der Märkte interessiert war (vgl. Fallbeispiel zur Windindustrie in Deutschland), bot eine Firmenneugründung in Brasilien eine dritte und interessante Option für Enercon.

Koike hatte durch DEBRA bereits Kompetenzen für die Produktion gewonnen und auch in seiner vorherigen Unternehmensgründung war er mit den für Rotorblättern wichtigen Verbundmaterialien vertraut. Daher vergab Wobben 1995 den Auftrag der Produktion von E-40 Rotorblättern an Koike. Dieser gründete zusammen mit weiteren Kollegen das Unternehmen Tecsis in Sorocaba im Bundesstaat São Paulo. Die Ansiedelung in Sorocaba begründete sich darin, dass sich die dort angesiedelte brasilianische Textilwirtschaft, durch intensiver werdenden Wettbewerb aus Asien, in der Krise befand und so große Produktionshallen zur Verfügung standen. Die Produktion der Rotorblätter startete und

Enercon konnte brasilianische Blätter beziehen. Die Produkte wurden vollständig für den deutschen bzw. europäischen Markt verwendet und innerhalb kurzer Zeit lieferte Tecsis 80% der von Enercon benötigten Rotorblätter. Das Rotorblatt wurde aus der Produktionsstätte in Sorocaba per Lkw zum Hafen nach São Paulo verladen und von dort per Schiff weiter nach Europa transportiert. Aufgrund der hohen Transportkosten war die Produktion für Tecsis besonders kostensensibel und es mussten neue Wege für eine kostengünstigere Herstellung gefunden werden. Nach Angaben Koikes war diesbezüglich ein gut funktionierendes, innovatives Management der entscheidende Faktor.

Tecsis konnte sich anfangs neben Kostenvorteilen auch stark vom Wettbewerb differenzieren. Das Unternehmen übertrug Kompetenzen aus der Raumfahrt in die Windindustrie und hatte mit Enercon einen anspruchsvollen Kunden. Um die hohen Transportkosten zu kompensieren mussten neue technologische Pfade in der Produktion eingeschlagen werden (Interview 16).

Wobben entschied 1995 in Brasilien ebenfalls eine Tochtergesellschaft zu gründen und so siedelte sich das Unternehmen in direkter lokaler Nähe zu Tecsis in Sorocaba an. Das Unternehmen firmiert in Brasilien als Wobben Windpower und konnte 1998 den ersten Windpark des Landes mit einer Kapazität von 5 MW eröffnen (Enercon 2015).

Staatliche Förderungen für die Initialisierung des Heimatmarktes
Es ist wichtig anzumerken, dass zu diesem Zeitpunkt lediglich ein marginaler Heimatmarkt in Brasilien bestand. Einzig Wobben Windpower hatte wenige installierte Kapazitäten in Betrieb. Erst im Jahr 2002, also ca. 7 Jahre nach Unternehmensgründung von Tecsis, wurde in Brasilien das Förderprogramm PROINFA ins Leben gerufen und so funktional **Einfluss auf die Suchrichtung** genommen. PROINFA war die Antwort der Regierung auf zwei landesweite

Energiekrisen mit Strom-Blackouts in den Jahren 2000 und 2002. Die Energie-matrix des Landes sollte diversifiziert werden, da bisher eine sehr starke Ab-hängigkeit von Hydropower bestand (ca. 80%) (IRENA 2012a). PROINFA ori-entierte sich stark am deutschen Gesetz für Erneuerbare Energien (EEG) und beinhaltet entsprechend einen Einspeisetarif für ausgewählte Energiequellen, darunter auch Windenergie. Bis 2005 wurden daraufhin in Brasilien 27 MW Windenergie installiert (GWEC 2011).

Tab. 5-38:   Installierte Kapazität der Windkraftindustrie in Brasilien zwischen 2005 und 2008

Jahr	Installierte Ka-pazität (MW)	CAGR
2005	27,1	
2008	323,0	128%

Quelle: Eigene Darstellung in auf Basis von ABEEólica (2016)

Zu diesem Zeitpunkt hatte Tecsis, als Vorreiter der Windindustrie in Brasilien, neben Enercon, mit GE Wind Power bereits einen weiteren Kunden gewonnen und konzentrierte sich auf den boomenden Markt in den USA, während die Ge-schäfte mit Enercon eingestellt wurden. Der amerikanische Markt war einem volatilen „Boom-Bust-Zyklus" ausgesetzt und GE konnte mit Tecsis als Zuliefe-rer Engpässe vermeiden. Als Schlüsselzulieferer für GE konnte Tecsis stark wachsen und so steigerte der Produzent für Rotorblätter seinen Marktanteil auf 40% in den USA und erreichte weltweit den zweiten Platz. Die Skalierung der Produktion von Rotorblättern ist ein komplexes Unterfangen, doch Tecsis konnte aus den Erfahrungen in der Zusammenarbeit mit Enercon profitieren (In-terview 16). Bis 2007 verkaufte das Unternehmen weltweit mehr als 12.000 Ro-torblätter und konnte somit ca. 4.000 Windkraftanlagen ausstatten (Kissel 2008).

Im Zuge der weltweiten Finanz- und Wirtschaftskrise geriet der brasilianische Produzent durch eine risikoreiche Hedge-Strategie in finanzielle Schwierigkei-ten, was dazu führte dass im Jahr 2001 große Anteile des Unternehmens durch

Investoren übernommen wurden. Gründer, und bis dato CEO, Bento Koike musste das Unternehmen verlassen und Mehrheitsanteile des Unternehmens verkaufen. Durch die Beteiligung von Finanzinvestoren konnten jedoch auch weitere Kunden wie Siemens, Alstom und Gamesa gewonnen werden (Interview 16). Bis 2010 war das Wachstum von Tecsis komplett an GE gebunden und 100% der Produkte wurde exportiert. Der brasilianische Markt konnte auf keine Wertschöpfungskette zurückgreifen und alle Produkte für den Erbau von Windkraftanlagen wurden importiert (Interview 11).

Systemdynamik

Das technologische Innovationssystem in Brasilien war in der Entstehungsphase geprägt von unternehmerischen Aktivitäten des Gründers Bento Koike, die auf der deutsch-brasilianische Kooperation DEBRA aus den 1970ern basierte. In dieser Phase ist die Funktion der unternehmerischen Aktivität ein Alleinstellungsmerkmal des Innovationssystems in Brasilien, da in der Regel vor allem staatliche Anreize zu einer Initialisierung im Bereich der erneuerbaren Energien führen. Das brasilianische Innovationssystem konnte von den Erfahrungen und positiven Aussichten des deutschen Innovationssystems profitieren, welches sich zum gleichen Zeitpunkt bereits in der Wachstumsphase befand. Das Unternehmen Tecsis als zentraler Akteur in dieser Phase war zuerst vollständig von internationalen Märkten wie Deutschland und den USA abhängig. Erst mit Einführung von PROINFA bildete sich ein infantiler domestischer Markt. Der Mechanismus der zur Einführung von PROINFA führte, ähnelt stark den Initialisierungen anderer Innovationssysteme, da die Diversifizierung der Energiematrix im Mittelpunkt steht.

Abb. 5-15: Das technologische Innovationssystem von Brasilien für Windkraft in der Entstehungsphase

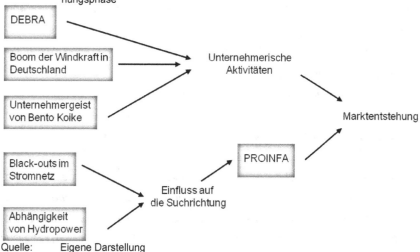

Quelle: Eigene Darstellung

Die Funktionalität lässt sich als positiv bewerten, da keine extreme Abhängigkeit von institutionellen Förderungen besteht. Die Einstellung dieser Förderungen könnte zu einem Kollaps des Innovationssystems führen, wie beispielsweise im Innovationssystem für Ethanol in Brasilien beobachtet wurde. Auch wenn sich die Marktentstehung für Windkraft in Brasilien nur sehr langsam entwickelt hat, so war es eine sehr robuste und wirtschaftlich kompetitive Entwicklung.

5.5.2 Wachstumsphase (2009 bis heute)

Institutionelle Rahmenbedingungen

Die Wachstumsphase des technologischen Innovationssystems von Brasilien wurde eingeleitet mit der Einführung eines Auktionsschemas für Windenergie im Jahr 2009. Während die Zielsetzung des vorangegangenen PROINFA Programms darin bestand, die Energiematrix zu diversifizieren, wurde mit dem Auktionssystem die Steigerung der Effizienz und Kosten-Effektivität verfolgt.

Es gibt zwei Typen von Auktionen, *Neue Energie Auktionen* und *Reserveenergie Auktionen*. Jedes Projekt, welches durch die Neue Energie Auktion gewonnen wird, muss innerhalb von drei oder fünf Jahren ans Netz angeschlossen werden, wobei insbesondere Windkraft für die 3-Jahres-Frist relevant ist (International Renewable Energy Agency (IRENA) 2013). Durch die Einführung des Auktionsschemas ist der Preis in €/MWh innerhalb kurzer Zeit von 105 €/MWh (unter PROINFA) auf ein historisches Tief von 29 €/MWh im Jahr 2012 gefallen. Ende 2015 lag der Auktionspreis bei 51 €/MWh (ABEEólica 2016).

Das Auktionsschema führte zu einem massiven Ausbau der Windenergie. Im Jahr 2015 belegte Brasilien hinsichtlich neu installierter Kapazität weltweit den vierten Platz und erreichte eine Gesamtkapazität von 8,7 GW, was dem zehntgrößten Markt entspricht. Die Ausbauziele für weitere Kapazität liegen bei 2 GW pro Jahr. Bis zum Jahr 2019 ist bereits jetzt ein Ausbau auf 19,7 GW fest eingeplant und entsprechende Projekte sind vergeben. Der Großteil der, neu zu installierenden, Kapazitäten entfällt auf den Bundesstaat Bahia, welcher sich im Nordosten des Landes befindet (ABEEólica 2016).

Tab. 5-39:   Installierte Kapazität der Windkraftindustrie in Brasilien zwischen 2005 und 2015

Jahr	Installierte Kapazität (MW)	CAGR	CAGR (2005-2015)
2005	27,1		
2010	931,2	103%	78%
2015	8.725,9	56%	

Quelle: Eigene Darstellung auf Basis von ABEEólica (2016)

Auf dem Attraktivitäts-Länder-Index hat das Beratungsunternehmen Ernst & Young Brasilien auf dem sechsten Platz für Windkraft geführt (Ernst & Young 2015).

Die Windindustrie wird, wie in anderen Ländern auch, in Brasilien finanziell gefördert. Die nationale Entwicklungsbank BNDES (Banco Nacional do Desenvol-
vimento) garantiert beispielsweise günstige Kredite, sofern drei der vier folgenden Kriterien erfüllt werden (IEA, 2013):

1. Bei der Herstellung der Türme müssen 70% des verbauten Stahls und
Betons nachweislich aus Brasilien stammen.

2. Der Bau der Rotorblätter muss in Brasilien stattfinden, entweder vom
Kreditnehmer oder von einem Subunternehmen.

3. Die Gondeln müssen in firmeneigenen Produktionsstätten aufgebaut
werden, wobei alle Strukturelemente und Gussteile ebenfalls in Brasilien
hergestellt werden müssen.

4. Die Rotornaben müssen in eigener Firma produziert werden, welche
ihrerseits in Brasilien hergestellte, und lackierte, Komponenten verbaut
haben müssen.

Die Entwicklungsbank BNDES ist in Brasilien größter Investor, doch auch Pri-
vate Funding und ausländische Investitionen nehmen eine zentrale Rolle ein.
Bis 2014 wurden in Brasilien ca. 26,4 Mrd. US$ investiert, was von einer starken
Mobilisierung von Ressourcen zeugt.

Die folgende Tabelle zeigt die getätigten Investitionen in die brasilianische
Windindustrie seit dem Jahr 2008.

Tab. 5-40:   Investitionen in die brasilianische Windindustrie

Intervall	Mrd. US$
bis 2009	4,9
2009-2014	21,5
Gesamt	26,4

Quelle: Eigene Darstellung in Anlehnung an (FS-UNEP 2011, 2010, 2012, 2013, 2009,
2014, 2015, 2016)

Es zeigt sich, dass die Investitionen seit der Einführung des Auktionssystems deutlich zugenommen haben. Bis 2009, also in der Phase der Marktentstehung, wurden ca. 4,9 Mrd. US$ in die Windindustrie investiert. Im Zeitraum von 2009 bis 2014 wurden insgesamt 21,5 Mrd. US$ investiert. Höhepunkte bezüglich der Investitionen wurden in den Jahren 2011 (5,0 Mrd. US$) und 2014 (6,2 Mrd. US$) erreicht.

Allein die BNDES gewährte im Jahr 2014 Kredite in Höhe von 2,7 Mrd. US$, was einem Wachstum von ca. 74% im Vergleich zum Vorjahr entspricht (FS-UNEP 2015). Gleichzeitig bedeutet es, dass von den 6,2 Mrd. US$ im Jahr 2014 getätigten Investitionen ca. 43,5% von der BNDES stammen, wobei die Bank durchschnittlich für 65% der Investitionen in der brasilianischen Windindustrie verantwortlich ist. Ausländische Investitionen spielen ebenfalls eine immer wichtiger werdende Rolle in der brasilianischen Industrie. Beispielsweise finanziert die deutsche KfW Bank ein Projekt von Eletrosul, einer Tochterfirma des staatlichen Unternehmens Eletrobrás. Die chinesische Entwicklungsbank ist ebenfalls an Windparkprojekten beteiligt (Recharge 2015a). Darüber hinaus wurde Anfang 2015 eine Kooperation zwischen der brasilianischen und der chinesischen Regierung beschlossen, welches ein Investmentpaket in Höhe von 50 Mrd. US$ in die Solar- und Windindustrie bis 2021 in Brasilien beinhaltet (Recharge 2015c). Da die Finanzierung von Projekten noch stark von staatlichen Förderbanken abhängig ist, gibt es Bestrebungen private Investitionen zu fördern und so die Abhängigkeit von der BNDES zu reduzieren (Recharge 2015b).

Bildung einer nationalen Wertschöpfungskette
Der wachsende Markt und steigende Investitionen haben ebenfalls einen starken Einfluss auf die **unternehmerischen Aktivitäten** des technologischen Innovationssystems gehabt.

Während in der Marktentstehungsphase GE der einzige Kunde der Firma Tecsis war und 100% der Rotorblätter exportiert wurden, konnte der brasilianische Pionier der Windkraft stark vom Wachstum profitieren. Im Jahr 2014 wurden ca. 43% der Produkte exportiert und für 2015 wurde eine Exportrate von unter 40% erwartet. Durch die bereits etablierte Produktion von Rotorblättern in Brasilien ist Tecsis der erste Ansprechpartner für OEMs, die den brasilianischen Markt erschließen wollen. Hierdurch konnte das Unternehmen Kunden wie Gamesa, Alstom oder Axioma gewinnen und so die Abhängigkeit von GE reduzieren. Die erwartete produzierte Stückzahl für das Jahr 2015 lag bei 3600 Blättern. Die Prognose Für 2019 wird, allein in Brasilien, der Verkauf von 9000 Blättern prognostiziert, was einem durchschnittlichen jährlichen Wachstum von 25,7% entspricht.

Tab. 5-41:   Entwicklung des Unternehmens Tecsis

Jahr	Exportquote	Kunden
bis 2005	100%	Enercon
2005- 2010	100%	GE
2010- 2015	40-45%	GE Axioma Alstom Gamesa

Quelle: Eigene Erhebungen

Neben Tecsis hat sich eine große Anzahl an Windindustrie-Unternehmen in Brasilien niedergelassen und so eine nationale Wertschöpfungskette etabliert. Die folgende Abbildung verdeutlicht dabei die verschiedenen Standorte der Unternehmen und die dazugehörige Komponente einer Windkraftanlage.

Abb. 5-16:   Geographische Verteilung der Wertschöpfungskette für Windkraftanlagen in Brasilien

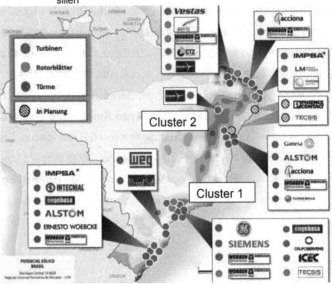

Quelle: Eigene Darstellung in Anlehnung an Kraus (2015) und ABDI (2014)

Die Abbildung verdeutlicht, dass hauptsächlich zwei Regionen für die Windindustrie relevant sind; gekennzeichnet als Cluster 1 und Cluster 2. Cluster 1 befindet in der Region südlich von São Paulo und kennzeichnet gleichzeitig den Ursprung der Windindustrie in Brasilien, da hier (Sorocaba, Bundesstaat São Paulo) Tecsis gegründet wurde und später Wobben als erstes ausländisches Unternehmen eine Produktion aufgebaut hat. Cluster 2 umreißt grundsätzlich den Nordosten Brasiliens, wozu der Bundesstaat Bahia gehört. In Bahia werden mittel- und langfristig die größten Kapazitäten ausgebaut. Der Bundesstaat steht für die Zukunft der brasilianischen Windindustrie.

Die untenstehende Tabelle zeigt die installierte Kapazität pro OEM im Jahr 2015. Es zeigt sich, dass in diesem Jahr GE und Wobben die größten Anteile im Windmarkt hatten. Gamesa und Suzlon folgen auf dem dritten bzw. vierten Platz. Insgesamt wurden ca. 6000 MW installiert.

Tab. 5-42:   Installierte Kapazität pro OEM in Brasilien im Jahr 2015[106]

Unternehmen	MW	Anteil in %
GE	1143	19,0%
Wobben	1023	17,0%
Gamesa	834	13,9%
Suzlon	738	12,3%
Vestas	712	11,8%
IMPSA	495	8,2%
Siemens	476	7,9%
Alstom	384	6,4%
Acciona	180	3,0%
Sinovel	35	0,6%
Gesamt	6020	100,0%

Quelle: Eigene Darstellung in Anlehnung an Enercon (2015)

Obwohl sich eine ausgeprägte nationale Wertschöpfungskette etabliert hat, und es finanzielle Anreize für eine lokale Produktion gibt, sind die brasilianischen Importe von Produkten der Windindustrie in den letzten Jahren stark angestiegen. Im Jahr 2005 betrugen die Importe ca. 49 Mio. US$, 2014 sind sie auf ca. 493 Mio. US$ angestiegen[107]. Dies entspricht einem durchschnittlichen jährlichen Wachstum in Höhe von 29%. Weltweit lag Brasilien im Jahr 2014 damit auf Platz 11 der größten Importeure von Produkten der Windenergie und zeigt die Wichtigkeit des Marktes.

Die untenstehende Tabelle zeigt die Importentwicklung von 2005 bis 2014 und listet die größten Handelspartner der brasilianischen Windindustrie auf. Bereits im Jahr 2005 hat Brasilien den größten Handelswert (ca. 24 Mio. US$) aus den USA importiert. Mit großem Abstand folgen Italien (ca. 4,2 Mio US$) und Deutschland (ca. 4 Mio. US$).

---

[106] In der Statistik von Enercon wurden nur ca. 6000 MW erfasst, wobei insgesamt etwas mehr als 8000 MW installiert wurden. Es besteht also keine Vollständigkeit und repräsentiert nur einen Auszug.
[107] Die Handelsdaten basieren auf eigenen Berechnungen des Autors auf Grundlage von Daten der UN Comtrade Datenbank und Klassifizierung der Windindustrie (UBA 2013).

203

Im Jahr 2014 bleibt die führende Position der USA bestehen mit einem, um den Faktor zehn, gestiegenen Handelswert auf ca. 236 Mio. US$. Als zweitwichtigster Importeur hat sich China mit einem Warenwert von ca. 64 Mio. US$ etabliert, darauf folgt Indien mit ca. 39 Mio. US$. Deutschland liegt abgeschlagen auf dem 8. Platz mit einem Handelswert in Höhe von lediglich ca. 7,5 Mio. US$.

Die kompetitive chinesische Industrie für Windkraft hat sich stark auf den brasilianischen Markt fokussiert und zeigt ein starkes Wachstum. Gleiches gilt für die indische Industrie. Pioniere der Windkraft, wie Deutschland oder Dänemark, spielen bei den Importen eine weniger tragende Rolle.

Tab. 5-43:   Handelspartner für den Import von Gütern der brasilianischen Windindustrie

		2005		2014
Rang	Importpartner	Handelswert (Mio. US$)	Importpartner	Handelswert (Mio. US$)
1	USA	24,4	USA	236,5
2	Italien	4,3	China	64,3
3	Deutschland	4,1	Indien	39,1
4	Spanien	4,0	Spanien	35,5
5	China	1,9	Vereinigtes Königreich	25,4
6	Malaysia	1,7	Dänemark	22,4
7	Frankreich	1,5	Vietnam	17,2
8	Belgien	0,9	Italien	10,0
9	Schweden	0,9	Deutschland	7,6
10	Vereinigtes Königreich	0,8	Indonesien	4,7
	Sonstige	5,3	Sonstige	30,9
	Gesamt	**49,9**	**Gesamt**	**493,4**

Quelle: Eigene Berechnungen auf Basis von UN Comtrade (2016)

Die Analyse der Importe steht auf den ersten Blick im Widerspruch zu den installierten Kapazitäten pro OEM, da hier vor allem GE (USA) und Wobben (Deutschland) dominieren. Dies lässt sich jedoch dadurch erklären, dass diese Anbieter auf eine nationale Wertschöpfungskette setzen, während chinesische und indische Anbieter ihre Produkte nach Brasilien exportieren. Typischerweise sind Anbieter aus China und Indien deutlich preisgünstiger als GE oder Wobben, so dass die hohen brasilianischen Importzölle die lokale Produktion nicht inzentiveren. GE und Wobben können hingegen nicht konkurrieren, es sei denn sie bauen eine lokale Wertschöpfungskette auf und beziehen ihre Produkte direkt aus Brasilien.

Die Strategie von Tecsis in der Phase des Wachstums

Das technologische Innovationssystem ist eng verbunden mit der Entwicklung des Unternehmens Tecsis als First-Mover in Brasilien. Die Strategie des Herstellers für Rotorblätter soll daher genauer betrachtet werden[108].

Durch das starke Wachstum des Marktes in Brasilien ergeben sich für das Unternehmen große Potenziale. Bei einem erwarteten Wachstum von zusätzlichen 2 bis 3 GW pro Jahr bis 2024 bedeutet es, dass jährlich 1500 Turbinensets[109] am Markt benötigt werden. Der Wettbewerb für Rotorblatthersteller in Brasilien ist nicht intensiv: der dänische Anbieter LM Wind Power hat vier Fertigungslinien in Pernambuco und Aelis (Kanada) hat drei weitere Linien in Fortaleza. Wobben ist ein weiterer Produzent von Rotorblättern, bedient jedoch nur die eigene Nachfrage. Tecsis selber hatte im Jahr 2015 18 Fertigungslinien in Betrieb und beschäftigte 6.000 Angestellte. Aus den eigenen Fertigungslinien, und denen des Wettbewerbs, ergibt sich für Tecsis ein Marktanteil von 75-80%. Das Unternehmen LM Wind Power ist zweitgrößter Anbieter mit ungefähr 12%.

Neben dem erwarteten Marktwachstum und der Wettbewerbssituation spielen bei der strategischen Ausrichtung des Unternehmens zwei weitere Faktoren eine wichtige Rolle. Zum Einen werden die Rotorblätter immer größer (von momentan 40m auf mittelfristig 60m). Und zum Anderen steigen die Kosten für Rotorblätter für den Endkunden immer weiter.

---

[108] Die Ausarbeitung basiert auf Interviews mit dem Gründer, und langjährigem CEO Bento Koike, und dem Chief Commercial Officer Paulo Cerqueira Garcia, durchgeführt in Sorocaba, Brasilien am 18.08.2015 und 17.09.2015.
[109] Ein Set besteht aus drei Blättern.

Abb. 5-17:   Interne und externe Faktoren bei der strategischen Ausrichtung von Tecsis

Interne Faktoren   **Externe Faktoren**

Marktführer	Starkes Marktwachstum
Druck Kosten zu senken	Technologischer Wandel (größere Rotorblätter)

Quelle: Eigene Erhebungen

Auf Basis dieser internen und externen Faktoren hat das Unternehmen zwei Entscheidungen getroffen: a) Den Bau einer neuen Produktionsanlage. Und b) Die Produktion von Rotorblättern durch Investitionen in Maschinen graduell zu automatisieren.

Ad a) Da das Wachstum des Marktes vornehmlich im Nordosten von Brasilien stattfinden wird (und Tecsis ursprünglich nur in São Paulo eine Produktionsstätte betrieben hat), soll zukünftig ein Produktionshub in der Nähe von Salvador im Bundesstaat Bahia (Nordosten) entstehen. Die Investitionen betragen ca. 50 Mio. US$ und werden zum großen Teil von der BNDES finanziert (A Tarde 2014; RENAI 2013). Im Bau befinden sich derzeit (Stand 2016) 32 neue Gusslinien für die Produktion von Rotorblättern. Die Produktionsanlagen sind Modulweise aufgebaut, wobei ein Modul vier Gussformen umfasst. Der Produktionshub soll den brasilianischen Markt, insbesondere die angrenzenden Windparks, bedienen. Von den im Jahr 2020 installierten 20 GW entfallen 7 GW allein auf den Staat Bahia. Eine weitere Produktionsanlage ist für den Standort Sorocaba, São Paulo, geplant. Hier entstehen weitere 12 Gusslinien, deren Produktion für den Export über den Hafen von Santos zuständig ist. Insgesamt vollzieht sich eine Änderung der Produktionsstrategie, die sich weg von vielen kleinen, hin zu wenigen großen, Anlagen mit mindestens 6 Gusslinien, bewegt.

Bei den neuen Anlagen wird ebenfalls auf ein effizienteres Layout der Produktionsanlagen gesetzt. Die bereits bestehende Produktion findet in Hallen statt, die ursprünglich für die Textilwirtschaft entstanden sind. Lediglich aufgrund der

Verfügbarkeit in der Gründungsphase von Tecsis, Mitte der 1990er, wurde die Produktion in Sorocaba in diese Hallen angesiedelt. Beim alten Layout besteht hoher Transportaufwand zwischen den zwei wesentlichen Schritten der Produktion. Der Infusion des Harzes in die Lagen aus Glasfaser in der Gussform und dem Finishing der Blätter (also Ausbesserungen und Anstreichen). Bei den neuen Anlagen sind die Hallen hintereinander geschaltet und reduzieren somit deutlich die Transportkosten, wie in der folgenden Abbildung dargestellt wird.

Abb. 5-18:   Neue Produktionsstrategie von Tecsis

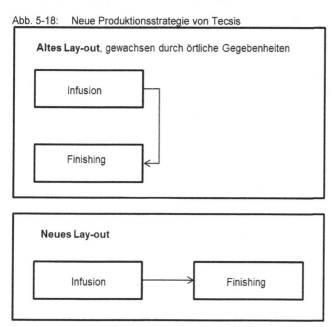

Quelle: Eigene Erhebungen

Langfristig ist in Mexiko eine Produktionsstätte für Mittelamerika geplant, die auch, durch die Nähe zu den USA, den nordamerikanischen Markt bedienen könnte. In der Summe ergeben sich für Tecsis acht bestehende Gusslinien im Hauptsitz in Sorocaba, weitere 12 sind dort im Bau. Zusätzlich entstehen 16 bis 20 Linien in Bahia im Nordosten Brasiliens.

Ad b) Tecsis benötigt für die Fertigung eines Rotorblatts zwischen 1600 und 1800 Stunden, wobei wenige bis keine Maschinen im Einsatz sind. Durch niedrige Löhne (ca. 10US$/ Stunde) ist eine Investition in die Automatisierung der Fertigung also nur bedingt sinnvoll. Da jedoch nicht nur die, für die Produktion, benötigte Zeit sinkt, sondern gleichzeitig die Qualität der Blätter steigt, investiert Tecsis in Maschinen in den Bereichen Infusion und Klebstoffe. Durch den Einsatz von den Maschinen sinkt die Produktionszeit pro Blatt auf ca. 1300 Stunden und spart ca. 80 Arbeiter ein. Ohne maschinelle Unterstützung arbeiten ca. 230 Arbeiter an einer Produktionslinie, aufgeteilt in drei Schichten, 24 Stunden, sieben Tage pro Woche.

Abb. 5-19:   Effekte der Automatisierung bei der Produktion von Rotorblättern am Beispiel von Tecsis und Vestas

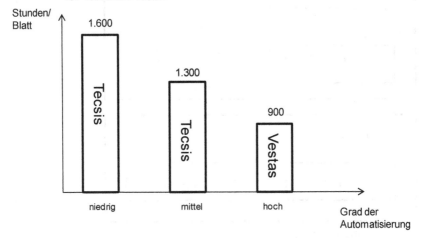

Quelle: Eigene Erhebungen

Die Strategie von Tecsis ist geprägt von einem starken Wachstum im brasilianischen Heimatmarkt. Die Produktion der Rotorblätter muss geographisch verlagert werden. Ebenfalls muss die Produktionsstrategie angepasst werden. Die Entwicklung des Unternehmens ist von zentraler Bedeutung für die Evolution des technologischen Innovationssystems in Brasilien und geht weiterhin parallel einher. Tecsis profitiert in der Phase des Wachstums von seiner Position des First-Movers und kann so eine gute Wettbewerbsposition einnehmen. Es wird in der Zukunft entscheidend sein, das eigene Kundenportfolio zu diversifizieren und die Abhängigkeit von GE zu reduzieren, wobei die Zusammenarbeit die aktuelle Position erst ermöglicht hat. Darüber hinaus ist es wichtig an anderen Wachstumsmärkten weltweit zu partizipieren, da mit chinesischen Herstellern vermehrt Anbieter von Rotorblättern auf den Markt drängen.

Systemdynamik

In der Phase des Wachstums hat Brasilien geschafft einen sich positiv verstärkenden Zyklus in Gang zu setzen, der zu starkem Wachstum auf dem Markt geführt hat. Die Regierung hat hierfür verschiedene Fördermechanismen implementiert, welche wiederum ausländische Unternehmen auf den Markt aufmerksam gemacht haben. Durch hohe Importzölle hat die Regierung erreicht, dass sich eine nationale Wertschöpfungskette gebildet hat. Das Innovationssystem hat von den frühen Aktivitäten von Tecsis profitiert und konnte bereits auf eine gewisse Basis gebaut werden. Um langfristig den Erfolg zu garantieren sollten weitere internationale Investoren angezogen werden, die bisher nur zögerlich den Markt betreten.

Abb. 5-20:   Das TIS für Windkraft in Brasilien in der Wachstumsphase

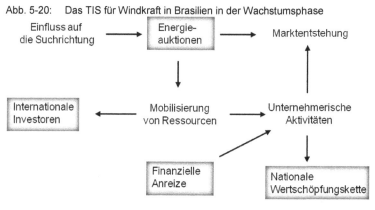

Quelle: Eigene Darstellung

6 Erfolgsfaktoren abgeleitet und generalisiert aus der Untersuchung der Windindustrie

Die Early-Mover der Windenergie innerhalb der untersuchten Länder waren Dänemark, Deutschland und die USA. Brasilien und China können als Late-Mover bezeichnet werden. Die Untersuchung der technologischen Innovationssysteme zeigt, dass sich Deutschland und Dänemark in der Reifephase befinden. Die USA, China und Brasilien hingegen befinden sich in der Wachstumsphase. Die Einteilung der USA in die verschiedenen Phasen ist schwer gefallen, da der dort installierte Fördermechanismus einen volatilen Zuwachs unterstützt. Die folgende Tabelle zeigt die zeitliche Einteilung in die drei Phasen der beobachteten Entwicklung. Dänemark und Deutschland haben dabei als einzige Länder die Phase der Reife erreicht.

Tab. 6-1: Zeitliche Einteilung der untersuchten Länder in die Phasen des technologischen Innovationssystems für Windkraft

	Formativ	Wachstum	Reife
Dänemark	1970er bis 1980	1980 bis 2002	2003 bis heute
Deutschland	1970er bis 1988	1989 bis 2005	2006 bis heute
USA	1970er bis 1998	1999 bis heute	-
China	1986 bis 2004	2005 bis heute	-
Brasilien	1995 bis 2008	2009 bis heute	-

Quelle: Eigene Darstellung

Entlang dieser Einteilung kann die Diffusion der Technologie für die Erzeugung von Windkraft kurz zusammengefasst und Erfolgsfaktoren formuliert werden.

6.1 Erfolgsfaktoren der formativen Phase

Außer Frage steht, dass der wesentliche Anreiz für die Initialisierung der Entwicklung eines Innovationssystems bei den Early-Movern die globale Ölkrise

© Springer Fachmedien Wiesbaden GmbH, ein Teil von Springer Nature 2018
M. Klein, *Innovationsstrategien und internationale Wettbewerbsfähigkeit im Bereich der Windenergie*, https://doi.org/10.1007/978-3-658-22288-8_6

und ein wachsendes Umweltbewusstsein waren. Ohne den Versuch einer Reduzierung der Abhängigkeit von fossilen oder nuklearen Energieträgern wäre die Windenergie nicht in einem solchen Ausmaß und gesellschaftlichem Enthusiasmus entwickelt worden.

Die Entwicklung des dänischen TIS in der ersten Phase der Evolution ist im Vergleich zu anderen Ländern in vielerlei Hinsicht anders. 1) Die zeitliche Komponente ist mit zehn Jahren sehr kurz, was auch daran liegt, dass es 2) keinen zwischenzeitlichen Einbruch gab. Die Innovationssysteme für Windkraft in den USA und Deutschland hatten mit Dämpfern zu kämpfen und es gab eine starke Wellenbewegung, bevor es zu einem wirklichen Wachstum kam. 3) Die großen technologischen Fortschritte und Forschung und Entwicklung kommen aus der Basis der Bevölkerung und sind geprägt von handwerklichem Wissen. In der Literatur wird die dänische Strategie der Technologieentwicklung für Windkraft oftmals als „Bottom-up" beschrieben (Karnøe 1990; Heymann 1998), im Gegensatz zum „Top-down" Ansatz. Dies bedeutet, dass augenscheinlich weniger qualifizierte Entwickler (Tischler, Schlosser, Elektriker) die Entwicklung voran getrieben haben, und nicht hochqualifizierte Ingenieure und Forscher aus dem Bereich der Luftfahrt (Deutschland: DLR; USA: NASA). 4) Die dänische Regierung hat verhältnismäßig wenig Einfluss genommen, insbesondere hinsichtlich der Bereitstellung von öffentlichen Geldern. Der fast schon verschwindend geringe Betrag von 18 Mio. US$ der dänischen Regierung steht im Gegensatz zu massiven Ausgaben in Deutschland (80 Mio. US$) und den USA (460 Mio. US$) im Zeitraum zwischen 1975 und 1980. Diese ungleichen Bedingungen, insbesondere hinsichtlich öffentlicher Forschungsausgaben, erinnern an die Fabel des Hasen (Deutschland, USA) und des Igels (Dänemark)[110]. Wer dieses Rennen gewonnen hat ist hinlänglich bekannt. Die Erprobung vielfältiger technischer Ansätze gilt dennoch als Schlüssel für den späteren Erfolg der deutschen Windindustrie.

---

[110] Richter 1996) verweist auf die englische Version des „turtle and the hare".

Die folgenden Erfolgsfaktoren können in der formativen Phase für *Early-Mover* identifiziert werden:

Soziale Akzeptanz

Die soziale Akzeptanz der Windkraft war vor allem in Dänemark und den USA entscheidend für die ersten Entwicklungsschritte. Noch deutlicher wurde dies in Dänemark, wo sich ein großer Teil der Gesellschaft aktiv für die Verbreitung engagiert hat. Die vorhandene **Legitimität** hat weitere positive Auswirkungen auf entscheidende Erfolgsfaktoren der Innovationssysteme in der formativen Phase und bildet die Basis. Sollte die Basis bröckeln, droht das Innovationssystem zu scheitern.

Bildung einer Interessengemeinschaft

Die Interessengemeinschaft kann dabei vielerlei Ausprägungen haben, ist jedoch ein wichtiger Faktor bei der Diffusion der Windkraft in der formativen Phase für Early-Mover gewesen. In der Einbettung des technologischen Innovationssystems bedient der Faktor die Funktion **Entwicklung von positiven externen Effekten**. Beispiel hierfür sind Verbände, Lobbys, aber auch Kooperativen. Lobbys und Verbände nehmen Einfluss auf die Politik, die wiederum **Einfluss auf die Suchrichtung** nimmt. In Dänemark haben sich Kooperativen gebildet, um die nötigen Investitionen für die Errichtung von Windparks zu stemmen.

Unternehmergeist

Erfinder und Unternehmer geben entscheidende technologische Impulse für die Weiterentwicklung der Industrie. In Dänemark ist ein entscheidender Erfinder und Unternehmer Juul, in Brasilien Bento Koike, in Deutschland Aloys Wobben. Die wesentlichen Unternehmens- und Technologieentwicklungen können oftmals auf wenige Personen zurückgeführt werden. Diese Erfinder sind experimentierfreudig und denken über verschiedene technische Lösungen nach. Die Funktion **Unternehmerisches Experimentieren** wird aktiviert.

Frühe Etablierung eines dominanten Designs

Unternehmen, Erfinder und Entwickler müssen in der formativen Phase verschiedene technologische Lösungen ausprobieren und damit scheitern oder Erfolg haben. Wichtig ist, dass sich die Industrie relativ früh auf ein dominantes Design einigt. Der dänische Fall kann hier als Paradebeispiel genommen werden. Die technologische Lösung war relativ simpel, aber robust und zuverlässig. Standards in der jungen Industrie sind wichtig, um spezialisierte Unternehmen zu bilden und Kosten frühzeitig zu senken.

Finanzielle Förderung der Regierung

Die Entwicklung der Industrie und des jungen Innovationssystems in der formativen Phase hängt eindeutig von der finanziellen Förderung der Regierung ab. In dem Fallbeispiel der USA hat sich deutlich gezeigt, dass der massive Ausbau der Windkraft von dem finanziellen Förderrahmen abhängig war und nur dieser einen Windboom ausgelöst hat. Wichtig in der formativen Phase ist dabei sowohl eine angebotsseitige als auch eine nachfrageseitige Förderung. Angebotsseitig müssen Unternehmenseintritte stimuliert werden, um, wie angesprochen, technologisches Experimentieren zu fördern. Eine aktive Förderung und Bereitstellung von Venture Capital ist notwendig, so dass Erfinder und Unternehmer sich aktiv engagieren und gefördert werden. Die nachfrageseitige Förderung ist in der formativen Phase zwingend notwendig und ein wesentlicher Erfolgsfaktor, da der Ausbau von Windenergie fernab davon ist, kostendeckend zu sein. Ohne nachfrageseitige Förderung hätte es in der formativen Phase keinen Ausbau von Windkraft und somit keine **Marktentstehung** gegeben.

Die Erfolgsfaktoren *für Late-Mover* unterscheiden sich in den folgenden Punkten.

Lernen von etablierten Unternehmen

Das dominante Design der Industrie war im Falle der Windindustrie bereits festgesetzt, als die untersuchten Late-Mover in den Markt einstiegen. Die Unternehmen in den Late-Mover Ländern können das Experimentieren und Scheitern überspringen und sich direkt auf das dominante Design konzentrieren. Es ist dabei entscheidend von den etablierten Unternehmen zu lernen, die *absorptive capacity* der Unternehmen ist wesentlicher Erfolgsfaktor – vorausgesetzt es sollen heimische Unternehmen, wie im Fallbeispiel von China gesehen - gebildet werden. China hat hier extrem effizient agiert und eine zielführende Industriepolitik installiert. Dies funktioniert jedoch nur, wenn der heimische Markt für ausländische Unternehmen attraktiv genug ist.

Marktattraktivität steigern

Die untersuchten Länder Brasilien und China haben extrem großes Potenzial für den Ausbau von Windkraft. Unternehmen aus den Early-Mover Ländern sind bereits in einem Stadium, in dem sie neue Märkte erschließen wollen und können und reagieren entsprechend positiv auf Marktanreize. Für Late-Mover ist es in einem ersten Schritt wesentlich, nachfrageseitige Förderung zu installieren, um so Unternehmen aus etablierten Ländern in ihr Land zu holen.

Unternehmergeist vs. Staatsunternehmen

Brasilien und China stehen in der formativen Phase für zwei unterschiedliche Extreme. Auf der einen Seite steht Brasilien mit dem Erfinder und Unternehmer Bento Koike, der für die frühe Initialisierung des Innovationssystems verantwortlich war. Auf der anderen Seite steht das chinesische Fallbeispiel, bei dem jegliche Entwicklungen von dem Staat ausgehen.

6.2 Erfolgsfaktoren der Wachstumsphase

Weltweit befinden sich die Märkte für Windenergie in einer Wachstumsphase, jedes Jahr werden neue Rekorde aufgestellt. In den untersuchten Fallbeispielen waren jeweils Änderungen der Förderbedingungen für die Initialisierung der Wachstumsphase ausschlaggebend. Dänemark und Deutschland haben sie bereits durchlaufen, die USA befindet sich am äußeren Rand zum Übergang in die Reifephase, Brasilien und China stehen in vollem Wachstum. Zeitlich hat die Wachstumsphase bei Dänemark und Deutschland 20 bis 25 Jahre gedauert. Sollte dies auch für die anderen Länder zutreffen, würde die USA ca. 2020 in die Reifephase übergehen, China 2025 bis 2030 und Brasilien 2029 bis 2035. Eine Prognose anhand von zwei Beobachtungen zu treffen ist jedoch gewagt.

Für Early-Mover können die folgenden Erfolgsfaktoren identifiziert werden.

Erweiterung der finanziellen Förderung und klare Zielsetzung
Starkes Marktwachstum ist in allen untersuchten Ländern von einer intensivierten nachfrageseitigen Förderung ausgegangen. Die nachfrageseitige Förderung sollte für eine erfolgreiche Gestaltung der Wachstumsphase ausgebaut werden, gleichzeitig kann die angebotsseitige Förderung schrittweise eingestellt werden. Details in der nachfrageseitigen Förderung haben oft den Unterschied gemacht – beispielsweise hat die konkrete Ausweisung von Standorten für den Ausbau von Windparks stark positiv beeinflusst. Erfolgsfaktor in den Fallbeispielen waren klare Zielsetzungen, wie in Deutschland das 250 MW Programm. Die Industrien können sich an eindeutig formulierten Wachstumserwartungen orientieren und schöpfen somit Vertrauen, was für ein gesundes Wachstum unabdingbar ist.

Skalierung der Produktion
Für Unternehmen ist ein wesentlicher Erfolgsfaktor die Skalierung der Produktion. Um mit dem Marktwachstum Schritt halten zu können, muss die Produktion automatisiert und weitere Standards in der Industrie eingeführt werden.

Liberalisierung des Strommarktes

In allen Fallbeispielen hat sich gezeigt, dass die Liberalisierung des Strommarktes ein entscheidender Erfolgsfaktor für den Ausbau der Windenergie war. Traditionelle Marktmechanismen und Vormachtstellungen müssen aufgebrochen zu werden, um Wettbewerb im Strommarkt zu erzeugen. Nur durch die Umstrukturierung des Strommarktes schaffen es erneuerbare Energien wie Windkraft signifikante Anteile an der Strommatrix zu gewinnen.

Sich selbst-verstärkender Zyklus

Das Wachstum darf nicht von einem Baustein des Systems abhängig sein – sollte dies der Fall sein droht die positive Dynamik einzubrechen. Die Politik ist gefragt, einen sich selbst-verstärkenden Zyklus im Land zu installieren. Dieser kann unterschiedlich gestaltet sein, im Fall von Deutschland hat eine angebotsseitige finanzielle Förderung den Ausbau der Märkte bedingt, dieser wiederum hatte Auswirkungen auf Politik und Lobbys und vice versa, daraus sind wiederum weitere positive externe Effekte entstanden.

Frühe Internationalisierung

Erfolgsfaktor dänischer Unternehmen war seit jeher eine starke Ausrichtung auf internationale Märkte. Bereits in der formativen Phase wurden Märkte in den USA erschlossen. Auch wenn der Heimatmarkt in der Wachstumsphase großes Potenzial bietet, dürfen Unternehmen eine frühzeitige Ausrichtung auf internationale Märkte nicht vernachlässigen. Der deutsche Anbieter Enercon richtet seine Markterschließung hauptsächlich auf den europäischen Markt aus, entsprechend ist die Wertschöpfungskette und Produktionsabläufe ausgerichtet. Dies könnte dem Hersteller langfristig zum Verhängnis werden. Das dänische Unternehmen Vestas musste ebenfalls erst lernen, wie es mit einer internationalen Wertschöpfungskette umgeht und diese steuert. Je früher Unternehmen sich diesen Herausforderungen stellen, desto erfolgreicher werden sie in der weiteren Entwicklung der Märkte sein.

Für Late-Mover können in der Wachstumsphase abweichend folgende Erfolgsfaktoren identifiziert werden.

**Aufbau einer nationalen Wertschöpfungskette vs. Aufbau heimischer Ak-
teure**

Als wesentlicher Erfolgsfaktor für Late-Mover in der Wachstumsphase wurden
Importzölle, Protektionismus sowie local-content Vorschriften identifiziert. Sowohl Brasilien als auch China haben bei verstärktem Marktwachstum protektionistische Maßnahmen ergriffen, um entweder, wie in Brasilien, eine nationale
Wertschöpfungskette zu etablieren, oder, wie in China, heimische Akteure aufzubauen. Ob es möglich ist, heimische Akteure in der Windindustrie aufzubauen, hängt von dem Zeitpunkt ab wann ein Land mit den Bemühungen an-
fängt. Auf der Hypothese aufbauend, dass das Technologieregime mit der Ausprägung Mark 1 einen Eintritt zulässt bzw. begünstigt, und ein Technologieregime mit der Ausprägung Mark 2 einen Eintritt deutlich erschwert, sind die Möglichkeiten in einem gewissen Opportunitätsfenster gegeben.

6.3 Erfolgsfaktoren der Reifephase

Die Reifephase in Dänemark und Deutschland ist geprägt von einem reduzier-
ten Förderrahmen für den Ausbau der Windkraft, was zu verlangsamtem
Wachstum in den beiden Ländern führt. Ebenfalls wird die verfügbare Fläche
für den Ausbau von Windkraft an Land knapp, eine natürliche Grenze des
Wachstums wird erreicht. Diese Gegebenheit fördert den Ausbau von Windkraft
auf See. Die größte Herausforderung für beide Länder ist in der Reifephase des
Innovationssytems eine Integration der erzeugten Energie in das konventionelle
Stromnetz. Die weltweite Industrie befindet sich in einem Konsolidierungspro-
zess, wie die folgende Abbildung belegt.

Abb. 6-1:   Konsolidierungsaktivitäten in der Windindustrie zwischen 2009 und 2017

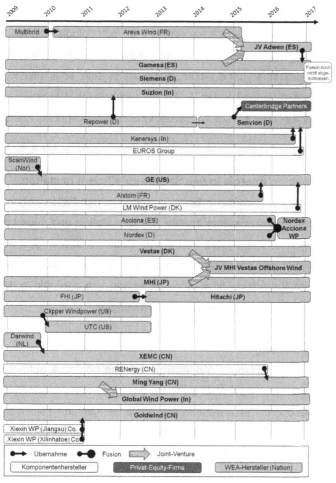

Quelle: Diederichs (2017)

Für Dänemark und Deutschland sind folgende Faktoren für den Erfolg wichtig.

Technologischen Paradigmenwechsel vollziehen

In beiden Ländern hat sich gezeigt, dass die Industrie und das Innovationssystem vor einem technologischen Umbruch stehen. Der Ausbau von Windkraft an

Land hat eine natürliche Grenze des Wachstums erreicht, Windkraft auf See bietet größeres Wachstumspotenzial und ist kostengünstiger. Dieser Umbruch könnte als neu startende formative Phase eines neuen technologischen Innovationssystems für Windkraft auf See betrachtet werden, in dem ähnliche Faktoren wie dem für Windkraft an Land wirken. Ziel muss es sein, so schnell wie möglich einen sich selbst-verstärkenden Zyklus für nachhaltiges Wachstum zu installieren. Wer dies als erster schafft, wird in der Offshore-Windkraft als Sieger hervorgehen.

Integration der erzeugten Energie in das Stromnetz effizient gestalten

Der massive Ausbau der erneuerbaren Energien hat in beiden Fällen gezeigt, dass die traditionellen Energiesysteme an ihre Grenzen stoßen und neue Lösungen gefunden werden müssen. Das Portfolio an Optionen ist breit gestreut und reicht von internationalen Kapazitätsmechanismen, Speicheraufbau, Smart Grids und Ausbau der Netzinfrastruktur. Alle Länder, die sich zukünftig in der Reifephase befinden, stehen vor diesen Herausforderungen.

Starke Internationalisierung

Etablierte Unternehmen für onshore Windenergie müssen sich stark auf internationale Märkte ausrichten. Das Wachstum auf den heimischen Märkten ist nahezu ausgeschöpft und die Erschließung von Auslandsmärkten ist wichtiger denn je. Die Anpassung der Wertschöpfungskette, Kontrollmechanismen für Zulieferer und eine Internationalisierungsstrategie sind wichtige Faktoren für den Erfolg von Unternehmen und somit auch für das Innovationssystem.

Nachfrageseitige finanzielle Förderung reduzieren

Um die Industrie weiter auf intensiven Wettbewerb und schwindende Margen zu trimmen, muss die Regierung stetig die nachfrageseitigen Förderungen einstellen. Nur dann kann die Windenergie unabhängig von Subventionen wettbewerbsfähig werden. Eine gewisse Abhängigkeit von Subventionen wird es wahrscheinlich immer geben, da die Versorgung mit Energie ein system- und sicherheitsrelevantes Thema für Länder ist.

7 Schlussbetrachtung

Die technologischen Innovationssysteme der Windkraftindustrie wurden in den Phasen der Entwicklung untersucht und somit die Diffusion der Innovationen in verschiedenen Ländern nachgezeichnet. Zudem wurde die Marktposition anhand von Markt- und Handelsdaten der führenden Länder bestimmt. Zu der Technologie wurden im Verlaufe der Arbeit bereits umfassende Schlussfolgerungen gezogen, so dass diese in der Schlussbetrachtung nicht nochmals im Sinne einer Zusammenfassung wiederholt werden sollen. Stattdessen soll darauf eingegangen werden, welche Empfehlungen für die Weiterentwicklung des technologischen Innovationssystems formuliert werden können, und inwiefern diese Arbeit Limitierungen unterliegt und welcher Forschungsbedarf sich für zukünftige Forschungsarbeiten ableiten lässt.

7.1 Empfehlungen für die Weiterentwicklung des technologischen Innovationssystems

Im Rahmen der Dissertation wurden insgesamt fünf Fallstudien erstellt, die das technologische Innovationssystem für Windkraft in fünf Ländern anwendet. Durch die Anwendung des Analyserahmens können „lesson learnt" und Empfehlungen formuliert werden, die der Weiterentwicklung des technologischen Innovationssystems zuträglich sind. Die Einteilung von verschiedenen Funktionen und dazugehörigen Indikatoren hat sich insgesamt in der Strukturierung der Aufarbeitung sehr hilfreich erwiesen, dennoch bleibt in diesem Punkt weiteres Verbesserungspotenzial.

Die Akteure eines Innovationssystems können sich prinzipiell in drei verschiedene Pfeiler gliedern: Forschung und Wissenschaft, Industrie und Wirtschaft,

© Springer Fachmedien Wiesbaden GmbH, ein Teil von Springer Nature 2018   223
M. Klein, *Innovationsstrategien und internationale Wettbewerbsfähigkeit im Bereich der Windenergie*, https://doi.org/10.1007/978-3-658-22288-8_7

und Politik und Gesellschaft. Jede der vom technologischen Innovationssytem propagierten sieben Funktionen wirken mehr oder weniger stark auf diese drei Pfeiler, zudem kann mit unterschiedlichen Indikatoren die Wirkungsweise evaluiert werden, wie sich in den Fallstudien der vorliegenden Dissertation gezeigt hat. Die feinere Aufteilung in drei Pfeiler und detailliertere Betrachtungsweise hilft zum einen bei der Recherche, also in welche Richtung der Forscher suchen soll, und zum anderen bei der Bewertung der Funktionsweise und Wirkungsmechanismen der Diffusion der Technologie zu dem untersuchten Zeitpunkt. Ein einfaches Beispiel kann die Überlegungen besser veranschaulichen. Die Funktion Wissensentwicklung hat vor allem Interaktion mit den beiden Pfeilern Forschung und Wissenschaft sowie Industrie und Wirtschaft. Für Forschung und Wissenschaft sind in der Regel Publikationen entscheidend, die folglich als Indikator verwendet werden sollten. Für Industrie und Wirtschaft sind hingegen Patente, Standards und Arbeitsroutinen entscheidender und sollten bei der Bewertung als Indikator genutzt werden. Politik und Wirtschaft haben als Pfeiler weniger starke Interaktionen mit der Funktion Wissensentwicklung. Die folgende Abbildung soll die neue vorgeschlagene Systematik veranschaulichen, grau hinterlegte Felder haben dabei eher starke Interaktion mit der dazugehörigen Funktion, nicht hinterlegte Felder weniger starke Interaktion.

Tab. 7-1:   Übersicht über die Auswirkung von Forschung und Wissenschaft, Industrie und
Politik sowie Politik und Gesellschaft auf die Funktionen des technologischen Innovationssystems

Funktion	Forschung und Wissenschaft	Industrie und Wirtschaft	Politik und Gesellschaft
Wissensentwicklung	Wissenschaftliches und technologisches Wissen: Publikationen und Patente	Produktion-, Prozess- und Marktwissen: Patente, Standards, Arbeitsroutinen	Lernen von neuen Anwendungen, Anreize für die Anwendung verschiedener Konzepte
Einfluss auf die Suchrichtung	Einschätzung verschiedener Akteure von technischen Möglichkeiten	Artikulierung von Nachfrage von führenden Kunden	Regulierungen, Förderbedingungen
Unternehmerisches Experimentieren	Spin-offs	Anzahl an neuen Unternehmen, Strategien und Anpassungen an neue Marktgegebenheiten	Öffentlich gefördertes Seed und Venture Capital
Marktentstehung		Kundenstruktur, Marktwachstum und Wachstumserwartungen	Nachfrageseitige Förderinstrumente, andere Stimuli
Legitimität	Stiftungslehrstühle aufgrund gesellschaftlich besonders wertvoller Forschung	Legitimität bedingt mögliche Unternehmenseintritte	Akzeptanz der Technologie und der Zusammenhang zu neuen Gesetzen und Förderungen
Mobilisierung von Ressourcen	Forschungsausgaben, F&E Aufwendungen	Verfügbarkeit von Seed und Venture Capital, F&E Aufwendungen	Staatlich subventionierte F&E Aufwendungen
Entwicklung positiver externer Effekte	Wissens spill-over	Entwicklung von Zulieferkette, Verbänden, weiteren Interessengemeinschaften	Arbeitsmärkte, Lobbys, Verbände

Quelle: Eigene Darstellung und Adaption in Anlehnung an Klein und Sauer (2016)

Für die Funktion Mobilisierung von Ressourcen haben alle drei Pfeiler eine ähnlich starke Interaktion und können als Indikator genutzt werden. Alle vorgeschlagenen Indikatoren in den Feldern sind nur als Vorschläge zu verstehen und können ggf. erweitert werden.

In Kapitel 2.1 wurde ein möglicher Projektplan für die Analyse eines technologischen Innovationssystems vorgestellt, wie in Bergek et al. (2008a) formuliert
wurde. Der Projektplan sieht vor, dass nach der Definition der Grenzen (also
welche Technologie, in welchem geographischen Zusammenhang untersucht
wird) die strukturellen Komponenten des Innovationssystems definiert werden
sollten. Darauf sollte, Bergek folgend, in Abhängigkeit der Funktionen die Entwicklung in verschiedene Phasen eingeteilt werden. In der eigenen Anwendung
im Rahmen der Dissertation hat sich diese Vorgehensweise als wenig nützlich
erwiesen und sollte folglich angepasst werden. Wichtig ist, und in diesem Punkt
wird Bergek zugestimmt, eine klare Grenzsetzung der Untersuchung. Welche
Technologie wird in welchem Land (üblicherweise ein Land, dies kann jedoch

auch abweichen) untersucht. Für die Technologie sind klare Definitionen notwendig, zum Beispiel Windkraft an Land oder auf See. Für den Themenbereich der Energien ist eine Abgrenzung auf ein Land in den meisten Fällen sinnvoll, da die nationalen Regularien entscheidend für das Innovationssystem und die Diffusion der Technologie sind.

Abweichend von Bergek's Vorschlag sollte auf die Grenzdefinition nicht die Identifikation der strukturellen Komponenten folgen, sondern zuerst die Phaseneinteilung vorgenommen werden. Die Informationen und Indikatoren für die Funktionen des technologischen Innovationssystems sind dann logischer für die einzelnen identifizierten Phasen zu sammeln und strukturieren. Jedoch gestaltet sich die klare Abgrenzung einzelner Phasen oftmals schwierig und stellt somit gleichzeitig einen weiteren Verbesserungsvorschlag für den Analyserahmen dar. Es wäre sinnvoll, mehrere Charakteristika für die Phasen des Innovationssystems zu formulieren, so dass die Einteilung leichter fällt und vor allem nachvollziehbar und durchgängig ist. Für die Charakteristika der Phasen wird folgender Vorschlag gemacht.

Formative Phase

- Volatiles Marktwachstum zwischen Stagnation und starkem Zuwachs (5-Jahres CAGR von 15-20%).
- Durchlaufen einer Hype-Phase, also einem temporär kurzfristig sehr starkem Wachstum, das jedoch nicht nachhaltig ist; für die Beurteilung der Phase ist es wichtig, eine strukturelle Perspektive einzunehmen, also Entwicklungen des Marktes zum Beispiel in einem 5-Jahres Intervall zu betrachten.
- In der Regel hohe gesellschaftliche Akzeptanz für die neue Technologie.
- Viele verschiedene technische Lösungen sind auf dem Markt und konkurrieren um das dominante Design.

- Die Politik wird auf das Potential aufmerksam und startet erste Förderprogramme.

Wachstumsphase

- Starkes Marktwachstum, über einen langen Zeitraum deutlich 2-stellig (5-Jahres CAGR >20% für insgesamt 10 bis 20 Jahre).
- Oftmals ist ein geänderter Fördermechanismus ausschlaggebend für das starke Wachstum: Bei der Recherche der Förderbedingungen sollte also gezielt auf die Jahre (oder kurz davor) geachtet werden, wenn das starke Wachstum beginnt.
- Der Aufbau von Überkapazitäten ist typisch für die Wachstumsphase. In Brasilien wurden Überkapazitäten für die Produktion von Ethanol aufgebaut, in China Windparks errichtet die keinen Anschluss an das Netz hatte, da der Netzausbau noch nicht ausreichend fortgeschritten war.
- Erhöhter Unternehmenseintritt auf den Markt. Angezogen von den hohen Wachstumserwartungen versuchen viele Unternehmer einen Anteil am Wachstum zu bekommen.
- Ein dominantes Design hat sich durchgesetzt. In der Folge werden Kosten gesenkt, was die Gewinne der Unternehmen marginalisiert und somit zu einem Konsolidierungsprozess oder vermehrt Insolvenzen in der Industrie führt.

Reifephase

- Das Marktwachstum flacht leicht ab, bleibt aber auf einem konstanten Niveau (5-Jahres CAGR >5% aber <10%).
- Der Förderrahmen im Land wird reduziert, was das leicht verminderte Wachstum bedingt. Auch hier sollte gezielt rund um die Jahre des reduzierten Wachstums nach Änderungen der Förderbedingungen gesucht werden.

- Das Wachstum der „traditionellen" Technologie hat eine natürlich Grenze des Wachstums erreicht. Eine *natürliche Grenze*, da im Fall von erneuerbaren Energie eine gewisse Ressourcenbasis für den Ausbau zwingend notwendig ist. Bei Windkraft an Land sind es bebaubare Flächen für Windparks, bei der Produktion von Ethanol ausreichende Fläche für den Anbau von Zuckerrohr bzw. Mais.
- Aufgrund der natürlichen Grenze der ursprünglichen Technologie muss ein technologischer Paradigmenwechsel vollzogen werden. Bei Windkraft ist es die Umstellung von Windkraft an Land auf Windkraft aus See, bei dem Fallbeispiel von Ethanol ist es die Erweiterung der Produktionskapazitäten um Ethanol der zweiten Generation.
- Multinationale Unternehmen betreten den Markt, z.B. Siemens und GE.

7.2 Limitierungen und weiterer Forschungsbedarf

Im Laufe der Bearbeitung der Dissertation mussten viele Entscheidungen getroffen werden, was auch bedeutet, dass viele Entscheidungen anderes getroffen hätten werden können. Die Eingrenzung der Patentdaten und Auswahl der IPC ist eine solche Entscheidung. Im Rahmen der Untersuchungen wurden ausschließlich EPO Patente behandelt, für eine Patentanalyse wären PCT, USPTO, SIPO oder Patente anderer Nationen ebenfalls denkbar gewesen. Der Argumentation im Kapitel folgend ist die Wahl auf EPO Patente gefallen. Die technologische Eingrenzung der Patente wurde anhand der von WIPO vorgeschlagenen Klassifizierungen des Green Inventory vorgenommen. Eine stichwortbasierte Eingrenzung ist eine der anderen Optionen, wie die Patentauswahl getroffen hätte werden können. Die Limitationen hinsichtlich der Patentauswahl stellen in diesem Fall gleichzeitig weiteren Forschungsbedarf dar.

Eine weitere Limitation und gleichzeitig weiterer Forschungsbedarf liegt in der Auswahl der Länderfallstudien bei der Analyse der technologischen Innovationssysteme. Im Fall der Windkraft wären die Innovationssysteme von Spanien und Indien sicherlich relevant gewesen und hätten ggf. weitere Erkenntnisse zu Tage gefördert. Die Wahl ist jedoch auf die über Jahrzehnte dominierenden Länder Dänemark, Deutschland, USA und China gefallen. Brasilien wurde im Sinne eines explorativen Forschungsdesigns hinzugenommen.

Den für die Forschungsgemeinde interessantesten Forschungsbedarf sehe ich in dem Zusammenhang zwischen der Verteilung von Patentzitationen und der Möglichkeit für ein Catch-Up, der Zusammenhang zu Pfadabhängigkeiten sollte in der Forschung ebenfalls beinhaltet sein. Es wäre für weiteren Erkenntnisgewinn wertvoll, weitere Beobachtungen anderer Technologien und Industrien mit ähnlicher Herangehensweise zu erstellen und eine Wirkungsweise der Verteilung der Zitationen auf Intra- und Extranetzwerk als Indikator für Catch-Up zu belegen oder widerlegen. Besonders sinnvoll erachte ich hier den Fall der Elektromobilität. Chinesische Anbieter haben für ca. 10 bis 20 Jahre versucht die Vormachtstellung etablierter Automobilhersteller zu durchbrechen, musste aber letztendlich anerkennen, dass es hierfür „zu spät" ist. Hingegen versuchen sie aktuell das neue technologische Paradigma in Form des Elektroantriebs zu erschließen und selber auf diesem Gebiet eine Vormachtstellung zu erobern. Die Entwicklungen würden dafür sprechen, dass es bei dem Markteintritt der Chinesen auf dem konventionellen Antriebsmarkt bereits die Ausprägung des Technologieregimes Mark 2 gab, der Anteil der Zitationen also mehrheitlich im Intra-Netzwerk war. Bei der Elektromobilität sollte der Anteil der Zitationen entsprechend mehrheitlich im Extra-Netzwerk sein, so dass das „Opportunitätsfenster" für den Catch-Up noch offen steht.

Literaturverzeichnis

A Tarde (2014), Tecsis Inicia Obras De Fábrica Na Bahia. Online verfügbar unter http://www.estater.com.br/sites/default/files/atarde_02-11.pdf, zuletzt geprüft am 03.06.2016.

ABDI (2014), Mapeamento da cadeia produtiva da indústsria eólica no brasil. Online verfügbar unter http://www.abdi.com.br/Estudo/Mapeamento%20da%20Cadeia%20Produtiva%20da%20Ind%C3%BAstria%20E%C3%B3lica%20no%20Brasil.pdf, zuletzt geprüft am 02.06.2016.

ABEEólica (2016), Associação Brasileira de Energia Eólica. Online verfügbar unter http://www.portalabeeolica.org.br/, zuletzt geprüft am 02.06.2016.

Afuah, A. N.; Utterback, J. M. (1997), Responding to structural industry changes: a technological evolution perspective. In: *Industrial and Corporate Change* 6 (1), S. 183–202.

Arthur, W. B. (2009), The nature of technology: What it is and how it evolves: Simon and Schuster.

Asheim, B. T.; Isaksen, A. (2002), Regional innovation systems: the integration of local 'sticky'and global 'ubiquitous' knowledge. In: *The Journal of Technology Transfer* 27 (1), S. 77–86.

AWEA, History of the AWEA. Online verfügbar unter http://www.awea.org/About/content.aspx?ItemNumber=772, zuletzt geprüft am 20.09.2016.

Bechberger, M.; Reiche, D. (2004), Renewable energy policy in Germany: pioneering and exemplary regulations. In: *Energy for Sustainable Development* 8 (1), S. 47–57.

Bergek, A.; Jacobsson, S. (2003), The emergence of a growth industry: a comparative analysis of the German, Dutch and Swedish wind turbine industries. In: Stan Metcalfe und Uwe Cantner (Hg.): Change, Transformation and Development. Heidelberg: Physica-Verlag, S. 197–227.

Bergek, A.; Jacobsson, S.; Carlsson, B.; Lindmark, S.; Rickne, A. (2008a), Analyzing the functional dynamics of technological innovation systems: A scheme of analysis. In: *Research Policy* 37 (3), S. 407–429.

Bergek, A.; Jacobsson, S.; Sandén, B. A. (2008b), 'Legitimation'and 'development of positive externalities': two key processes in the formation phase of technological innovation systems. In: *Technology Analysis & Strategic Management* 20 (5), S. 575–592.

© Springer Fachmedien Wiesbaden GmbH, ein Teil von Springer Nature 2018   231
M. Klein, *Innovationsstrategien und internationale Wettbewerbsfähigkeit im Bereich der Windenergie*, https://doi.org/10.1007/978-3-658-22288-8

Binz, C.; Truffer, B.; Coenen, L. (forthcoming), Global Innovation Systems - towards a conceptual framework for innovation processes in transnational contexts. In: *Research Policy*.

Binz, C.; Truffer, B.; Li, L.; Shi, Y.; Lu, Y. (2012), Conceptualizing leapfrogging with spatially coupled innovation systems: The case of onsite wastewater treatment in China. In: *Technological Forecasting and Social Change* 79 (1), S. 155–171.

Böhringer, C.; Cuntz, A.; Harhoff, D.; Otoo, E. A. (2014), The Impacts of Feed-in Tariffs on Innovation: Empirical Evidence from Germany. In: *University of Oldenburg, Department of Economics Working Papers* 363 (14).

Braczyk, H.-J.; Cooke, P. N.; Heidenreich, M. (1998), Regional innovation systems: the role of governances in a globalized world: Psychology Press.

Breschi, S.; Malerba, F. (1997), Sectoral innovation systems: technological regimes, Schumpeterian dynamics, and spatial boundaries. In: Charles Edquist (Hg.): Systems of Innovation: technologies, Institutions and Organisations. London: Pinter.

Breschi, S.; Malerba, F.; Orsenigo, L. (2000), Technological regimes and Schumpeterian patterns of innovation. In: *Economic Journal*, S. 388–410.

Bundesfinanzministerium (2014), Umrechnungshilfe DM in €. Online verfügbar unter http://www.bundesfinanzministerium.de/Content/DE/Downloads/Migrierte_Downloads/uebersicht-euro-umrechnung.pdf?__blob=publicationFile&v=3, zuletzt geprüft am 25.03.2014.

Bundesministerium für Wirtschaft und Energie (2013), Zahlen und Fakten Energiedaten. Online verfügbar unter http://www.bmwi.de/DE/Themen/Energie/energiedaten.html, zuletzt aktualisiert am 31.05.2013, zuletzt geprüft am 30.07.2013.

Bundesministerium für Wirtschaft und Energie (2015a), Bundesbericht Energieforschung 2015.

Bundesministerium für Wirtschaft und Energie (2015b), Innovation durch Forschung.

Bundesministerium für Wirtschaft und Energie (2017), Zeitreihen zur Entwicklung der erneuerbaren Energien in Deutschland.

Bundesverband WindEnergie (2011), Beschäftigte in der Windindustrie. Online verfügbar unter http://www.wind-energie.de/infocenter/statistiken/deutschland/beschaeftigte-der-windindustrie, zuletzt geprüft am 24.09.2013.

Bundesverband WindEnergie (2016), Windenergie Factsheet Deutschland 2016. Online verfügbar unter https://www.wind-energie.de/sites/default/files/download/publication/windenergie-factsheet-2016/bwe_factsheet_-_windenergie_in_deutschland_2016_-_20170316.pdf, zuletzt geprüft am 23.03.2017.

BWE (2016), Aufgaben und Ziele. Online verfügbar unter https://www.wind-energie.de/verband/aufgaben-und-ziele, zuletzt geprüft am 15.02.2016.

California Energy Commission (2016), Overview of Wind Energy in California. Online verfügbar unter http://www.energy.ca.gov/wind/overview.html, zuletzt geprüft am 22.09.2016.

Carlsson, B. (1995), Technological Systems and Economic Performance: The Case of Factory Automation. Hg. v. null (null, null).

Carlsson, B.; Jacobsson, S.; Holmén, M.; Rickne, A. (2002), Innovation systems: analytical and methodological issues. In: Research Policy 31 (2), S. 233–245.

Carlsson, B.; Stankiewicz, R. (1991), On the nature, function and composition of technological systems. In: Journal of Evolutionary Economics 1 (2), S. 93–118.

Chen, D.; Li-Hua, R. (2011), Modes of technological leapfrogging: Five case studies from China. In: Journal of Engineering and Technology Management 28 (1), S. 93–108.

Chen, Y.-H.; Chen, C.-Y.; Lee, S.-C. (2011), Technology forecasting and patent strategy of hydrogen energy and fuel cell technologies. In: International Journal of Hydrogen Energy 36 (12), S. 6957–6969. DOI: 10.1016/j.ijhydene.2011.03.063.

Christensen, C. M. (1992a), Exploring the limits of the technology S-curve. Part I: component technologies. In: Production and Operations Management 1 (4), S. 334–357.

Christensen, C. M. (1992b), Exploring the limits of the technology S-curve. Part II: Architectural technologies. In: Production and Operations Management 1 (4), S. 358–366.

Cooke, P. (1992), Regional innovation systems: competitive regulation in the new Europe. In: Geoforum 23 (3), S. 365–382.

Cooke, P.; Uranga, M. G.; Etxebarria, G. (1997), Regional innovation systems: Institutional and organisational dimensions. In: Research Policy 26 (4), S. 475–491.

Corrocher, N.; Malerba, F.; Montobbio, F. (2007), Schumpeterian patterns of innovative activity in the ICT field. In: Research Policy 36 (3), S. 418–432.

Covert, T.; Greenstone, M.; Knittel, C. R. (2016), Will we ever stop using fossil fuels? In: The Journal of Economic Perspectives 30 (1), S. 117–137.

233

Danish Energy Agency (2016a), Energy statistics 2014. Online verfügbar unter http://www.ens.dk/en/info/facts-figures/energy-statistics-indicators-energy-efficiency/annual-energy-statistics, zuletzt geprüft am 02.05.2016.

Danish Energy Agency (2016b), Master data for wind turbines at the end of August 2016. Online verfügbar unter https://ens.dk/sites/ens.dk/files/Statistik/oversigtstabeller_ukdk.xls, zuletzt geprüft am 05.10.2016.

David, P. A. (1985), Clio and the Economics of QWERTY. In: *The American Economic Review* 75 (2), S. 332–337.

David, P. A. (2007), Path dependence: a foundational concept for historical social science. In: *Cliometrica* 1 (2), S. 91–114.

Department of Energy (2007), Annual Report on U.S. Wind Power Installation, Cost, and Performance Trends: 2006.

Department of Energy (2015), 2014 Wind Technologies Market Report.

Department of Energy (2016), 2015 Wind Technologies Market Report. Online verfügbar unter http://energy.gov/eere/wind/downloads/2015-wind-technologies-market-report, zuletzt geprüft am 03.10.2016.

DEWI.

DEWI (1999), Studie zur aktuellen Kostensituation der Windenergienutzung in Deutschland. Wilhelmshaven.

DEWI (2016), DEWI Magazin 02/2016.

DEWI Magazin (1994), Windenergienutzung in der Bundesrepublik Deutschland. Stand 31.12.1993, 1994 (4), S. 5–15.

DEWI Magazin (1996), Wind Energy Use in Germany. Status 31.12.1995, 1996 (8), S. 18–28.

DEWI Magazin (1997), Wind Energy Use in Germany. Status 31.12.1996, 1997 (10), S. 14–29.

DEWI Magazin (1998), Wind Energy Use in Germany. Status 31.12.1997, 1998, S. 6–24.

DEWI Magazin (1999), Wind Energy Use in Germany. Status 31.12.1998, 1999 (14), S. 6–22.

DEWI Magazin (2000), Wind Energy Use in Germany. Status 31.12.1999, 2000 (16), S. 19–36.

234

DEWI Magazin (2001), Wind Energy Use in Germany. Status 31.12.2000, 2001 (18), S. 53–63.

DEWI Magazin (2002), Wind Energy Use in Germany. Status 31.12.2001, 2002 (20), S. 13–27.

DEWI Magazin (2003), Wind Energy Use in Germany. Status 31.12.2002, 2003 (22), S. 7–19.

DEWI Magazin (2004), Wind Energy Use in Germany. Status 31.12.2003, 2004 (24), S. 6–18.

DEWI Magazin (2005), Wind Energy Use in Germany. Status 31.12.2004 (26), S. 24–36.

DEWI Magazin (2006), Wind Energy Use in Germany. Status 31.12.2005 (28), S. 10–21.

DEWI Magazin (2007), Wind Energy Use in Germany. Status 31.12.2006 (30), S. 20–32.

DEWI Magazin (2008), Wind Energy Use in Germany. Status 31.12.2007 (32), S. 32–46.

DEWI Magazin (2009), Wind Energy Use in Germany. Status 31.12.2008 (34), S. 42–58.

DEWI Magazin (2010), Wind Energy Use in Germany. Status 31.12.2009 (36), S. 28–41.

DEWI Magazin (2011), Wind Energy Use in Germany. Status 31.12.2010 (38), S. 36–48.

DEWI Magazin (2012), Wind Energy Use in Germany. Status 31.12.2011 (40), S. 30–43.

DEWI Magazin (2013), Wind Energy Use in Germany. Status 31.12.2012 (42), S. 31–41.

Die Grünen (2016), Grüne Chronik. Online verfügbar unter https://www.gruene.de/ueber-uns/gruene-chronik.html, zuletzt geprüft am 14.02.2016.

Diederichs, J. (2017), Wachstum durch Merger & Acquisition: Konsolidierung der Windindustrie ab 2010. Bachelor Thesis. University of Hohenheim, Stuttgart. Chair for International Management and Innovation.

DIW (2016), Strategische Reserve. Online verfügbar unter https://www.diw.de/de/diw_01.c.483078.de/presse/diw_glossar/strategische_reserve.html, zuletzt geprüft am 17.10.2016.

Doloreux, D. (2002), What we should know about regional systems of innovation. In: *Technology in society* 24 (3), S. 243–263.

Dosi, G. (1982), Technological paradigms and technological trajectories: a suggested interpretation of the determinants and directions of technical change. In: *Research Policy* 11 (3), S. 147–162.

Dosi, G.; Freeman, C.; Nelson, R.; Silverberg, G.; Soete, L. (1988), Technical change and economic theory: Pinter London (988).

Dubarić, E.; Giannoccaro, D.; Bengtsson, R.; Ackermann, T. (2011), Patent data as indicators of wind power technology development. In: *World patent information* 33 (2), S. 144–149.

DWIA (2013), Wind Power Hub - The Green Pages. Membership Directory of the Danish Wind Industry Association.

Earth Policy Institute (2014), Cumulative Installed Wind Power Capacity in Top Ten Countries and the World, 1980-2013. Online verfügbar unter http://www.earth-policy.org/data_center/C23, zuletzt geprüft am 08.02.2017.

Edquist, C. (Hg.) (1997), Systems of Innovation: technologies, Institutions and Organisations. London: Pinter.

Edquist, C. (2005), Systems of Innovation: Perspectives and Challenges. In: Jan Fagerberg (Hg.): The Oxford handbook of innovation: Oxford University Press.

Enercon (2015), Installierte Kapazität in Brasilien. Online verfügbar unter http://www.wobben.com.br/empresa/wobben/apresentacao-da-empresa/, zuletzt geprüft am 02.06.2016.

Energinet (2009), Wind power to combat climate change. How to integrate wind energy into the power system. energinet.dk.

Ernst, H. (1997a), The use of patent data for technological forecasting: the diffusion of CNC-technology in the machine tool industry. In: *Small Business Economics* 9 (4), S. 361–381.

Ernst, H. (1997b), The use of patent data for technological forecasting: the diffusion of CNC-technology in the machine tool industry. In: *Small Business Economics* 9 (4), S. 361–381.

Ernst & Young (2015), Renewable energy country attractiveness index. Online verfügbar unter http://www.ey.com/Publication/vwLUAssets/RECAI_44/$FILE/RECAI%2044_June%202015.pdf, zuletzt geprüft am 03.06.2016.

European Commission (1998), Wind Energy Policy and their Impact on Innovation - An International Comparison. Seville, Spain.

Expertenkommission Forschung und Innovation (EFI) (Hg.) (2011), Gutachten zu Forschung, Innovation und technologischer Leistungsfähigkeit Deutschlands 2011. Berlin: EFI.

Expertenkommission Forschung und Innovation (EFI) (2014), Gutachten zu Forschung, Innovation und technologischer Leistungsfähigkeit Deutschlands 2014. EFI. Berlin.

Fai, F.; Tunzelmann, N. von (2001), Industry-specific competencies and converging technological systems: evidence from patents. In: *Structural change and economic dynamics* 12 (2), S. 141–170.

FAZ (2017), Erneuerbare Energie lohnt sich endlich. Online verfügbar unter http://www.faz.net/aktuell/wirtschaft/energiepolitik/windparks-ohne-foerderung-erneuerbare-energie-lohnt-sich-endlich-14971139.html, zuletzt geprüft am 26.04.2017.

Foxon, T. J.; Hammond, G. P.; Pearson, P. J. G. (2010), Developing transition pathways for a low carbon electricity system in the UK. In: *Technological Forecasting and Social Change* 77 (8), S. 1203–1213.

Fraunhofer IWES (2013a), Windenergieeinspeisung- Daten. NENNLEISTUNG [kW], ROTORDURCHMESSER [m], NABENHOEHE [m]. Online verfügbar unter http://windmonitor.iwes.fraunhofer.de/windweb-dad/www_reisi_page_new.show_page?lang=ger&owa=Windenergieeinspeisung.daten%3Fp_lang=ger%26bild_id=377, zuletzt geprüft am 25th of September 2013.

Fraunhofer IWES (2013b), Windenergieeinspeisung- Daten. Blattzahl, Rotorposition, Leistungsregelung, Generatorbauart, Drehzahlverhalten. Online verfügbar unter http://windmonitor.iwes.fraunhofer.de/windweb-dad/www_reisi_page_new.show_page?page_nr=442&lang=de, zuletzt geprüft am 25.09.2013.

Fraunhofer IWES (2013c), Windenergieeinspeisung- Daten. Durchdringung in % in Deutschland 50-149 kW 150-499 kW 500-999 kW 1000-1999 kW > 2000 kW. Online verfügbar unter http://windmonitor.iwes.fraunhofer.de/windweb-dad/www_reisi_page_new.show_page?lang=ger&owa=Windenergieeinspeisung.daten%3Fp_lang=ger%26bild_id=65, zuletzt geprüft am 25.09.2013.

Freeman, C. (1987), Technology policy and economic policy: Lessons from Japan. In: *Frances Pinter, London.*

Freeman, C. (1995), The 'National System of Innovation'in historical perspective. In: *Cambridge Journal of economics* 19 (1), S. 5–24.

Frondel, M.; Ritter, N.; Schmidt, C. M.; Vance, C. (2010), Economic impacts from the promotion of renewable energy technologies: The German experience. In: *Energy Policy* 38 (8), S. 4048–4056.

FS-UNEP (2009), Global Trends in Renewable Energy Investment 2009. FS-UNEP.

FS-UNEP (2010), Global Trends in Renewable Energy Investment 2010. FS-UNEP.

FS-UNEP (2011), Global Trends in Renewable Energy Investment 2011. FS-UNEP.

FS-UNEP (2012), Global Trends in Renewable Energy Investment 2012. FS-UNEP.

FS-UNEP (2013), Global Trends in Renewable Energy Investment 2013. FS-UNEP.

FS-UNEP (2014), Global Trends in Renewable Energy Investment 2014. FS-UNEP.

FS-UNEP (2015), Global Trends in Renewable Energy Investment 2015. FS-UNEP.

FS-UNEP (2016), Global Trends in Renewable Energy Investment 2016. FS-UNEP.

GE (2016), General Electric übernimmt LM Wind Power. Online verfügbar unter
http://www.genewsroom.com/press-releases/ge-schafft-aufwind-durch-165-mrd-
%C3%BCbernahme-von-lm-wind-power-einem-weltweiten, zuletzt geprüft am
12.10.2016.

Gerybadze, A. (2004a), Technologie- und Innovationsmanagement. Strategie, Organisation
und Implementierung. München: Verlag Franz Vahlen GmbH.

Gerybadze, A. (2004b), Technologie-und Innovationsmanagement: München (127).

Grove-Nielsen, E. (2016), Winds of Change. Online verfügbar unter www.windsofchange.dk,
zuletzt geprüft am 11.10.2016.

Guey-Lee, L. (1998), Wind Energy Developments: Incentives In Selected Countries. Energy
Information Administration. Online verfügbar unter http://webapp1.dlib.indiana.edu/vir-
tual_disk_library/index.cgi/4265704/FID1578/pdf/feature/wind.pdf, zuletzt geprüft am
12.09.2016.

GWEC (2006), Global Wind Report 2006. Online verfügbar unter http://gwec.net/wp-con-
tent/uploads/2012/06/gwec-2006_final_01.pdf, zuletzt geprüft am 26th of April 2013.

GWEC (2011), Analysis of the regulatory framework for wind power generation in Brazil. Online verfügbar unter http://gwec.net/wp-content/uploads/2012/06/1Brazil_re-
port_2011.pdf, zuletzt geprüft am 03.06.2016.

GWEC (2013), China Wind Energy Outlok 2012.

GWEC (2016), Global Wind Report 2015. Online verfügbar unter http://www.gwec.net/publi-
cations/global-wind-report-2/global-wind-report-2015-annual-market-update/, zuletzt
geprüft am 08.02.2017.

GWEC (2017), Global Wind Report 2016.

Han, J.; Mol, A. P. J.; Lu, Y.; Zhang, L. (2009), Onshore wind power development in China: challenges behind a successful story. In: *Energy Policy* 37 (8), S. 2941–2951.

Haščič, I.; Johnstone, N.; Watson, F.; Kaminker, C. (2010), Climate policy and technological innovation and transfer: An overview of trends and recent empirical results. OECD Publishing.

Hekkert, M. P.; Negro, S. O. (2009), Functions of innovation systems as a framework to understand sustainable technological change: Empirical evidence for earlier claims. In: *Technological Forecasting and Social Change* 76 (4), S. 584–594.

Hekkert, M. P.; Suurs, R. A. A.; Negro, S. O.; Kuhlmann, S.; Smits, R. (2007), Functions of innovation systems: A new approach for analysing technological change. In: *Technological Forecasting and Social Change* 74 (4), S. 413–432.

Heymann, M. (1998), Signs of hubris: the shaping of wind technology styles in Germany, Denmark, and the United States, 1940-1990. In: *Technology and Culture* 39 (4), S. 641–670.

Howells, J. (1999), 5 Regional systems of innovation? In: *Innovation policy in a global economy*, S. 67.

IEA.

IEA (2001), IEA Wind Annual Report 2000. Online verfügbar unter https://www.iea-wind.org/annual_reports.html.

IEA (2006), IEA Wind Annual Report 2005. Online verfügbar unter https://www.iea-wind.org/annual_reports.html.

IEA (2008), IEA Wind Annual Report 2007. Online verfügbar unter https://www.iea-wind.org/annual_reports.html.

IEA (2011), IEA Wind 2010 Annual Report. Online verfügbar unter https://www.iea-wind.org/annual_reports.html.

IEA (2012), IEA Wind Annual Report 2011. Online verfügbar unter https://www.iea-wind.org/annual_reports.html.

IEA (2013), IEA Wind Annual Report 2012. Online verfügbar unter https://www.iea-wind.org/annual_reports.html.

IEA (2014), IEA Wind Annual Report 2013. Online verfügbar unter https://www.iea-wind.org/annual_reports.html.

IEA (2015), IEA Wind Annual Report 2014. Online verfügbar unter https://www.iea-wind.org/annual_reports.html.

IEA (2016a), Energy Statistics. Eigene Datenabfrage des Autors. International Energy Agency. Online verfügbar unter http://wds.iea.org/WDS/Common/Login/login.aspx, zuletzt geprüft am 01.11.2016.

IEA (2016b), IEA Wind Annual Report 2015. Online verfügbar unter https://www.iea-wind.org/annual_reports.html.

IEA (2016c), World Energy Statistics 2016. Bereitgestellt durch die International Energy Agency auf persönliche Nachfrage des Autors dieser Dissertation.

IHS Energy (2015), Capacity mechanisms in Europe. Online verfügbar unter www.ceem-dau-phine.org/assets/dropbox/IHS-_Christian_Winzer.pdf, zuletzt geprüft am 17.10.2016.

International Renewable Energy Agency (IRENA) (2013), Renewable Energy Auctions in Developing Countries. Online verfügbar unter https://www.irena.org/DocumentDown-loads/Publications/IRENA_Renewable_energy_auctions_in_developing_countries.pdf, zuletzt geprüft am 02.06.2016.

IRENA (2012a), 30 Years of Policies for Wind Energy: Lessons from 12 Markets. Online verfügbar unter https://www.irena.org/DocumentDownloads/Publica-tions/IRENA_GWEC_WindReport_Full.pdf, zuletzt geprüft am 03.06.2016.

IRENA (2012b), Renewable Energy Technologies: Cost Analysis Series. Wind Power.

Jacobsson, S.; Bergek, A. (2004), Transforming the energy sector: the evolution of techno-logical systems in renewable energy technology. In: *Industrial and Corporate Change* 13 (5), S. 815–849.

Jacobsson, S.; Lauber, V. (2006), The politics and policy of energy system transformation—explaining the German diffusion of renewable energy technology. In: *Energy Policy* 34 (3), S. 256–276.

Johnson, A. (Hg.) (2001), Functions in innovation system approaches.

Johnson, A.; Jacobsson, S. (2003), The emergence of a growth industry: a comparative anal-ysis of the German, Dutch and Swedish wind turbine industries. In: J. Stan Metcalfe und Uwe Cantner (Hg.): Change, Transformation and Development. Heidelberg New York: Physica-Verlag, S. 197–227.

Jun, B.; Gerybadze, A.; Kim, T.-Y. (2016), The Legacy of Friedrich List: The Expansive Re-
production System and the Korean History of Industrialization. In: *Hohenheim Discussion Papers in Business, Economics and Social Sciences* 02.

Kammer, J. (2011), Die Windenergieindustrie. Evolution von Akteuren und Unternehmens-
strukturen in einer Wachstumsindustrie mit räumlicher Perspektive. 1. Aufl. Stuttgart:
Franz Steiner Verlag.

Karnøe, P. (1990), Technological innovation and industrial organization in the Danish wind
industry*. In: *Entrepreneurship & Regional Development* 2 (2), S. 105–124.

Kemp, R.; Schot, J.; Hoogma, R. (1998), Regime shifts to sustainability through processes of
niche formation: the approach of strategic niche management. In: *Technology Analysis
& Strategic Management* 10 (2), S. 175–198.

Kissel, J. M. (2008), Adaptation von Stromeinspeisegesetzgebungen (Feed-In Laws) Adaption von Stromeinspeisegesetzgebungen (Feed-In Laws) an die Rahmenbedingungen
in Schwellenländern am Beispiel Brasiliens. Doktorarbeit. Technische Universität Berlin, Berlin.

Klaassen, G.; Miketa, A.; Larsen, K.; Sundqvist, T. (2005), The impact of R&D on innovation
for wind energy in Denmark, Germany and the United Kingdom. In: *Ecological Economics* 54 (2), S. 227–240.

Klagge, B.; Liu, Z.; Campos Silva, P. (2012), Constructing China's wind energy innovation
system. In: *Energy Policy*.

Klein, A.; Held, A.; Ragwitz, M.; Resch, G.; Faber, T. (2007), Evaluation of different feed-in
tariff design options: Best practice paper for the International Feed-in Cooperation. In:
*Karlsruhe, Germany and Laxenburg, Austria: Fraunhofer Institut für Systemtechnik und
Innovationsforschung and Vienna University of Technology Energy Economics Group*.

Klein, M.; Sauer, A. (2016), Celebrating 30 years of Innovation System research: What you
need to know about Innovation Systems. In: *Hohenheim Discussion Papers in Business, Economics and Social Sciences*.

Klepper, S. (1997), Industry life cycles. In: *Industrial and Corporate Change* 6 (1), S. 145–
182.

Kraus, J. (2015), Markt- und Wettbewerbsanalyse des Windenergiemarktes in Brasilien.
Bachelorarbeit. University of Hohenheim, Stuttgart. Chair for International Management
and Innovation.

Laird, F. N.; Stefes, C. (2009), The diverging paths of German and United States policies for renewable energy: Sources of difference. In: *Energy Policy* 37 (7), S. 2619–2629.

Langniß, O.; Nitsch, D. J. (1997), Auswirkungen der öffentlichen Förderung im Hinblick auf Arbeitsplatzeffekte am Beispiel der Windenergie. DEWI Magazin (10).

Lauber, V.; Mez, L. (2006), Renewable electricity policy in Germany, 1974 to 2005. In: *Bulletin of Science, Technology & Society* 26 (2), S. 105–120.

Lauritsen, A.; Svendsen, T.; Sørensen, B. (1996), A Study of the Integration of Wind Energy into the National Energy Systems of Denmark, Wales and Germany as Illustrations of Success Stories for Renewable Energy. Wind Power in Denmark. European Commission APAS/RENA Project.

Lee, K.; Lim, C. (2001), Technological regimes, catching-up and leapfrogging: findings from the Korean industries. In: *Research Policy* 30 (3), S. 459–483.

Lee, K.; Malerba, F. (forthcoming), Economic Catch-Up by Latecomers as an Evolutionary Process: Noch nicht veröffentlicht; Auszug bereitgestellt durch Prof. Dr. Andreas Pyka.

Lehmann, P.; Gawel, E. (2013), Why should support schemes for renewable electricity complement the EU emissions trading scheme? In: *Energy Policy* 52, S. 597–607.

Lema, A.; Ruby, K. (2007), Between fragmented authoritarianism and policy coordination: Creating a Chinese market for wind energy. In: *Energy Policy* 35 (7), S. 3879–3890.

Lew, D. J. (2000), Alternatives to coal and candles: wind power in China. In: *Energy Policy* 28 (4), S. 271–286.

Lewis, J. I.; Wiser, R. H. (2007), Fostering a renewable energy technology industry: An international comparison of wind industry policy support mechanisms. In: *Energy Policy* 35 (3), S. 1844–1857. DOI: 10.1016/j.enpol.2006.06.005.

Liebowitz, S. J.; Margolis, S. E. (1995), Path dependence, lock-in, and history. In: *JL Econ. & Org.* 11, S. 205.

List, F. (1844), Aus dem" Nationalen System der politischen Ökonomie".

Liu, Y.; Kokko, A. (2010), Wind power in China: Policy and development challenges. In: *The socio-economic transition towards a hydrogen economy - findings from European research, with regular papers* 38 (10), S. 5520–5529. DOI: 10.1016/j.enpol.2010.04.050.

Lundvall, B.-A. (1992), National systems of innovation: An analytical framework. In: *London: Pinter.*

Malerba, F. (2002), Sectoral systems of innovation and production. In: *Innovation Systems* 31 (2), S. 247–264. DOI: 10.1016/S0048-7333(01)00139-1.

Malerba, F. (Hg.) (2004), Sectoral systems of innovation: concepts, issues and analyses of six major sectors in Europe. 1. Aufl. Cambridge: Cambridge University Press.

Malerba, F.; Orsenigo, L. (1995), Schumpeterian patterns of innovation. In: *Cambridge Journal of economics* 19 (1), S. 47–65.

Markard, J.; Hekkert, M.; Jacobsson, S. (2015), The technological innovation systems framework: Response to six criticisms. In: *Environmental Innovation and Societal Transitions* 16, S. 76–86.

Markard, J.; Raven, R.; Truffer, B. (2012), Sustainability transitions: An emerging field of research and its prospects. In: *Research Policy* 41 (6), S. 955–967.

Markard, J.; Stadelmann, M.; Truffer, B. (2009), Prospective analysis of technological innovation systems: Identifying technological and organizational development options for biogas in Switzerland. In: *Research Policy* 38 (4), S. 655–667.

Markard, J.; Truffer, B. (2008), Technological innovation systems and the multi-level perspective: Towards an integrated framework. In: *Research Policy* 37 (4), S. 596–615.

Ming, Z.; Kun, Z.; Jun, D. (2013), Overall review of China's wind power industry: Status quo, existing problems and perspective for future development. In: *Renewable and Sustainable Energy Reviews* 24 (0), S. 379–386. DOI: 10.1016/j.rser.2013.03.029.

Nelson, R. (1993), National Innovation Systems: A Comparative Analysis.

Neukirch, M. (2010), Die internationale Pionierphase der Windenergienutzung. Doktorarbeit. Georg-August-Universität Göttingen, Göttingen, Deutschland.

Niedersächsisches Institut für Wirtschaftsforschung (NIW) (2016), Exporte ausgewählter Länder von Produkten aus dem Bereich Windkraft 2002-2013.

OECD (2011), Environmental Policy and Technological Innovation. Online verfügbar unter http://www.oecd.org/env/consumption-innovation/44421664.pdf, zuletzt geprüft am 18.03.2015.

Oelker, J. (Hg.) (2005), Windgesichter. Aufbrauch der Windenergie in Deutschland. 1. Aufl. Dresden: Sonnenbuch Verlag.

Pilkington, A.; Dyerson, R.; Tissier, O. (2002), The electric vehicle:: Patent data as indicators of technological development. In: *World patent information* 24 (1), S. 5–12.

Porter, M. E. (1980), Competitive strategy: techniques for analyzing industries and competitors: New York: Free Press.

Rassenfosse, G. de; de la Potterie, Bruno van Pottelsberghe (2009), A policy insight into the R&D–patent relationship. In: *Research Policy* 38 (5), S. 779–792.

Recharge (2015a), Brazil's QGE sets sights on power-hungry corporates. Online verfügbar unter http://www.rechargenews.com/wind/1397611/in-depth-brazils-qge-sets-sights-on-power-hungry-corporates, zuletzt geprüft am 02.06.2016.

Recharge (2015b), The funding challenges facing Brazilian wind. Online verfügbar unter http://www.rechargenews.com/wind/1395600/in-depth-the-funding-challenges-facing-brazilian-wind, zuletzt geprüft am 02.06.2016.

Recharge (2015c), Wind and solar eye boost from $50bn Brazil-China pact. Online verfügbar unter http://www.rechargenews.com/wind/1400442/wind-and-solar-eye-boost-from-usd-50bn-brazil-china-pact, zuletzt geprüft am 02.06.2016.

RENAI (2013), Rede Nacional de Informações Sobre Investimento. Projetos de Investimento Por Setor e Divisão Econômica CNAE. Online verfügbar unter http://investimentos.mdic.gov.br/public/arquivo/arq1407503664.pdf, zuletzt geprüft am 03.06.2016.

Rickne, A. (2000), New technology-based firms and industrial dynamics evidence from the technological system of biomaterials in Sweden, Ohio and Massachusetts: Chalmers University of Technology.

Righter, R. W. (1996), Wind energy in America: a history. Norman: University of Oklahoma Press.

Ru, P.; Zhi, Q.; Zhang, F.; Zhong, X.; Li, J.; Su, J. (2012), Behind the development of technology: The transition of innovation modes in China's wind turbine manufacturing industry. In: *Energy Policy* 43 (0), S. 58–69. DOI: 10.1016/j.enpol.2011.12.025.

Schmoch, U. (2008), Concept of a technology classification for country comparisons. In: *Final Report to the World Intellectial Property Office (WIPO), Karlsruhe: Fraunhofer ISI.*

Schumpeter (1912), Theorie der wirtschaftlichen Entwicklung - Nachdruck der 1. Auflage von 1912: Duncker & Humblot (2006).

Sciencealert (2016), 140% of Electricity demand from wind power. Online verfügbar unter http://www.sciencealert.com/denmark-just-generated-140-of-its-electricity-demand-from-wind-power, zuletzt geprüft am 14.10.2016.

Silva, P. C.; Klagge, B. (2013), The evolution of the wind industry and the rise of Chinese firms: from industrial policies to global innovation networks. In: *European Planning Studies* 21 (9), S. 1341–1356.

Sommerlatte, I. T.; Deschamps, J.-P. (1986), Der strategische Einsatz von Technologien. In: Management im Zeitalter der strategischen Führung: Springer, S. 37–76.

The Economist (2017), A world turned upside down 422, 25.02.2017 (9029).

Traber, T.; Kemfert, C. (2009), Impacts of the German Support for Renewable Energy on Electricity Prices, Emissions, and Firms. In: *Energy Journal* 30 (3).

UBA (2013), Umweltschutzgüter - Wie abgrenzen? Methodik und Liste der Umweltschutzgüter 2013.

UBA (2014), Wirtschaftsfaktor Umweltschutz. Produktion - Außenhandel - Forschung - Patente: Die Leistungen der Umweltschutzwirtschaft in Deutschland. Online verfügbar unter http://www.isi.fraunhofer.de/isi-wAssets/docs/n/de/publikationen/uib_01_2014_wirtschaftsfaktor_umweltschutz.pdf, zuletzt geprüft am 16.10.2016.

Umweltbundesamt (2017), Erneuerbare Energien in Deutschland. Daten zur Entwicklung im Jahr 2016. Dessau-Roßlau. Online verfügbar unter http://www.umweltbundesamt.de/sites/default/files/medien/376/publikationen/erneuerbare_energien_in_deutschland_daten_zur_entwicklung_im_jahr_2016.pdf.

UN Comtrade (2016), United Nations Commodity Trade Statistics Database. Online verfügbar unter http://comtrade.un.org/db/default.aspx, zuletzt geprüft am 26.10.2016.

Utterback, J. M.; Abernathy, W. J. (1975), A dynamic model of process and product innovation. In: *Omega* 3 (6), S. 639–656.

Utterback, J. M.; Suarez, F. F. (1993), Innovation, competition, and industry structure. In: *Research Policy* 22 (1), S. 1–21.

van Asselt, H.; Brewer, T. (2010), Addressing competitiveness and leakage concerns in climate policy: An analysis of border adjustment measures in the US and the EU. In: *Energy Policy* 38 (1), S. 42–51.

VDMA (2012), Komponenten, Systeme und Fertigungstechnik für die Windindustrie. 4. Aufl. Frankfurt am Main: VDMA Verlag GmbH.

Vestas (2006), Annual Report 2005. Online verfügbar unter https://www.vestas.com/~/media/vestas/about/sustainability/pdfs/2005aruk.pdf.

Vestas (2011), Annual Report 2010. Online verfügbar unter https://www.vestas.com/~/media/vestas/investor/investor%20pdf/announcements/2011/110209_ca_uk_02_annualreport.pdf.

Vestas (2016), Annual Report 2015. Online verfügbar unter https://www.vestas.com/~/media/vestas/investor/investor%20pdf/financial%20reports/2015/fy/2015_annualreport.pdf.

Windspeed (2011), Roadmap to the deployment of offshore wind energy. in the Central and Sourthern North Sea (2020-2030). Online verfügbar unter http://www.windspeed.eu/media/publications/WINDSPEED_Roadmap_110719_final.pdf, zuletzt geprüft am 15.10.2016.

Wiser, R.; Bolinger, M.; Barbose, G. (2007a), Using the federal production tax credit to build a durable market for wind power in the United States. In: *The Electricity Journal* 20 (9), S. 77–88.

Wiser, R.; Namovicz, C.; Gielecki, M.; Smith, R. (2007b), The experience with renewable portfolio standards in the United States. In: *The Electricity Journal* 20 (4), S. 8–20.

Zhao, Z.-y.; Sun, G.-z.; Zuo, J.; Zillante, G. (2013), The impact of international forces on the Chinese wind power industry. In: *Renewable and Sustainable Energy Reviews* 24, S. 131–141.

Zhengming, Z.; Qingyi, W.; Xing, Z.; Hamrin, J.; Baruch, S. (1999), Renewable energy development in China: The potential and the challenges.

Printed in the United States
By Bookmasters